天然气开采工程技术丛书

致密砂岩气藏采输技术

武恒志　戚斌　郭新江　陈海龙　蒋晓红　主编

中国石化出版社

内 容 提 要

本书介绍了致密砂岩气藏开发特征、采气技术、集气技术、输气技术，把低成本的致密砂岩气藏采输技术体现得淋漓尽致，理论和实践相结合，操作性强。

本书可供从事致密砂岩气、页岩气、煤层气等非常规天然气开采及相关领域的工程技术人员参考，也可作为石油院校教学参考用书。

图书在版编目（CIP）数据

致密砂岩气藏采输技术／武恒志等主编．—北京：中国石化出版社，2015.7

（天然气开采工程技术丛书）

ISBN 978-7-5114-3407-4

Ⅰ.①致… Ⅱ.①武… Ⅲ.①致密砂岩-砂岩油气藏-油气开采-研究 Ⅳ.①TE343

中国版本图书馆 CIP 数据核字（2015）第 136760 号

中国石化出版社出版发行

地址：北京市东城区安定门外大街 58 号

邮编：100011 电话：(010)84271850

读者服务部电话：(010)84289974

http://www.sinopec-press.com

E-mail:press@sinopec.com

北京柏力行彩印有限公司印刷

全国各地新华书店经销

*

787×1092 毫米 16 开本 13.5 印张 333 千字

2015 年 7 月第 1 版 2015 年 7 月第 1 次印刷

定价：50.00 元

序

我国是天然气资源丰富的国家之一，据2004年完成的第三次资源评价结果，全国拥有天然气资源量$47.14\times10^{12}m^3$，其中陆上拥有天然气资源量$36.22\times10^{12}m^3$，勘探开发利用潜力大。

我国是开采和利用天然气最早的国家之一，早在2000多年前，我们的祖先就已经开始采气熬盐，当时的钻井采气技术已经达到了相当高的水平。近十多年来我国天然气工业迅猛发展，发现并开发了苏里格、靖边、普光、大牛地、克拉2、塔中1、合川、新场、徐深、榆林、迪那2、广安、子洲、大天池、克拉美丽、乌审旗等一批探明天然气地质储量超$1000\times10^8m^3$的大气田，到2009年累积探明天然气地质储量$87077.57\times10^8m^3$；生产天然气$843.95\times10^8m^3$；建成了连接大半个中国天然气消费市场的“西气东输”工程、“川气东送”工程；天然气工业正在成为我国油气工业快速发展的主要增长点和推动力。在长期天然气勘探开发的实践中积累了丰富的经验，形成了适合于我国天然气工业发展特点的理论和技术。

长期从事天然气勘探、开发、集输研究与实践的中国石化西南油气分公司工程技术研究院集多年的研究成果和丰富经验，厚积薄发推出这套《天然气开采工程技术丛书》，主要针对我国复杂气藏全面系统总结出具有我国天然气开采工程特色理论和技术。《天然气井工程地质》总结了工程地质学与天然气钻井工程密切结合的成功尝试；《天然气深井超深井钻井技术》系统阐述了国内复杂地层深井超深井钻井工程面临“喷、漏、卡、塌、毒、硬、斜、磨”等技术问题的解决方案，对解决我国复杂地层深井超深井钻井井下复杂问题有很好的参考价值；《高温高压气井完井技术》集安全、经济、高效三位一体，全面系统地阐述了高温高压气井完井技术与经验，具有很强的实用价值与指导作用；《致密砂岩气藏储层改造技术》针对致密砂岩气藏储层的特点系统总结了“压得开、进得去、撑得起、出得来、排得尽、稳得住”的储层改造技术，针对性强，特色突出；《致密砂岩气藏采输技术》针对气层压力不高单井产量较低及含酸性气体等特点形成有效的实用技术，能作为我国特殊气藏开发、集输技术的借鉴……。丛书内容丰富，结构合理，较成功地尝试了勘探与开发的结合、工程与地质的结合、地下与地面的结合、技术与经济的结合……。理论与实践结合密切，理论应用准确恰当，事例深刻丰富，具有明显的特色，实用性强，对我国天然气特别是复杂气藏勘探开发有很好的参考价值；适合于高等学校、从事天然气勘探开发的工程技术人员、科技工作者参考应用。丛书的出版发行将有助于提高我国天然气开发理论和技术水平。

油气藏地质及开发工程国家重点实验室主任、中国工程院院士 罗平亚

前　言

致密砂岩气赋存于覆压基质渗透率不大于 $0.1\times10^{-3}\mu m^2$ 的砂岩气层，单井一般无自然产能，或自然产能低于工业气流下限；但在一定经济条件和技术措施下，可以获得工业天然气产量。通常情况下，这些措施包括压裂、水平井、多分支井等。属于与页岩气、煤层气同类的特低品位非常规天然气。

据国际能源署(IEA)公布的结果，全球已发现或推测发育致密砂岩气的大型盆地大约有70个，资源量 $210\times10^{12}m^3$，亚太、北美、拉丁美洲、前苏联、中东-北非等地区均有分布，其中亚太、北美、拉丁美洲分别拥有致密砂岩气资源为 $51.0\times10^{12}m^3$、$38.8\times10^{12}m^3$、$36.6\times10^{12}m^3$，占全球致密砂岩气资源的60%以上。致密砂岩气已经成为天然气勘探开发的重要领域，特别是美国致密砂岩气大规模开发利用，助推天然气产量快速上升，2009年达到 $5840\times10^8m^3$，取代俄罗斯成为全球第一产气大国并保持至今。美国的成功，推动了加拿大、墨西哥、委内瑞拉、阿根廷、澳大利亚、俄罗斯、伊朗、沙特阿拉伯、叙利亚、埃及、约旦、阿曼、阿尔及利亚等国家和地区的致密砂岩气勘探开发。

美国是最早发现和利用致密砂岩气的国家，1927年在圣胡安盆地发现致密砂岩气藏并投入开发，到1970年致密砂岩气产量 $220\times10^8m^3$，占天然气总产量的4.6%。1978年开始，在美国政府采取包括终止价格管制和税款减除在内的一系列鼓励政策的支持下，通过应用大型水力压裂技术，美国致密砂岩气勘探开发进入快速发展阶段，1990年致密砂岩气产量突破 $600\times10^8m^3$，1998年突破 $1000\times10^8m^3$。到2010年已在中西部落基山地区和墨西哥湾沿岸地区的23个盆地发现了900多个致密砂岩气藏，排名前100位的天然气藏中致密砂岩气藏占58席，剩余致密砂岩气可采储量超过 $5\times10^{12}m^3$，致密砂岩气产量 $1754\times10^8m^3$，占全美天然气总产量的29%。

我国致密砂岩气资源丰富，技术可采资源量 $11\times10^{12}m^3$，有利勘探面积 $32\times10^4km^2$，广泛分布于鄂尔多斯、四川、塔里木、准格尔、柴达木、松辽及渤海湾等10余个盆地，在鄂尔多斯盆地石炭系和二叠系、四川盆地上三叠统须家河组和侏罗系、塔里木盆地侏罗系和白垩系致密砂岩气藏尤为发育。

我国致密砂岩气勘探开发工作起步晚、发展快，开采生产技术起点低、进步大，大致经历三个阶段：

第一阶段是从1972年到1990年起步探索阶段，1972年11月28日，地质矿产部西南石油地质局前身的四川省地质局第二普查勘探大队在川西坳陷北段中坝构造川19井上三叠统须家河组二段2535~2586 m气层完井测试中获天然气 $69.96\times10^4m^3/d$、凝析油25.32t/d，发现了中国第一个致密砂岩气藏。中国石油西南油气田公司前身的四川石油管理局接手后继续勘探，探明地质储量 $116\times10^8m^3$，1973年8月依靠自然产能投产开发，年产气量一度达到 $4.65\times10^8m^3$、年产凝析油一度达到 2.16×10^4t。

第二阶段是从1990年到2005年快速发展阶段，1990年以后，中国石化西南油气分公司前身的地质矿产部西南石油地质局在川西坳陷中段新场构造带依靠滚动勘探开发和立体勘探开发模式，发现并探明了第一个地质储量 $1000\times10^8m^3$ 级的大型致密砂岩气田——新场气田，侏罗系、上三叠统须家河组致密砂岩气藏探明地质储量 $2453.31\times10^8m^3$。同时，从20世纪90年代中期开始，鄂尔多斯盆地上古生界致密砂岩气勘探捷报频传，中国石化华北油气分公司前身的地质矿产部华北石油地质局发现并探明了大牛地气田，中国石油长庆油田公司先后发现并探明了乌审旗、榆林、子洲、靖边等一批地质储量 $1000\times10^8m^3$ 级的致密砂岩气田，特别是发现并探明了第一个地质储量 $10000\times10^8m^3$ 级的巨型致密砂岩气田——苏里格气田，二叠系山西组、石盒子组致密砂岩气藏探明地质储量 $12725.79\times10^8m^3$。

第三阶段是2006年以后，随着水力压裂技术的不断进步和水平井技术的规模化应用，我国致密砂岩气藏勘探开发进入高速发展阶段。在四川盆地，中国石油西南油气田公司先后发现并探明了地质储量 $1000\times10^8m^3$ 级的广安、合川、安岳气田；中国石化西南油气分公司发现并探明了地质储量 $1000\times10^8m^3$ 级的成都气田。在塔里木盆地，中国石油塔里木油田公司先后发现并探明了地质储量 $1000\times10^8m^3$ 级的克拉苏、大北气田。

目前，我国已建成了鄂尔多斯、四川、塔里木三大致密砂岩气区。截至2013年，累积探明致密砂岩气地质储量 $4.5\times10^{12}m^3$，占天然气总探明地质储量 $11.4329\times10^{12}m^3$ 的39%；2013年致密砂岩气产量 $450\times10^8m^3$，占天然气总产量 $1170\times10^8m^3$ 的38%，致密砂岩气产量仅次于美国。

以科学的大井组多层系立体开发模式、有效的直井或定向井分层压裂和水平井分段压裂为核心的体积压裂增产投产技术、经济的低成本采输关键技术，成就了我国致密砂岩气藏开发的可持续发展。在我国致密砂岩气勘探开发高速发展、煤层气勘探开发停滞不前、页岩气勘探开发刚刚起步的今天，我们推出《致密砂岩气藏采输技术》，旨在让长期关注我国致密砂岩气藏开发的油田企业工程技术人员、科研机构研究人员、石油院校师生分享我国在致密砂岩气低成本采气技术、集输技术方面的主要成果，一起创新和完善致密砂岩气藏采输技术体系，共同推动我国致密砂岩气、页岩气、煤层气等非常规天然气勘探开发进程，全力维护国家能源安全。

全书分九章介绍致密砂岩气藏开发特征、采气、集气、输气内容。第一章致密砂岩气藏开发特征，由蒋晓红、邹东来、姚广聚、吕红执笔；第二章气井生产系统，由陈海龙、李玲、彭红利、罗金丽执笔；第三章直井排水采气，由郭新江、赵哲军、刘通、陈蕊执笔；第四章水平井排水采气，由郭新江、刘通、赵哲军、王小平执笔；第五章井下节流，由陈海龙、倪杰、雷炜、陈剑执笔；第六章低压气井采气，由戚斌、姚广聚、李莉、袁先勇执笔；第七章防堵防腐防垢，由戚斌、雷炜、赵华、焦瑞芹执笔；第八章站场集气，由武恒志、姚麟昱、付先惠、江恒执笔；第九章管网输气，由武恒志、姚麟昱、孟庆华、陈映奇执笔；最后由郭新江、陈海龙、蒋晓红统稿，武恒志、戚斌审定。中国石化首席专家杨克明教授、高级专家王世泽教授审阅全书，提出的建设性意见都被采纳。

本书编著过程中，得到了中国石化西南油气分公司和华北油气分公司、中国石油西南油气田公司和长庆油田公司、西南石油大学、成都理工大学等油田企业、石油院校有关领导、专家、教授的支持和帮助，特别是中国石化西南油气分公司川西采气厂江健厂长、罗昌元书记、王旭总地质师的鼎力相助加快了本书付梓出版，在此一并感谢。由于作者水平、经验和掌握资料的局限性，书中不足之处敬请广大读者批评指正。

郭新江

目　录

第一章　致密砂岩气藏开发特征

第一节　基本概念

致密砂岩气藏的概念目前国内外尚无统一的评价标准和界定，不同国家根据不同时期的资源状况、技术经济条件、税收政策来制定其标准和界限；在同一国家、同一地区，由于各个气藏成藏地质条件千差万别，加之开发技术水平及经济标准的不同，不同气藏的储层分类标准也不同，并且随着认识程度及技术手段的提高，气藏分类标准也在不断地变更，其定义也难以统一界定。但是，关于致密砂岩气藏的定义目前大多根据储层物性渗透率值来划分确定。在此，有必要先对储层与非储层的划分做个界定，并对致密砂岩气藏分类进行介绍。

一、储层与非储层界定

（一）渗透率值确定

在天然气藏地质研究中，储层与非储层的界定通常根据其孔隙度、渗透率参数来划分界定。就储层渗透率下限值界定而言，前人做了大量研究。国外，1968 年，A. A. 哈宁针对不同渗透率岩样进行了气体突破压力实验，提出当岩石渗透率大于 $0.001\times10^{-3}\mu m^2$ 时已不具备对气体的封闭能力，即气体在岩石中具备可流动性。R. E. 杰肯斯认为，目前“经验法则”的产气层渗透率值应在 $0.001\times10^{-3}\mu m^2$ 以上；而 R. E. 威曼通过建立单相二维有限差分模型，模拟具有两层不同孔渗参数储层开采动态，结果表明从上覆厚 6.096m、渗透率 $25\times10^{-3}\mu m^2$ 的砾岩层中可采出下伏厚 12.192m、渗透率 $0.001\times10^{-3}\mu m^2$ 致密砂岩层 68%的天然气。国内，1987 年长庆油田开展了相关实验，同样认为渗透率大于 $0.001\times10^{-3}\mu m^2$ 的岩石不具备封闭能力。四川石油管理局勘探开发研究院张大奎、周克明在三维液态逆向渗吸实验中，进行了驱替效率与时间关系研究，认为当孔隙度小于 2.5%、渗透率小于 $0.001\times10^{-3}\mu m^2$ 为非产层。

此外，从国外致密砂岩气藏开发来看，渗透率为 $0.001\times10^{-3}\mu m^2$ 的产层仍具备一定开采价值。加拿大埃尔姆华斯气田，产层渗透率下限 $0.001\times10^{-3}\mu m^2$，单井气产量 2.8×10^4 ~ $5.6\times10^4m^3/d$；美国丹佛盆地瓦腾伯格气田，产层渗透率$(0.004\sim0.006)\times10^{-3}\mu m^2$，单井气产量 $0.2\times10^4\sim0.3\times10^4m^3/d$，压裂增产措施后气产量 $1\times10^4m^3/d$；美国科罗拉多州密执安盆地 Cozzette 气田，产层渗透率 $0.0012\times10^{-3}\mu m^2$，单井气产量 $1.7\times10^4\sim3.1\times10^4m^3/d$。我国四川盆地川西北九龙山气田须家河组砂岩产层渗透率下限 $0.002\times10^{-3}\mu m^2$，单井气产量 $0.19\times10^4\sim26\times10^4m^3/d$。

依据上述实验和实例分析，将储层与非储层渗透率值界限定为 $0.001\times10^{-3}\mu m^2$ 较为合理。但是，针对有裂缝的储层，气体的可流动下限与裂缝的物性有关，裂缝的长度、发育程度、渗透性等特征差异导致此类储层渗透率下限难以统一标准。但从 J. P. Spivey 对东得克萨斯早白垩世特拉维斯峰致密气层 1000 口井不同物性储层的产量分析统计结果，无裂缝时气井渗透率下限值为 0.001×10^{-3}μm^2；若有 152.4m 裂缝时渗透率下限值为 0.0001×10^{-3}μm^2，与气井泄气面积无关；气井产量明显降低的渗透率界限值，无裂缝时为 0.1×10^{-3}μm^2，有裂缝时为 0.01×10^{-3}μm^2。研究表明，当储层存在裂缝时，储层渗透率下限值可能低至 1~2 个数量级。因此，针对裂缝性气藏应结合气井的产能和地质综合特征评判储层的有效性。

（二）孔隙度值确定

有关储层与非储层孔隙度值界定，前人也做了相关研究。J. P. Spivey 根据前述研究确定的无裂缝气藏渗透率下限值 0.001×10^{-3}μm^2，确定相应的孔隙度下限值为 3.38%。美国致密砂岩气层孔隙度的注册标准一般上限值 10%，下限值取 5%；若砂岩储层中裂缝较发育，孔隙度下限值可降低至 3%。

我国学者也做了多方面研究，四川石油管理局勘探开发研究院根据水驱气试验确定气层孔隙度下限为 2.5%，川东九龙山气田须家河组气藏利用 1158 块岩芯资料建立孔-渗关系，计算当孔隙度分别为 3%和 2.5%时，渗透率分别为 0.0015×10^{-3}μm^2、0.0011×10^{-3}μm^2；长庆油田榆林地区上古生界气层测试结果表明，孔隙度 2.5%~4%，自然产能仍有 0.01×10^4~0.06×$10^4$$m^3$/d。

依据上述研究分析结果，将储层与非储层孔隙度界限定为 2.5%较为适宜。

二、致密砂岩气藏分类

根据储层物性特征，气藏按储层渗透率值分类在国内外存在诸多标准，但多数分类标准较为接近。20 世纪 70 年代，美国联邦能源管理委员会将储层渗透率小于 0.1×10^{-3}μm^2 的气藏(不包含裂缝)定义为致密气藏(表 1-1-1)，并以此作为是否给予生产商税收补贴的标准。美国 Elikins 气藏分类略有不同，但致密气藏储层渗透率上限值是一致的。此外，1989 年，Spercer 将致密砂岩气藏定义为地层条件下储层气体渗透率小于 0.1×10^{-3}μm^2 的气藏；并提出了致密砂岩气藏气水分布模式，描述了一些气藏常见特征。2006 年，Stephen A. Holditch 从油藏工程角度定义致密砂岩气藏，认为致密气藏是指储层渗透率(0.0001~0.1)×10^{-3}μm^2，需经大型水力压裂改造措施，或者是采用水平井、多分支井，才能产出工业气流的气藏。德国石油与煤炭科学技术协会(DGMK)定义的应用于德国石油工业的致密砂岩气：储层平均有效气体渗透率小于 0.6×10^{-3}μm^2 的气藏属致密砂岩气藏。在我国，1995 年关德师提出：致密砂岩气藏是指孔隙度小于 12%、渗透率小于 0.1×10^{-3}μm^2、含气饱和度小于 60%、含水饱和度大于 40%，天然气在砂岩层中流动速度较为缓慢的天然气藏。而根据我国气藏分类标准先后四次的调整规范(表 1-1-2，目前 SY/T 6168 已更新至 2011 版，SY/T 6285 已废止)，均以渗透率作为分类评价指标，主要划分为高渗、中渗、低渗和致密四类，2011 年以前颁布的行业标准均将地表基质渗透率小于 0.1×10^{-3}μm^2 的气藏定义为致密气藏，2011 年颁布的行业标准将覆压基质渗透率小于 0.1×10^{-3}μm^2 的气藏定义为致密气藏，制定原则主要考虑技术及经济因素。

表 1-1-1　美国气藏类型划分统计表

评价指标	常规气藏	近致密气藏	致密气藏	极致密气藏	超致密气藏	备注
地层条件下渗透率/10^{-3}μm^2	>1.0	0.1~1.0	0.05~0.1	0.001~0.05	0.0001~0.001	美联能源部
	>1.0	0.1~1.0	0.005~0.1	0.005~0.001	<0.001	Elkins

表 1-1-2　国内气藏类型划分统计表

SY/T 6168—1995 气藏分类		SY/T 6285—1997 油气储层评价方法		SY/T 6168—2009 气藏分类		SY/T 6832—2011 致密砂岩气地质评价方法	
地表基质渗透率/$10^{-3}\mu m^2$						覆压基质渗透率/$10^{-3}\mu m^2$	
$K \geqslant 50$	高渗	$K \geqslant 500$	高渗	$K>50$	高渗	$K>50$	高渗
$10 \leqslant K<50$	中渗	$10 \leqslant K<500$	中渗	$5<K<50$	中渗	$5<K<50$	中渗
$0.1 \leqslant K<10$	低渗	$0.1 \leqslant K<10$	低渗	$0.1<K<5$	低渗	$1<K<5$	低渗
						$0.1<K<1$	特低渗
$K<0.1$	致密	$K<0.1$	致密	$K<0.1$	致密	$K \leqslant 0.1$	致密

三、致密砂岩气藏定义

由于致密砂岩气藏属非常规天然气藏，用常规手段不能进行工业性开采，无法获得工业规模可采储量。根据上述国内外致密砂岩气藏分类标准及定义，2011 年我国颁布的《致密砂岩地质评价方法》(SY/T 6832—2011)对致密砂岩气藏做了明确定义：覆压基质渗透率不大于 $0.1\times10^{-3}\mu m^2$ 的砂岩气层，单井一般无自然产能，或自然产能低于工业气流下限；但在一定经济条件和技术措施下，可以获得工业天然气产量。通常情况下，这些措施包括压裂、水平井、多分支井等。覆压基质渗透率采用不含裂缝岩芯(基质)，在净上覆岩压作用下测定的渗透率。此定义从字面上看未考虑储层孔隙度、渗透率下限值的界定及有裂缝存在的状态，但仔细分析，此定义涵盖了此方面的范畴。

根据上述储层与非储层的界定，储层渗透率下限值为 $0.001\times10^{-3}\mu m^2$，如若考虑有效裂缝的存在，储层基质渗透率下限值可低至 1~2 个数量级，故渗透率下限值不界定；上述覆压基质渗透率上限值不大于 $0.1\times10^{-3}\mu m^2$ 的参数范畴基本涵盖了国内外气藏分类中的致密-超致密(含裂缝)储层范围。而储层孔隙度下限值 2.5%的界定，在此定义中包含在"一定经济条件和技术措施下可以获得工业天然气产量"的文字中，即储层必须具备天然气的储集性，即满足储层基质孔隙度下限值要求。因此，此定义较全面概述了国内外致密砂岩气藏涵义。

本书将以上述定义作为致密砂岩气藏评价标准。但基于目前储层岩芯物性实验多以常压实验为基础，考虑约 3000m 井深地表与覆压状态下基质渗透率级差可达一个数量级，上述定义中的"覆压基质渗透率不大于 $0.1\times10^{-3}\mu m^2$"，换算到地表基质渗透率应不大于 $1\times10^{-3}\mu m^2$。

第二节　地 质 特 征

据全球致密砂岩气藏勘探开发研究状况，致密砂岩气藏具有资源量大、资源丰度低、存在局部"甜点"富集，气藏埋深有深有浅，储层孔隙度有高有低，裂缝发育或不发育，储集空间展布复杂多变，分布存在均质性或非均质性特征，地层温度有高有低，地层压力存在异常低压或异常高压，气藏有的产水有的不产水，气源有热成因或生物成因等多样性特征(表 1-2-1)。致密砂岩气藏基本地质特征：

1. 资源丰度低、局部存在"甜点"富集

全球已发现或推测发育致密砂岩气资源量 $210\times10^{12}m^3$，在亚太、北美、拉丁美洲、前苏联、中东-北非等地区均有分布。美国致密砂岩气可采资源量为 $8.8\times10^{12}m^3$(据 2009 年 IEA

资源评价结果），我国致密砂岩气技术可采资源量 $11\times10^{12}m^3$，有利勘探面积 $32\times10^4km^2$，广泛分布于鄂尔多斯、四川、塔里木、准格尔、柴达木、松辽及渤海湾等 10 余个盆地。我国主要盆地致密砂岩气资源丰度一般 $1\times10^8\sim4\times10^8m^3/km^2$，普遍较低；鄂尔多斯盆地石炭系至二叠系致密砂岩气资源丰度 $0.5\times10^8\sim1.2\times10^8m^3/km^2$，四川盆地须家河组致密砂岩气资源丰度 $1.0\times10^8\sim3.9\times10^8m^3/km^2$，松辽盆地白垩系致密砂岩气资源丰度 $1\times10^8\sim2\times10^8m^3/km^2$。

表 1-2-1　中美典型致密砂岩气藏地质特征对比表

气田名称 / 表征参数	美国典型致密砂岩气藏			中国典型致密砂岩气藏		
	大绿河盆地	圣胡安盆地		鄂尔多斯盆地苏里格气田	鄂尔多斯盆地大牛地气田	四川盆地新场气田
地层	白垩系 Mesaverde	白垩系 CHarca	白垩系 Dakota	二叠系下盒子组、山西组	二叠系下盒子组、山西组、石炭系太原组	上三叠统须家河组
沉积相	沙坝-滨海平原	沙坝-滨海平原		辫状河、曲流河、三角洲-滨浅湖坝	辫状河流相	三角洲-滨浅湖相
埋深/m	2743~3870	488~1036	2188	3200~3500	2540~2970	3000~5300
物性 孔隙度/%	3.4~4.5	11	5.8~7.6	5~12	盒 1：9.09 山 1：7.62 太 2：8.58	须二：2~4 须四：一般小于 10
物性 渗透率/$10^{-3}\mu m^2$	0.001~0.009	0.038	0.01~0.09	0.06~2	盒 1：0.55 山 1：0.66 太 2：0.70	须二：0.01~0.1 须四：0.02~0.31
孔隙类型	次生孔隙为主，部分粒间孔隙	粒间孔、次生溶孔		次生溶孔、微孔粒间孔	残余粒间孔、次生溶孔为主	次生溶孔、微孔、粒间孔隙为主
储层展布	透镜状	层状、透镜体状		块状、带状、透镜状	片状、带状	毯状、带状
地压系数	1.50	—	0.99	0.77~0.91	0.89~0.91	1.69~1.92
地层温度/℃	107~122	—	123	90~110	84~88	85~140

但是，在低资源丰度背景下，存在局部“甜点”富集区。四川盆地新场气田须家河组致密气藏单井产能一般 $1\times10^4\sim10\times10^4m^3/d$，但个别井产量高达 $300\times10^4m^3/d$；鄂尔多斯盆地苏里格气田单井产量一般 $1\times10^4\sim3\times10^4m^3/d$，产量超过 $100\times10^4m^3/d$ 的气井也有之。此反映致密砂岩气藏存在局部“甜点”富集区。

2. 气藏埋藏深浅不一

致密砂岩气藏在世界范围内埋藏深浅不一，美国致密砂岩气藏埋深有的仅 200~900m，目前已投入开发的气藏多数埋深在 1000~3000m 范围，也有埋深超过 4500m 的。我国致密砂岩气藏的埋深分布也不一，鄂尔多斯盆地苏里格气田主力气层下二叠统山西组山 1 段至中二叠统下石盒子盒 8 段，埋藏深度 3200~3500m，厚度 80~100m；大牛地气田上古生界砂岩气藏埋深 2500~2900m，四川盆地川西新场气田须家河组气藏埋深 3500~5300m。

3. 储层空间展布复杂

致密砂岩气藏往往纵向呈多层叠置、横向连片分布，呈层状或透镜体状。美国致密砂岩气藏储层展布可划分为层状（又称席状或毯状）和透镜体状两类，如圣胡安、丹佛、风河、威利斯顿等盆地的致密砂岩储层均为层状，大绿河、尤因它和皮申斯盆地储层主要为透镜状。我国致密砂岩气藏空间展布特征也具相似特征，鄂尔多斯盆地苏里格气田主体属岩性圈闭气藏，储层展布受控于辫状河道砂和曲流河道砂沉积微相，储层砂体纵向多期叠置、横向上复合连片，呈席状、带状或透镜体状；其辫状河由于河道的迁移性，砂体的宽厚比大，一般在 80~120 之间，且形成多个砂体的切割叠置，呈带状或大面积连片分布的砂体。四川盆地新场气田须二气藏主体属构造-岩性圈闭气藏，储层展布主体受控于三角洲分支河道和河口砂坝沉积微相，纵向砂体叠置，发育多达 14 套砂组、横向连片呈毯状或带状。

4. 储层物性差、非均质性强、一般发育天然裂缝

致密砂岩岩性致密，储层物性整体较差，孔隙度和渗透率分布范围都很宽，一般发育天然裂缝，渗透率级差 2~3 个数量级，甚至更大。在美国存在高孔隙度储层和低孔隙度储层两类。高孔隙度储层孔隙度介于 10%~30%，原始气体渗透率小于 $0.1\times10^{-3}\mu m^2$，主要分布在北部大平原威利斯顿盆地，储层岩性为粉砂岩、极细粉砂岩，黏土含量低至高；低孔隙度储层孔隙度一般为 3%~12%，原始渗透率 $0.0005\times10^{-3}\sim0.1\times10^{-3}\mu m^2$，储层黏土含量中等至高。在国内，四川盆地川西坳陷致密砂岩含气区、鄂尔多斯深盆含气区属较典型的致密砂岩气藏。以川西新场气田须家河气藏为例，地表状态下，须二段储层基质孔隙度一般为 2%~4%，基质渗透率一般 $0.01\times10^{-3}\sim0.1\times10^{-3}\mu m^2$；须四段储层基质平均孔隙度一般小于 10%，基质平均渗透率一般 $0.02\times10^{-3}\sim0.31\times10^{-3}\mu m^2$；累计约有 57%的基质渗透率小于 $0.1\times10^{-3}\mu m^2$，约有 30%的渗透率大于 $0.2\times10^{-3}\mu m^2$(绝大部分为裂缝发育样品)。鄂尔多斯盆地大牛地气田，主要目的层盒 1 储层平均孔隙度 9.09%，渗透率平均 $0.55\times10^{-3}\mu m^2$；山 1 储层平均孔隙度 7.62%，渗透率平均 $0.66\times10^{-3}\mu m^2$；太 2 储层平均孔隙度 8.58%，渗透率平均 $0.70\times10^{-3}\mu m^2$；苏里格气田，储层覆压渗透率小于 $0.1\times10^{-3}\mu m^2$ 的样品比例占 80%~92%，与美国 60%~95%相近，整体都属于致密砂岩气藏范畴。

5. 储层孔喉结构整体差

储层孔隙喉道小，孔喉结构差，主要发育微细孔隙，且以片状喉道为主。储层孔隙一般以原生孔隙、次生孔隙、微裂缝为基本类型，其中次生孔隙为最主要的孔隙类型，占孔隙总体积的 70%~80%。原生孔隙为残余粒间孔隙，次生孔隙包括粒间溶孔、粒内溶孔、铸模孔、晶间孔等。粒间孔隙愈少，微孔隙所占比例愈大，渗透率就愈低。喉道一般小于 2μm，泥质含量高，伴生大量自生黏土。喉道与孔隙比例接近，小于 0.1μm 喉道控制的孔隙体积占总孔隙体积比例超过 50%。

以川西新场气田须家河组气藏为例，孔隙以次生孔隙为主，大致占储集空间的 70%以上，原生孔隙仅占储集空间的 21%，微裂缝对面孔率的贡献很小，仅占储集空间的 1%~4%；其中原生孔隙多呈不规则多边形或弧三角形、长条状、线状，粒内溶蚀孔多呈蜂窝状，粒间溶蚀孔形态多呈不规则状、港湾状、片状(图 1-2-1)。须四段储层主要以微孔~微喉、小孔~微喉为主，其中小于 20μm 的微孔约占 30.7%，孔径为 20~80μm 的小~大孔约占 7.7%。储层孔喉半径主要集中在 0.063~0.04μm 范围内，对渗透率贡献大于 80%的孔喉大小分布峰位集中在 0.1~2.5μm 范围内。须二段储层孔径均值介于 2.0~80μm 之间，而孔径为 2~50μm 的微孔~小孔占 50%以上，主体以微孔为主，小孔次之；喉道普遍狭窄，以片状、弯片状为主；孔喉半径主要集中在 0.01~0.42μm 范围内，其最大喉道半径亦小于 1μm，属微喉；储层孔喉组合主要以微孔~微喉、小孔~微喉为主。

苏里格气田下石盒子组盒 8 段储集空间以次生溶蚀、微孔及粒间孔隙为主，储层孔径分布范围较宽，在 5~400μm 范围内；储层喉道小，主力喉道峰值介于 0.04~2.34μm，一般为 0.29~2.34μm；其中Ⅰ类储层主渗流喉道半径大于 2.00μm，Ⅱ类储层主渗流喉道半径

图 1-2-1　新场气田须二气藏储层岩样铸体薄片图

0.30~0.59μm，Ⅲ类储层主渗流喉道半径 0.15~0.30μm；主贡献喉道半径一般 0.2~2μm。

6. 毛管压力高、含水饱和度高

致密砂岩储层因渗透率低，小喉道所占比例高，通常毛管压力高、含水饱和度高。据有关资料统计，美国高孔隙度致密砂岩储层毛管压力中等、含水饱和度约 40%~90%；而低孔隙度储层毛管压力相对高、含水饱和度约 45%~70%。鄂尔多斯盆地苏里格气田上古盒 8 储层毛管压力最小 0.22MPa、最大可达 10MPa，一般小于 2MPa；苏 X 井 10 个样品 NMR 原始含水饱和度统计含水饱和度 22.6%~89.3%，平均 63.3%。四川盆地川中地区须家河组储层毛管压力最小 0.14MPa，最大 3.21MPa；饱和度中值压力最小 1.24MPa，最大可超过 51.10MPa，储层含水饱和度平均约在 50.52%，属原始含水饱和度较高的气藏；而川西新场气田须二气藏储层毛管压力最小 0.99MPa、最大可达 6.53MPa，平均 2.27MPa；饱和度中值压力最小 3.99MPa，最大 39.99MPa，平均 12.70MPa(图 1-2-2、图 1-2-3)；含水饱和度平均 45%；气藏毛管压力曲线特征中歪度、分选中等、排驱压力中高的储层约占砂岩的 19%~30.5%；而毛管压力曲线特征细歪度、分选差，排驱压力高达 11.6MPa，汞饱和度小于 22%的储层约占砂岩的 45.32%~56.84%。

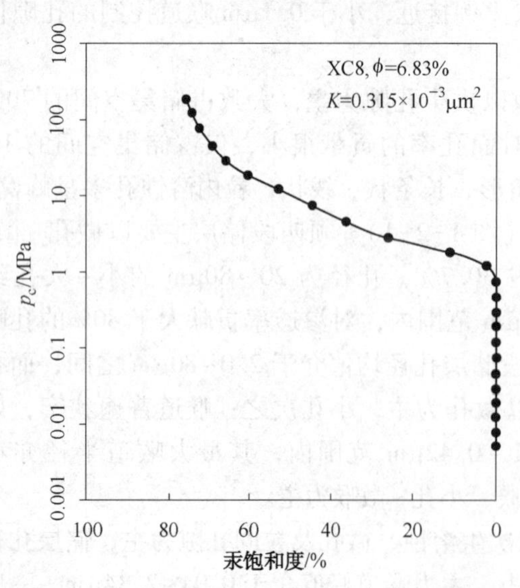

图 1-2-2　川西新场气田须二孔隙结构综合图

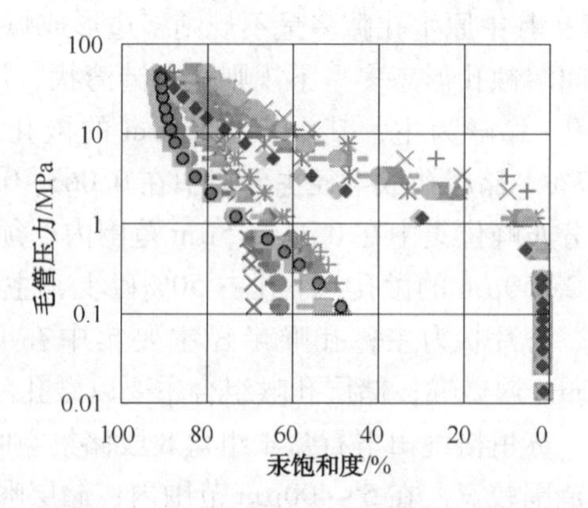

图 1-2-3　川中须家河组孔隙结构图

7. 有效储层分布规模小、连续性差

致密砂岩气藏储层展布受控于有利沉积微相，宏观上有效储层分布规模小、横向连续性差。鄂尔多斯盆地苏里格气田有效储层叠置模式有三种类型：Ⅰ类以心滩类型为主，分布为孤立状，横向分布局限，宽度在300~500m；Ⅱ类以心滩与河道下部粗岩相相连，形成的有效砂体规模相对较大，主体宽为300~500m，薄层粗岩相延伸较远，有可能沟通其他主体砂体；Ⅲ类以心滩横向切割相连，局部可连片分布，有效砂体连通规模可能达1km以上。四川盆地川西新场气田须二气藏纵向发育多达14套砂组，目前已发现7套含气砂组，单层砂体厚度10~70m，砂体横向连续稳定、可对比性强；但含气砂组分布规模较小、横向连续性差(图1-2-4、图1-2-5)。

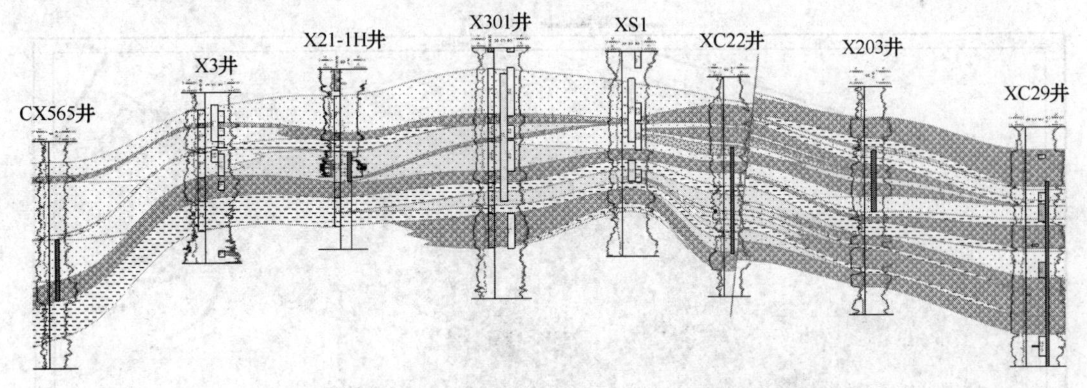

图1-2-4　川西新场气田须四段气藏砂体连井剖面图

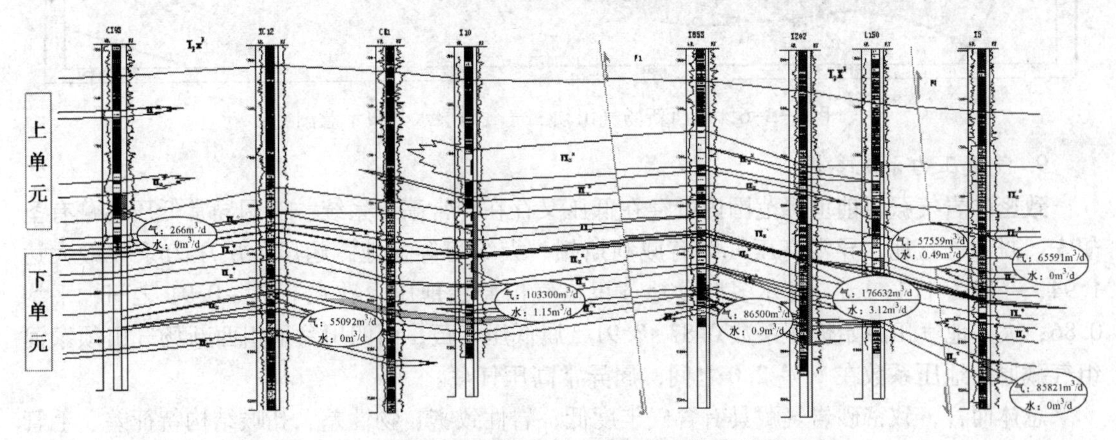

图1-2-5　川西新场气田须二段气藏砂体连井剖面图

8. 气水关系分布复杂

致密砂岩气藏由于储层渗透率低，气水分异困难，天然气往往呈区域性广泛分布于致密层中，一般无明显的气水界面，气水关系分布复杂。在北美加拿大阿尔伯达深盆气藏气水分布关系倒置，气水分布关系服从储层的构造控制，在构造下倾方向上，储层物性较差，为饱含气；在构造上倾方向上，储层物性逐渐变好，但饱含水。气层段和水层段之间没有岩性或构造阻隔，仅表现为气、水含量百分比的逐渐过渡。气水过渡带的平面宽度在10m左右，深度范围一般在760~1370m之间。美国落基山地区深盆气藏，饱含气带和饱含水带之间没有明确的岩性、地层或构造遮挡，但气、水之间却形成了较为稳定的渐变关系，由气水倒置关系导致在气藏区内形成两套流体压力系统，上部含水段为正常流体压力系统，下部饱含气段则以异常高压或异常低压为主，表现为复杂气藏分布特征和压力系统。鄂尔多斯盆地中部地区上古生界储层普遍含气，北部构造高部位为“水区”，也反映深盆气藏的“气水倒置”特征。四川盆地川中须家河组气藏由于构造平缓，气藏内气水分异不好，气水关系复杂，可能存在孔隙水、层间水、局部封闭水和边水等多种气水关系。川西新场气田须二气藏气水关系也极其复杂，水分布与构造高低关系不大，构造中部含水性强、上下部构造主体部位不含水；高含水区与规模断层发育有关，明显受南北向大断裂控制，主要分布于F1断层控制的X856井裂缝系统，以及F2、F4控制的CX560和X5井裂缝系统。气藏气水共生，边水活跃，X856井裂缝系统高产气同时伴随着高产水，边部地层水沿南北向断层形成的大裂缝窜入(图1-2-6)。

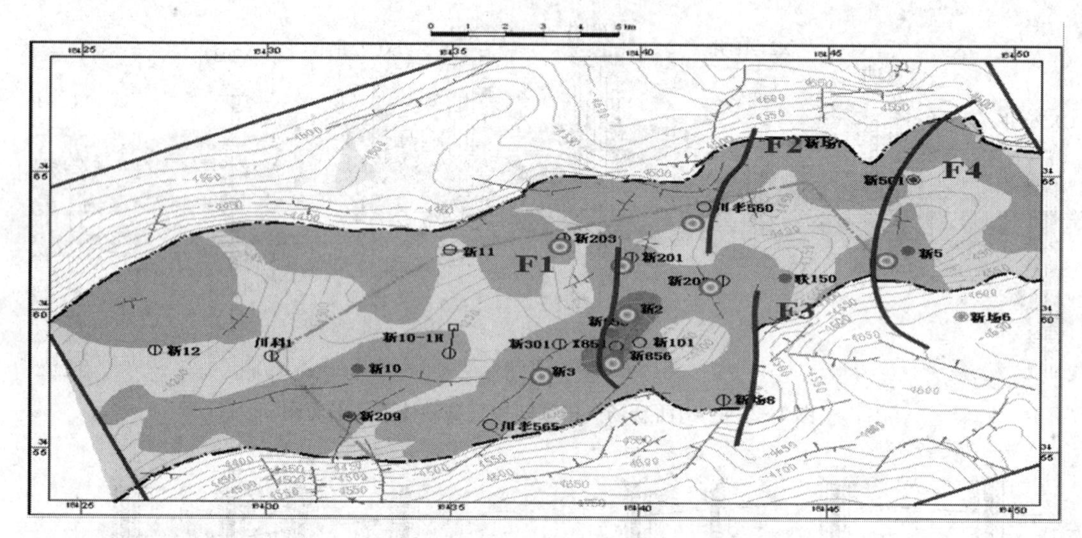

图1-2-6　川西新场气田须二气藏地层水分布示意图

9. 气藏压力系统多样

致密砂岩气藏目前世界范围内既存在低压又存在异常高压系统。美国异常低压气藏有圣胡安、丹佛等盆地，异常高压气藏有威利斯顿、大绿河等盆地，超压地层压力系数最大达1.94，一般为1.4~1.7。鄂尔多斯盆地苏里格气田原始地压系数在0.77~0.91之间，平均0.86；大牛地气田原始地压系数0.87~0.91，属低压气藏；而四川盆地川西新场气田须家河组气藏原始地压系数在1.7~2.0之间，属异常高压气藏。

总体而言，致密砂岩气藏具有含气丰度低、岩性致密、物性差、孔喉结构特征差、毛管压力高、含水饱和度高、储层非均质性强、气水分布复杂、压力系统多样等地质特征。

第三节　开发特征

致密砂岩气藏由于储层渗透性差、孔喉结构特征差、毛管压力高、含水饱和度高、非均质性强、气水关系复杂等地质特征，导致气藏渗流特征复杂、启动压力梯度高、单井自然产量低、产量递减快、储量动用程度差、采收率低等开发难点。主要开发特征如下：

1. 储层存在非线型渗流特征

据有关学者研究证实，渗透率大于$0.1\times10^{-3}\mu m^2$的储层单相渗流以克氏渗流为主，在实验室内，即使在较高的压力梯度下，也不会发现紊流效应；而渗透率小于$0.1\times10^{-3}\mu m^2$

的储层单相渗流存在低压下的克氏渗流和高压下的高速紊流效应(图 1-3-1)。鄂尔多斯盆把大牛地气田气藏主体表现为低速非线性渗流特征。

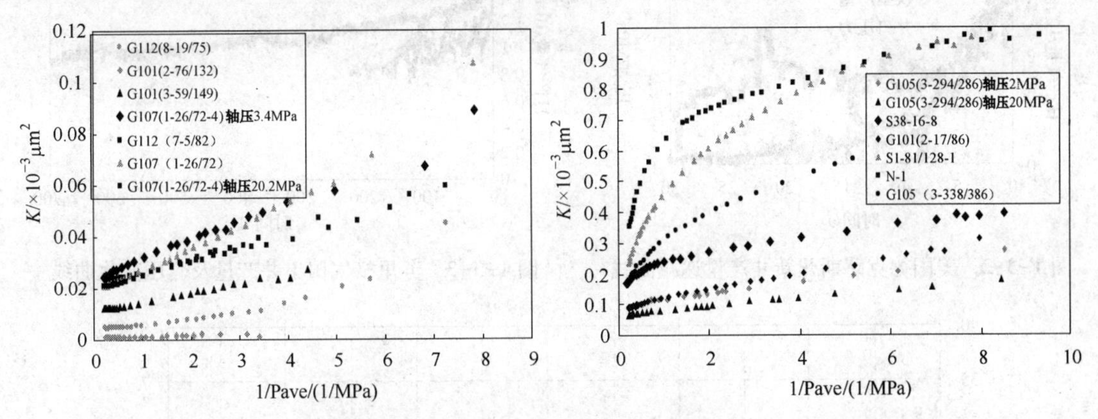

图 1-3-1　渗透率大于 $0.1\times10^{-3}\mu m^2$(左)及小于 $0.1\times10^{-3}\mu m^2$(右)的岩芯单相气体渗透特征曲线(赵树生等，2011)

2. 储层存在启动压力梯度

致密砂岩气藏由于孔隙结构特征差、毛管压力曲线多为细歪度型、细喉峰非常突出、喉道半径均值小、排驱压力高，储层存在启动压力梯度，且启动压力梯度随着渗透率的降低而增大。

3. 单井自然产能低、产量递减快、低压低产期长

致密砂岩气藏单井自然产能普遍低，大多数气井需经措施改造才能获得工业气流；而投产后，由于储层致密，渗流阻力大，生产压差较大，能量消耗快，气井生产初期压力和产量递减快、稳产期短、但低压低产期长。美国致密砂岩气藏多采用定压方式开采，单井气产量一般 $0.2\times10^4\sim1.2\times10^4m^3/d$，Pinedale、Jonah 和 Wilcox 气田单井气产量 $2\times10^4\sim3\times10^4m^3/d$；气井生产中，早期产量递减速度快，后长期低产，生产期可达 30~40 年(图 1-3-2)。苏里格气田和新场气田致密砂岩气藏气井生产也呈同样状况，单井自然产能低、试采初期产量递减快、低产期长(图 1-3-3~图 1-3-5)。新场气田气井采用定产降压式生产，生产期主体可划分为两个阶段：即初期较高压条件下的快速递减阶段和低压条件下的相对稳产阶段。统计新场气田沙溪庙组气藏 74 口井较高压阶段，压力递减速度快，井口压力平均下降速度达 2.29MPa/mon，如 XS23-5H 高压阶段以 $2.50\times10^4m^3/d$ 的工作制度生产，压力下降速度达 1.59MPa/mon。随着生产继续，井底附近高渗流介质内压力下降，低渗介质内流体参与流动，向高渗透介质补给，并且井底附近压降漏斗加深、压力梯度增大，远离井筒的地层中流体向近井区补给，泄流半径随之增大，致使气井在低压条件下具有一定的稳产能力；新场气田致密砂岩气藏气井 56%~75%的储量都是在低压低产阶段采出的，因此，低压低产阶段气井的维护至关重要，是致密砂岩气藏提高采收率的关键。

4. 气层连通性差，压力传播范围有限

致密砂岩气层渗透性差，天然气流动困难，压力传递慢，波及范围有限。以川西新场气田为例，沙溪庙组气藏 JS_2^2 气层较大范围内的关井观测，井口压力达到稳定的气井共 25 口(图 1-3-6)。从关井稳定井底压力看，气层单井之间压力相差较大，表明生产过程中压力下降不均衡，单井波及范围小；目前为止未发现该气层生产井有井间干扰和连通的现象。

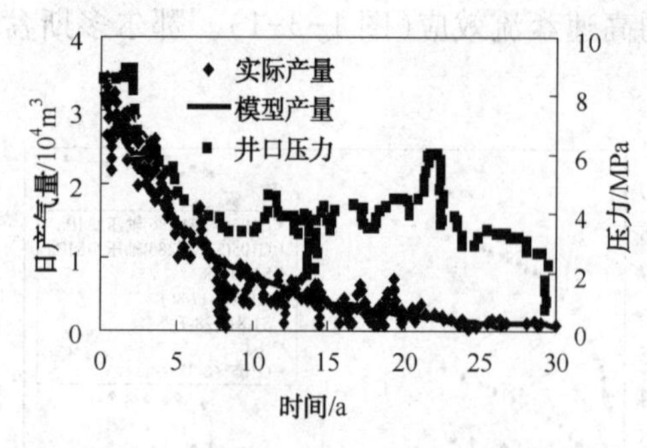

图 1-3-2　美国德克萨斯州新井产量递减曲线

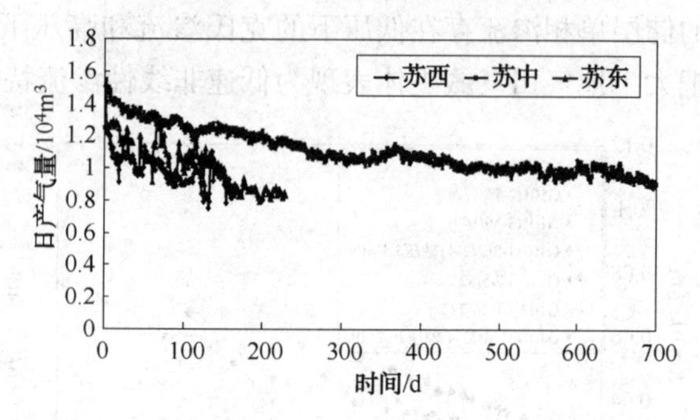

图 1-3-3　苏里格气田单井产量及套压变化曲线

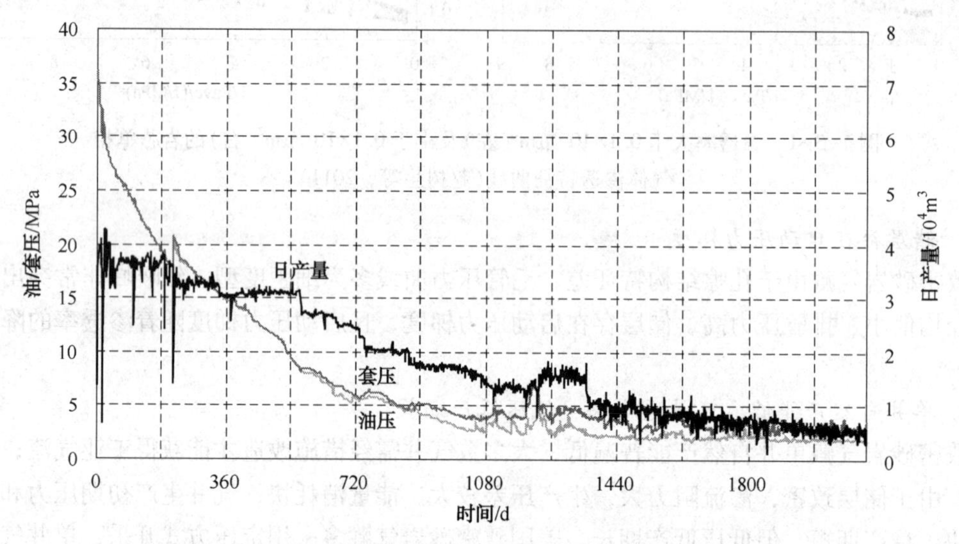

图 1-3-4　新场气田沙溪庙组气藏 CX456 井产量、压力变化曲线

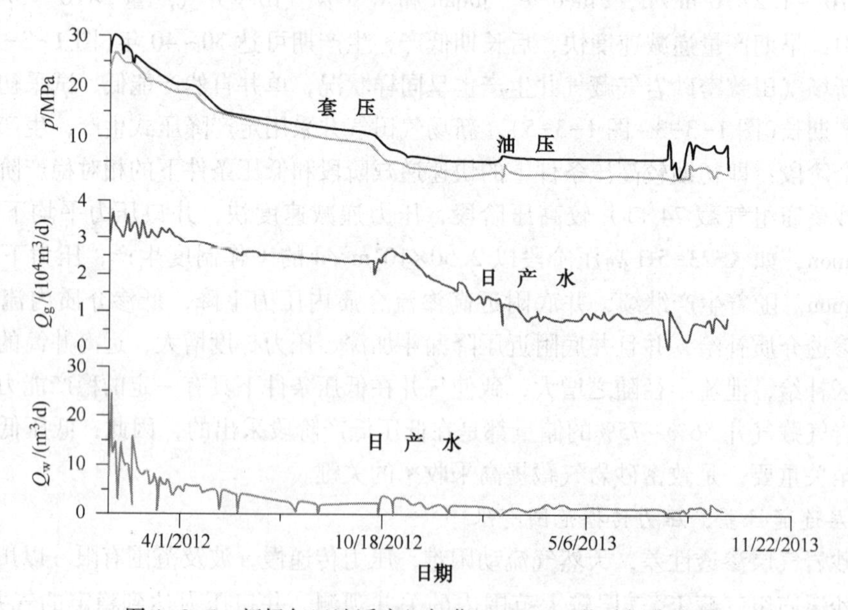

图 1-3-5　新场气田沙溪庙组气藏 XS23-5H 井采气曲线图

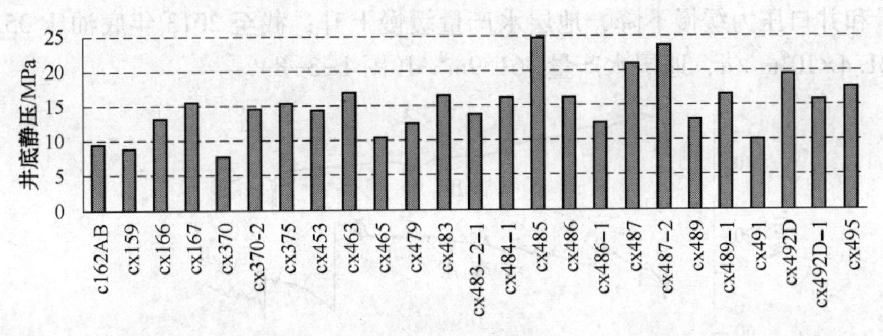

图 1-3-6　新场气田沙溪庙组气藏 JS_2^2 气层关井相对稳定后井底静压柱状图(据王旭等)

5. 气井产水现象普遍、严重影响产能

致密砂岩气藏储层含水饱和度高，气水关系分布复杂，导致气井生产普遍产水，且水气比较大，水的影响明显。可动水饱和度越高，气井越容易产水，对于气井产能的影响也越大。川西新场气田须二气藏 X856 井于 2006 年 3 月 6 日投产，投产初期在稳定油压 46.2MPa 下，天然气产量 $58\times10^4m^3/d$，凝析水产量 $4.3m^3/d$；7 个月后开始产出地层水，且地层水产量上升速度很快，天然气产量下降迅速，表现为典型的裂缝水窜特征，地层水产量一度上升到 $171.36m^3/d$，之后由于天然气产量和压力降低，带水能力变差，地层水产量才逐渐下降；截至 2013 年 12 月底天然气产量 $0.0659\times10^4m^3/d$，地层水产量 $13.374m^3/d$(图 1-3-7)。X2 井于 2007 年 6 月 28 日投产，初期在稳定油压 51.98MPa 下，天然气产量 $51.41\times10^4m^3/d$、凝析水产量 $5m^3/d$；从 2008 年 1 月 28 日起开始产出地层水，到 2008 年 6 月 15 日地层水产量上升至 $133.5m^3/d$，表现出裂缝水窜特征，同时井口油压迅速下降，下降速度达到 0.03MPa/d，到 6 月 15 日油压下降至 47.8MPa，期间天然气产量稳定在 $43\times10^4m^3/d$ 左右；为了控制地层水侵入速度，2008 年 6 月 16 日起天然气产量下调至 $25\times10^4m^3/d$，井口油压回升至 50.7MPa，地层水产量随之下降至 $62m^3/d$，水气比约 $2.4m^3/10^4m^3$，之后定产生产，

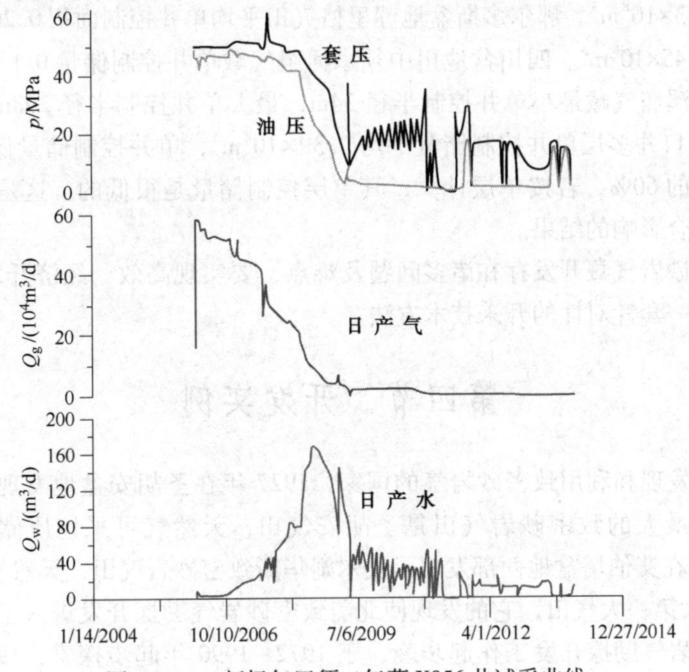

图 1-3-7　新场气田须二气藏 X856 井试采曲线

天然气产量和井口压力缓慢下降，地层水产量缓慢上升；截至2013年底油压35.4MPa，天然气产量$21.4\times10^4m^3/d$，地层水产量$361.9m^3/d$(图1-3-8)。

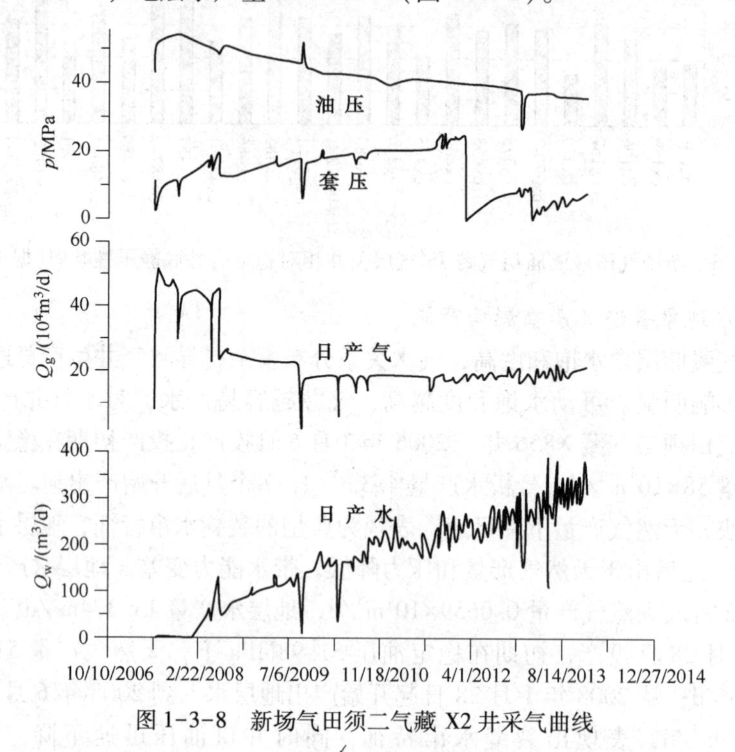

图1-3-8 新场气田须二气藏X2井采气曲线

6. 单井控制含气范围有限、控制储量小、储量动用程度低、采收率低

致密砂岩气藏由于有效储层展布有限，单井供气面积小，井控范围有限，井控制储量小；同时，由于储层致密，开采难度大，储量动用程度差、采收率低。美国致密气藏单井控制储量平均$0.413\times10^8m^3$。鄂尔多斯盆地苏里格气田平均单井控制面积$0.204km^2$，单井控制储量0.1×10^8~$0.45\times10^8m^3$。四川盆地川中须家河组气藏单井控制储量0.1×10^8~$3.0\times10^8m^3$。川西新场气田沙溪庙气藏最小单井控制半径34m，最大单井控制半径298m，平均单井控制半径228m；210口井多层单井控制储量平均$0.39\times10^8m^3$，单井控制储量低于$0.4\times10^8m^3$的气井占到总井数的60%，若按单层计算，其单层控制储量是很低的。这是由致密砂岩气藏基本地质条件综合影响的结果。

总之，致密砂岩气藏开发存在诸多问题及难点，要实现高效、经济开发必须依靠科技、创新发展、建立一套针对性的开采技术方法。

第四节 开发实例

美国是最早发现和利用致密砂岩气的国家，1927年在圣胡安盆地发现致密砂岩气藏并投入开发，其中最大的致密砂岩气田是圣胡安气田，天然气可采地质储量$7000\times10^8m^3$。1976年，加拿大在艾伯塔盆地西部发现了埃尔姆华斯致密砂岩气田，天然气可采储量$2100\times10^8m^3$，为加拿大第一大气田，它的发现使北美致密砂岩气勘探开发进入了一个快速发展阶段。我国致密砂岩气勘探开发工作起步晚，于1972~1990年起步探索，1990~2005年快速发展，2006年以后进入高速发展阶段；目前已建成了鄂尔多斯、塔里木、四川三大致密砂岩气区，其中典型气田有鄂尔多斯盆地的苏里格气田、四川盆地的新场气田。截至2013年底，苏里格气田累计探明地质储量达12725.79×10^8m^3，累计天然气产量达771.82×10^8m^3；新场气田累计探明地质储量达2453.31×10^8m^3，累计天然气产量达252.39×10^8m^3。这些典型气田的成功开发为致密砂岩气藏的勘探开发提供可参考经验。

一、美国圣胡安气田开发实例

（一）地质概况

美国圣胡安气田（又名布兰考-梅萨弗德气田）位于美国中西部落基山圣胡安盆地的中心，是盆地中最大的气田。其含油气层系为白垩系，地层厚度1800m，自下而上有5套含油气层，分别为达科塔（Dakota）砂岩油气层、曼科斯（Mancos）页岩油层、梅萨弗德（Mesaverde）砂岩气层、皮克彻德克里斯（Pictured cliffs）、伏鲁特兰（Fruitland coal）煤系中透镜体砂岩气层；其中达科塔、梅萨弗德为主要产气层系。达科塔砂岩油气层埋深1981~2053m，砂体呈席状，产层厚度14m，平均孔隙度11%；梅萨弗德砂岩气层埋深860~1824m，砂体呈席状、透镜状，局部厚度可达650m，平均孔隙度10%，产干气。储层厚度一般10~20m，部分达50m；储层物性整体差、含水饱和度高、毛管压力高，属致密砂岩气藏。

（二）气田开发思路及技术方法

圣胡安气田属非常规致密气藏，其开发核心思路是采用新技术降低成本。其主体思想及技术方法是：

（1）不做或少做三维地震，采用“滚动勘探开发”模式，初期规模不大，在经过一定时间的开发实践后，随着对气藏地质特征认识的不断深入，采取加密井钻井的方式扩大规模和弥补递减，提高天然气的采收率。

（2）单井试采要求：单井产量初期递减快，长期低产稳产，单井最终采出5000×10^4m^3；气井生产期长达几十年，开发后期地层压力仅有几个大气压，气井废弃产量300~400m^3/d。

（3）采用压裂改造和多层合采技术：为提高单井控制可采储量，提高单井产量，采用分层压裂和多层合采技术高效投产，而不追求大型压裂，每层设计压裂缝长75m，连续作业可达4层。

（4）加密井网密度随气价的变化而变化：开发井网密度由早期的1.30km^2/井，后普遍加密至0.65km^2/井，部分区块的梅萨弗德、达科塔层正在试验0.33km^2/井的开发井网。加密的主要依据除提高储量动用程度，增加气田累计产气量外，还随时考虑气价的因素。

（5）采用空气钻井，降低钻井成本、提高钻井速度。空气钻进与钻井液钻进相比，钻速提高80%，2000m井深钻井周期一般7天以内，完井周期10天。1500m以浅气井综合投资控制为50万美元，1500m以深气井综合投资70万美元，压裂20万美元，地面20万美元。

（6）简化井身结构。一开222.3mm井眼，用钻井液钻进，下入177.8mm技术套管，封堵上部水层及煤层；二开158.75mm井眼，用空气钻进，下入114.3mm油层套管，固井水泥返至177.8mm套管内，完井时将上部114.3mm套管割断取出。

（7）简易地面工程。井口采用简易采气树，加热炉与分离器组合在一起，装备有井口回压自动气举排液系统，对产水量不大的气井，做到多年不用作业排液，可保持连续生产，降低操作成本。地面备有储油灌回收凝析油，一般井每年可回收两灌油，大约50t，从点滴中提高气井的经济效益。

（8）低压井不压井修井作业，采用空气+泡沫+水的不压井防喷修井工艺。在地层压力

0.5MPa、产量 $1\times10^4m^3/d$ 的情况下，换油管，对原产层重复压裂等作业，采用不压井修井作业完成，降低作业成本。

二、加拿大埃尔姆华斯气田开发实例

（一）地质概况

加拿大埃尔姆华斯气田位于加拿大艾伯塔盆地，含气面积 $3885km^2$，探明和控制天然气可采储量 $4800\times10^8m^3$，几乎占整个艾伯塔盆地天然气可采储量的一半。有 12 个气层组，储层物性差异很大，好储层孔隙度 8%~12%、渗透率 0.5×10^{-3}~$500\times10^{-3}\mu m^2$，自然产能 2.83×10^4~$79.24\times10^4m^3/d$，压裂增产措施后气产量达 $283\times10^4m^3/d$；但绝大多数致密砂岩储层孔隙度 4%~7%、渗透率 0.5~$1\times10^{-3}\mu m^2$，自然产能 0.056×10^4~$0.28\times10^4m^3/d$，压裂增产措施后天然气产量 1.4×10^4~$2.8\times10^4m^3/d$。在 12 个气层组中，天然气大多储集在致密砂岩中，储量最大的致密砂岩气藏发育于法尔赫(Falher)和卡多明(Cadomin)组。法尔赫组由海岸平原、滨浅、近岸河滨外等环境沉积的砂岩、页岩和煤层组成，天然气圈闭在渗透率小于 $0.5\times10^{-3}\mu m^2$ 的致密砂岩中；卡多明组属冲积平原、辫状河沉积，沉积物主要为砂砾岩，储层渗透率低，一般小于 $1\times10^{-3}\mu m^2$，它们除了都是致密砂岩储层这一共同点外，中间都夹有高渗透储层，都夹有或邻近有机质十分丰富的、成熟的生气母岩，上倾方向都是被渗透性好、但不含气的水层所封闭，形成气水倒置的“深盆气藏”。

（二）气田开发特点

1. 前期主要开发“甜点”区

开采的标准是：单井产量大于 $0.28\times10^4m^3/d$，上覆有高渗透常规储层。致密砂岩气藏单井累计产气量 2000×10^4~$4000\times10^4m^3$；原井网 1.6km×1.6km，后调整为 800m×800m；生产井投产初期不保持稳产，在低压、低产时保持稳产。

2. 压裂增产措施改造储层

初期采用大型压裂，但增产措施效果 6 个月后就会消失，后期转而采用中小型压裂增产措施。针对井网井距和裂缝，合理规模压裂，一般加支撑剂 20~30t。单层压裂采用套管压裂-排液-不压井下油管-生产的程序；多层压裂则采用分层压裂，但一井最多进行 3 层分层改造。

3. 钻井、压裂施工中注意保护储层

钻井时采用油基钻井液钻井，来防止泥岩井段井壁坍塌和保护低压天然气储层不受钻井液伤害；固井采用分段固井；压裂前先进行小型酸洗，用 15%内含稳定剂的盐酸清洗泡眼中的钻井液泥饼。

4. 用高渗透层来开发邻近的致密砂岩储层中的天然气

当高渗透层(如卡多明组和法尔赫组中的高渗透砾岩层)开采后期，压力下降后，邻近的致密砂岩储层中的天然气会垂直渗入高渗透砾岩储层中去，通过高渗透层开发邻近的致密砂岩储层中的天然气已被生产实践所证实。

5. 低压力集输

一般低压集输系统所允许的生产井井口压力为 0.62MPa，5~6 口井连接到一起。

三、四川盆地新场气田开发实例

（一）气田开发概况

新场气田位于四川盆地川西坳陷中段北东东向的大型隆起带上，是一受构造-岩性圈闭控制的多层系致密砂岩气藏叠置的陆相碎屑岩大气田，浅层发育下白垩统剑门关组气藏，中浅层发育侏罗系蓬莱镇组气藏，中深层发育侏罗系遂宁组、沙溪庙组、千佛崖组、白田坝气藏，深层超深层发育上三叠统须家河组气藏，叠合含气面积 $199.04km^2$，天然气探明地质储量 $2453.31\times10^8m^3$、技术可采储量 $985.03\times10^8m^3$，是中国石化的天然气生产基地之一。

新场气田1990年发现并投入滚动勘探开发，1994年以后蓬莱镇组、沙溪庙组气藏先后作为主力气藏投入规模开发，截至2013年底拥有生产井782口，累计采出天然气量 $252.39\times10^8m^3$。

（二）气田地质特征及开发技术方法

1. 气田地质特征

新场地区纵向沉积巨厚的砂泥岩互层，间夹一定砾岩层和煤系地层，厚度达5500m，由于经历多期次构造运动及不同时期沉积环境的变迁，地质特征复杂多样：

（1）纵向含气层位多，深度跨度大。自上而下在剑门关组、蓬莱镇组、遂宁组、沙溪庙组、千佛崖组、白田坝组、须家河组等层位50余套砂组有工业气流分布，埋深从200m到5300m，跨度5100m。纵向上呈串珠状叠置，平面上呈块状或带状展布。

（2）储层物性差异大、横向非均质性强。储层岩性以中-细砂岩为主，粗粉砂岩、砾岩次之。纵向储层物性存在由浅至深呈常规-近致密-致密-极致密变化趋势。剑门关组、蓬莱镇组储层属中-低孔、常规-近常规储层，孔隙度平均大于10%、渗透率平均大于 $1\times10^{-3}\mu m^2$；遂宁组、沙溪庙组、千佛崖组、须四段上部储层属中-特低孔、近致密-致密储层，孔隙度一般5%~10%、渗透率一般 $0.1\times10^{-3}\sim1\times10^{-3}\mu m^2$；须四下亚段储层、须二储层属特低孔、致密-极致密储层，孔隙度一般2%~4%、渗透率介于 $0.001\times10^{-3}\sim0.1\times10^{-3}\mu m^2$。由于成岩作用及沉积微相差异，储层物性横向非均性强，平面上存在相对高低渗透带不均匀分布特征。

（3）储集类型多样，存在孔隙型、裂缝型、裂缝~孔隙型及孔隙~裂缝型储层。中浅层蓬莱镇组气藏和中深层遂宁组、沙溪庙组、千佛崖组、白田坝组气藏以孔隙型储层为主，裂缝~孔隙型储层次之，少数为裂缝型储层；深层须五、须四气藏以孔隙型为主，裂缝型和裂缝~孔隙型为次；超深层须二气藏以裂缝~孔隙型为主，其余次之。

（4）气藏纵向地温差异大。由于纵向深度跨度大，导致浅、中、深层地温差异大。中浅层蓬莱镇组气藏地温25~50℃，中深层遂宁组、沙溪庙组、千佛崖组、白田坝组气藏地温50~80℃，深层超深层须家河组气藏地温85~140℃。

（5）压力属高压~异常高压系统、纵向差异大。中浅层蓬莱镇组气藏原始地层压力梯度1.2~1.4MPa/100m，沙溪庙组气藏原始地层孔隙压力梯度1.6~1.9MPa/100m，深层须四、须五气藏原始地层孔隙压力梯度1.8~2.0MPa/100m，超深层须二气藏原始地层孔隙压力梯度1.6~1.7MPa/100m。

（6）地层水水型多样、矿化度差异大。地层水水型包含 Na_2SO_4、$NaHSO_4$、$CaCl_2$，以 $CaCl_2$ 水型为主。地层水矿化度差异较大，介于0.1~116g/L之间，深层超深层须家河组气藏矿化度较中浅层蓬莱镇组、中深层沙溪庙组气藏高，同时各气藏内部矿化度也存在较大差异。

（7）气藏类型主体存在两种：有水气藏和无水气藏。中浅层蓬莱镇组、中深层沙溪庙组气藏属无水气藏，开采中多数井不产水或产少量地层水（主要是残余地层水）；深层超深层须家河组气藏属有水气藏，气水赋存关系复杂。

2. 气田开发技术方法

新场气田开发中成功采用以科学的大井组多层系立体开发模式、有效的直井或定向井分层压裂和水平井分段压裂为核心的体积压裂增产投产技术、经济的低成本采输关键技术。

（1）气田整体采用“立体滚动勘探开发”模式。根据气田纵向含气层位多、多气藏叠置连片特征，及勘探开发的难易程度，开发中采用由浅入深、先易后难的原则，早期运作方式为“开发中浅层、评价中深层、勘探深层超深层”的滚动递进模式，边开发、边勘探、边发现，将发现-评价-开发-再发现-再评价-再开发的循环渐近过程贯穿于气田开发全过程，目前已形成中浅层、中深层、深层超深层多气藏整体开发格局。

（2）创新应用气藏地质精细描述技术。采用地质、地震、测井多学科联合攻关模式，开展气藏地质精细描述，刻画出有利含气富集区，为井位部署优选提供支撑。测井方面：针对致密砂岩气藏形成纵横波比储层含气性识别技术、CMR 核磁测井孔隙有效性分析等测井预测方法。地震方面：形成以叠前 AVO 特征保持处理为基础、AVO 分析为核心，综合振幅、频率、波形等多项气层地震响应异常信息，克服传统技术偏重于单因素分析的不足，形成了系列处理及含气性检测、裂缝带预测技术；以提高储层预测和气水识别精度为目标的二、三维地震技术系列——构造精细描述技术、波阻抗反演储层预测技术、地震属性分析技术、频谱成像技术、三维可视化技术、地震叠前反演技术，利用叠前反演和三维可视化技术提高了储层岩性和流体识别能力，降低了钻井部署风险。

（3）水平井钻井技术广泛应用，形成直井、定向井、水平井相结合布井模式，实现立体开发格局。致密砂岩气藏采用常规钻井技术经济效益低，随着钻井工程技术的进步与发展，逐渐形成欠平衡钻井、水平井、分支井等钻井工艺，尤其水平井钻井技术的广泛应用，大大提高了致密气藏钻井效益。根据气田开发的需要，形成了以“套管开窗侧钻水平井技术、短半径水平井技术、深井水平井钻井技术、三维绕障水平井钻井技术”为主体的多种技术体系。以深层须四气藏 X21-1H 水平井为例，完钻井深 4936.3m、垂深 3841.64m，水平段长 671.15m，利用一系列技术实现了准确中靶，所钻井眼轨迹平滑，保障了后续工程作业，获天然气绝对无阻流量 $203.4157\times10^4 m^3/d$。

（4）广泛应用多层多段压裂投产技术提高单井产量。直井多层压裂、大型压裂、水平井分段压裂技术是气田开发的关键核心技术。为提高纵向小层储量动用程度，形成了以“连续油管分层压裂、封隔器分层压裂”为主体的多层分层压裂技术；为提高水平段整体渗流能力，选择性地改造水平段，形成了多级滑套水力压差式封隔器分压水平井分段改造技术；为解决长段水平井工具分段压裂风险，降低压裂施工时间和作业成本，发展了水力喷射加砂分段压裂技术；直井单层大型压裂、多层压裂、水平井分段压裂技术有效提高单井产量。气田的多年开发实践，已形成中浅层、中深层、深层超深层不同类型致密砂岩气藏低伤害压裂液配套技术、压裂优化设计技术、大型压裂工艺技术、多层分层压裂技术（限流分层压裂工艺、投球分层压裂工艺、机械分隔分层压裂工艺、组合法分层压裂、连续油管分层压裂工艺）、水平井和斜井压裂技术、降低高破压工艺技术、裂缝型气藏解堵酸工艺技术、裂缝型储层加砂压裂技术、压裂液返排工艺技术（压后返排控制技术、纤维压裂工艺、泡沫压裂工艺）以及压后评估等一系列工艺技术，有效促进了气田的勘探开发。自 1995 年加砂压裂工艺在该气田首获突破，截至 2013 年底，新场气田累计加砂压裂 3000 余井层，压后平均增产 1130%，最大加砂规模 $200m^3$ 陶粒，最高地面施工压力 120MPa。目前为追求“低成本、环保”开发目标，气田开展了钻井液回收利用研究，并在气田得到广泛应用，有效降低了工程成本，促进了气田低成本开发。

（5）应用井下节流技术实现低成本开采。井下节流技术不仅可以防止井筒水合物形成堵塞井筒，还可降低井口、地面采输系统的压力，简化地面流程，降低建设成本。新场气田气井主要以73mm生产管柱为主，内径62mm，能够满足本体直径为57mm的节流油嘴的下入要求和坐封标准。气井井口压力一般低于20MPa，产量$0.7\times10^4\sim3.5\times10^4m^3/d$，气井出砂量和析蜡量相对较少，适合开展井下节流工艺。气井井下节流工具主要有两种：一种是活动型井下节流器，可根据需要下入任意井段位置，投捞作业方便可靠，特别适合需节流生产的老井；一种是固定型节流器，下入位置由井下工作筒位置确定，投捞作业简单可靠，密封效果好，适合在新投产井中使用。从气田应用效果来看，有效减少了气井水合物堵塞的发生，降低了防堵成本及解堵作业天然气放喷损失，减少了地面工程投资等，有效实现了低成本开发的目标。

（6）广泛应用排水采气技术确保气井稳定生产。致密砂岩气藏含水饱和度高、气井产水普遍、生产后期井筒积液明显、稳产难度大，排水采气工艺技术成为气田稳产的重要保障。单井排水采气工艺发展了泡排、气举、机抽、电潜泵等多种成套技术，并已广泛应用，取得了巨大的经济效益。气田于1995年引进泡沫排水采气工艺，经过引进、消化、攻关，先后形成了常规泡沫排水采气、冬季防冻泡沫排水采气、高含油气井泡沫排水采气、大斜度气井泡沫排水采气等特色技术，成为气井维护的主要手段；仅2013年泡排井数达717口，累积施工57593井次，措施有效率达94%；同时，开展气举排水作业594井次，累计增产$2620.89\times10^4m^3$，确保了气井稳产。

（7）采用低成本地面集输工艺技术。气田地面集输系统主体包含场站集气、管网集输等工艺单元。不同气藏特征对地面建设的要求不同，气田采用“滚动建产、区块接替及井间接替”相结合的开发方式，而“滚动建产、加密稳产”的开发模式为集输系统的合理规划带来诸多难点；气藏特征差异(单井产量、地压、地温、流体性质等)及地面环境条件都对地面集输系统的建设带来影响。经过多年的探索和实践，气田天然气集输管网系统所处区域属四川盆地，海拔约600m，地形以平原和丘陵为主，地面集输管网始建于1984年，经过近30年的发展，逐步形成了天然气水合物控制技术、高低压分输技术、增压开采技术；形成了以管道安全运行为目标的阴极保护与杂散电流在线监测、管道内腐蚀在线监测、密间隔电位与直流电压梯度联合检测、多频管中电流法与皮尔逊法联合检测、管道巡检系统等综合检测、监测技术与评价方法；形成了带压黏接补漏专利技术、碳纤维复合补强技术、玻璃钢复合材料补强技术等管体补漏与补强维护技术；形成了定值孔板自适应量程迁移技术与天然气计量核查技术、差压变送量程的自适应设计技术；开展了智能化量程转换与多时基计算处理功能研发。气田已累计建成$\Phi108\sim\Phi377$等各种规格输气干线800km，形成了$30\times10^8m^3/a$的天然气集输能力，建立起适合于气田开发的管网调度、管道腐蚀检测与评价、管道维护、集输计量一体化的特色技术体系。

（8）气田应用井网优化、加密调整技术提高气藏采收率。气田由于纵向含气层位多，平面含气分布非均质性强，单井单层控制含气范围有限、控制储量小、储量动用程度低、采收率低，开展井网优化、加密调整技术是提高气藏采收率的关键。据统计，沙溪庙组气藏JS_2^{2+4}主力气层2009~2012年实施调整井49口，累计产气$5.20\times10^8m^3$，新增可采储量$16.56\times10^8m^3$，采收率提高4.37%；JS_2^{1+3}非主力气层采用水平井压裂提高储量的动用，实施水平井47口，初期平均日产气$3.09\times10^4m^3/d$，累计产气$7.08\times10^8m^3$。沙溪庙组气藏通过加密调整，连续稳产 9 年、累计产气 $128.55\times10^8m^3$。

新场气田勘探开发虽取得了一定成果，但仍面临着诸多问题及挑战，深层超深层须家河组致密砂岩气藏有利气富集区预测精度有待进一步提高，安全、环保、经济有效的钻完井技术和体积压裂投产技术尚待进一步改进发展。

四、鄂尔多斯盆地苏里格气田开发实例

（一）气田地质概况

苏里格气田位于内蒙古鄂尔多斯盆地苏里格庙地区，北起敖包加汗，南至安边，东到桃利庙，西达鄂托克前旗，勘探面积 $4\times10^4km^2$，天然气资源量 $3.8\times10^{12}m^3$。1999 年开始大范围勘探，2000 年在苏里格中部成功钻成苏 6 井，获天然气绝对无阻流量 $120\times10^4m^3$，发现苏里格气田。截至 2013 年底，累计提交天然气探明地质储量 $12725.79\times10^8m^3$，天然气技术可采储量 $6669.34\times10^8m^3$，年产气量 $212.2\times10^8m^3$，累计采出天然气量 $771.82\times10^8m^3$，是我国储量最大和产量最高的致密砂岩整装气田。

（二）气田地质特征及开发技术方法

1. 气田地质特征

苏里格气田含气面积大、储量丰度低。复合含气面积超过 $3.0\times10^4km^2$，钻探证实气田大面积普遍含气，但含气丰度差异大，且整体属低丰度气藏。局部区块含气丰度可达 $1.7\times10^8m^3/km^2$，而有的区域含气丰度仅 $1.1\times10^8m^3/km^2$ 左右，全区平均储量丰度 $1.43\times10^8m^3/km^2$。

气田纵向含气砂体发育。含气储层下达山西组，上至石千峰组，含气跨度超过 700m；主力产气层为下二叠统山西组山 1 段至中二叠统下石盒子盒 8 段，埋藏深度 3200～3500m，厚度 80～100m；其中，盒 8 有 8 个小层，山 1 有 6 个小层，纵向上累计有 14 个砂层相互叠置。

气田属岩性圈闭气藏，具典型的陆相河流沉积特征，主力产层盒 8–山 1 段沉积体系为大型河流–冲积平原沉积体系，储层沉积模式为辫状河与曲流河沉积，有利沉积微相是心滩和河道。气田的沉积类型决定了砂体的发育类型及展布规模，砂体多呈宽条带状或大面积连片分布，形成多期叠置并复合连片特征。砂体南北向连通性相对较好，长 2000～3000m；东西向呈带状分布，宽 1000～1600m；有效砂层厚度 10～15m，有效砂体规模小，呈孤立状或窄条带状分布，横向连续性差。

气田储层普遍低孔、低渗，非均质性强。储层孔隙度范围 3%～21.84%，平均值 8.95%，孔隙度主要分布范围在 5%～12%；渗透率范围为 0.0148×10^{-3}～$561\times10^{-3}\mu m^2$，平均值为 $0.73\times10^{-3}\mu m^2$，渗透率主要分布范围为 0.06×10^{-3}～$2.0\times10^{-3}\mu m^2$。物性横向变化快、非均质性强，致密背景条件下存在相对高孔渗性储层。

气田储层孔喉结构特征差异大。储层孔径分布范围较宽，可在 5～400μm 之间变化，平均孔隙半径介于 11.98～107.07μm；喉道小、毛管压力普遍较高。以盒 8 储层为例，孔喉结构具有“大孔隙、小喉道、少裂缝、孔喉连通性差”的特点，排驱压力最小 0.22MPa，最大可达 10MPa，一般小于 2MPa；主力喉道峰值介于 0.04～2.34μm，一般为 0.29～2.34μm；主贡献喉道介于 0.07～9.38μm，一般为 0.2～2μm；但连续相饱和度一般不超过 20%，表明孔喉连通性较差。

气田原始地压系数低，属低压气藏。地压系数介于 0.77～0.91，平均值 0.86。

气田单井产量低、稳产能力差。整个气田仅约 10%的气井天然气绝对无阻流量大于 15×

$10^4m^3/d$，多数小于$5×10^4m^3/d$，属低产气藏。气井普遍存在初期产量较高，但压力下降快，稳产时间短；而后期压力下降速度逐渐变缓，低压低产时期长。

2. 气田开发技术方法

针对苏里格气田典型的低渗透、低压、低丰度致密砂岩岩性气藏，开发中存在几大难点：有效储层预测难度大，井位优选困难；单井控制储量小，经济有效开发难度大；新工艺、新技术实验难达预期效果。为此气田开展了一系列针对性攻关研究，逐渐形成一套适宜自身发展的开发技术体系，在致密砂岩气藏开发领域开创了自己独特发展史。

(1) 确立气田开发方式及“四化”开发方略。气田开发方式即“滚动建产、局部加密、井间接替、简易开采”。“四化”方略即“技术集成化、材料国产化、设备橇装化、服务市场化”。以材料国产化、设备橇装化、服务市场化为手段的低成本开发配套技术可实现气田经济有效开发。

(2) 形成以高精度二维地震、三维地震为基础的井位优选技术。首先对传统的二维地震、三维地震技术进行改进，野外采集观测系统采用大偏移距、高覆盖次数、潜水面以下深井单炮激发，同时加强采集质量监督，保证获得高保真 、高精度、高分辨率、高信噪比的宽频地震资料；处理、解释上运用叠前 AVO、叠前弹性波反演等技术，寻找反映储层含气性的信息。在布井方法上，采用地质、地震相结合的多学科联合攻关，综合预测有利含气区分布，指导勘探部署，大大提高了钻探成功率，特别是水平井井位部署取得重大成果。

(3) 形成以 PDC 钻头钻井为基础的快速钻井技术，钻井效率大幅提高。该气田的平均井深在 3400m 左右，传统钻井周期在 35 天左右；为提高钻井速度、减少储层伤害、降低钻井成本，气田开展了 PDC 钻头应用系列配套技术研究，钻井速度不断被刷新，最快一口井(井深 3440m)纯钻井时间 9 天 23 小时。快速钻井技术使苏里格气田单井平均钻井时间降低至 18 天左右，钻井成本大幅度降低。

(4) 建立以不动管柱分压合采为主体的压裂改造技术，提高了单井产量，促进了气田全面开发。针对气田纵向含气砂层多、但单砂层自然产量低的特点，把提高单井产量的攻关重点放在多层分压合采的技术攻关上，以提高纵向储层储量动用为目的，实现单井产量的提高。通过技术攻关，采用 Y-241 封隔器不动管柱、投球分压、合层求产工艺实现了多层分压合采目标。该项技术的成功应用，有效沟通了纵向储层、发挥纵向储层储量的作用，单井产量明显提高，且大幅节约了作业时间，目前已成为气田压裂改造的主要方式，

(5) 广泛应用井下节流技术，简化井筒和地面工艺流程，实现低成本采输。该气田气井试采过程中，初期压力高、下降快、稳产时间短，井筒容易形成水合物；后期压力低、稳产时间长。研究认为，该气田气井在恒流稳压情况下稳定生产能力要优于压力波动大、频繁开关井时的生产能力，因而研发了适应致密气井生产的井下节流器及配套工具。井下节流技术不仅可以有效解决井筒水合物形成问题，而且可提高携液能力、保证气井稳定生产、提高最终采收率；同时可大幅度降低地面管线运行压力，为地面流程简化、优化创造条件。经过不断探索创新，气田形成了井下节流、井口不加热、不注醇、中压集气、带液计量、井间串接、常温分离、二级增压、集中净化、中低压集气的地面建设模式，实现了气田经济有效开发。

(6) 形成以数据无线传输、气井分类管理为主的生产管理技术，提升了气田开发管理水平。数据无线传输技术主要是利用和集成计算机技术、现代通信技术和监控技术，将单井生产数据无线传输至集气站；集气站数据通过网络传输至净化厂，实现了单井综合数据的实时

监测与通信传输，为生产数据监控、生产信息管理、生产调度决策提供了信息支持。单井分类管理技术重点是对单井产量较低的三类井，采用冬季关井的方式，避免水合物堵塞井筒、管线，同时恢复地层压力，既不损失产能，还能提高管理效率、降低动行成本。从效果来看，应用数据无线传输技术使单井投资水平增加了 2 万元，但却有效保障了生产的正常运行，降低了安全风险；分类管理在很大程度上降低了成本，提高了管理效率。

苏里格气田的成功开发是非常规致密气藏开发中的典范，它的成功经验和技术方法值得推广和借鉴。随着气田的深入开发，目前“三维地震、储层精细技术、水平井多段压裂”已成为气田行之有效的新的集成技术，并且气田已形成从直井开发到水平井、丛式井开发并重的转变，另外通过加密井网试验和干扰试井，优化了井网，为提高气田采收率，开创气田新篇章而持续改进、发展、创新。

第二章 气井生产系统

第一节 气井生产系统分析

气井生产系统是指天然气从储层、完井段、油管、井口、地面气嘴、集输管线、分离器、压缩机站到输气干线这一完整的不间断连续流动的系统。进行气井生产系统分析的主要目的是，确定当前生产条件下气井的动态特征、优选气井在一定生产状态下的最佳控制产量；对生产井进行系统优化分析，找出限产的原因，提出有针对性的改造和调整措施；分析气井停喷的生产状态和停喷原因、确定气井转入人工举升采气的最佳时机，并帮助优选人工举升采气方式；使生产管理人员很快找出提高气井产量的途径等。

美国人吉尔伯特于1954年首先提出气井生产系统分析法，但受数学模型实用性和计算机应用水平的限制，未能推广应用。直至20世纪80年代，美国人布朗等人提出油气井节点系统分析法和分析技术，并随着计算机技术的发展和普及，气井生产系统分析方法才逐步应用于油气田生产实际并很快见到效果。对于致密砂岩气藏而言，水平井和多层合采直井气井的生产系统分析更有意义。

一、气井生产系统分析原理和方法

（一）基本原理

气井开采系统是一个连续流动的过程，对于这样的整体在不同位置设置节点，进行系统分析，可获得系统不同阶段的气井流入/流出动态曲线。通过节点分析，可优化生产系统运行参数，合理利用气藏能量，改善气田开发效果，提高经济效益。

1. 生产系统节点设置

在应用气井节点分析方法解决问题时，通常集中分析系统中某一节点，即解节点。在大多数情况下，解节点选在井底 p_{wf}处(图 2-1-1)。

2. 系统分析曲线绘制

以产量为横坐标，解节点的压力为纵坐标，可分别绘制解节点上游的流入动态曲线，与下游的流出动态曲线，两条曲线的交点为 A，A 点即协调产量点，气层生产能力正好等于流出管线的生产能力(图 2-1-2)。

3. 生产系统参数优化

通过气井生产系统节点分析方法，可对某一参数或某几个参数进行敏感性分析，从而优化系统。

（二）基本数学模型

1. 气井流入特性关系

在气井节点分析中，对于气井产能的计算通常是针对不同的气藏地质条件，选用相应的简化数学公式或相关式来描述，并在数学处理过程中依据气田生产的实际经验，利用现场实测的油管资料数据，不断地对其中的计算参数拟合调整，直到求得比较准确地反映气藏特性的计算结果。

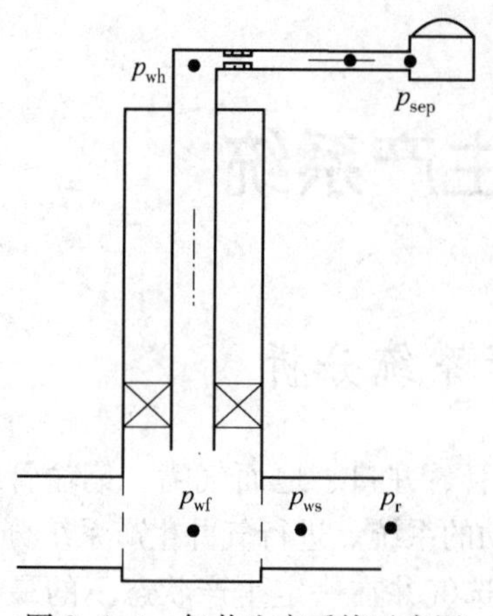

图 2-1-1　气井生产系统示意图

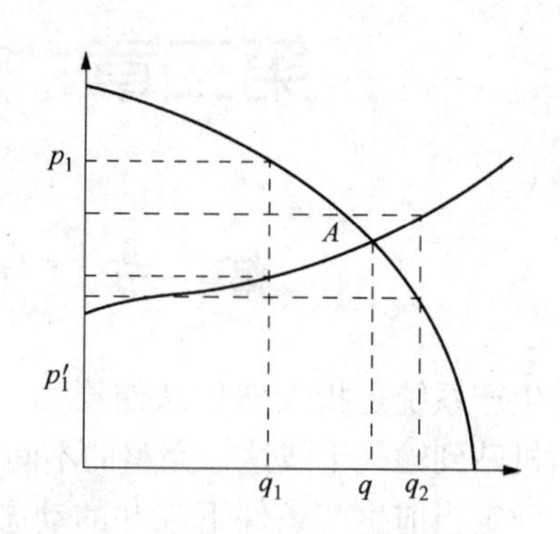

图 2-1-2　生产系统分析曲线图

（1）气井的达西公式

基本数学表达式：

$$Q_g = \frac{774.6K_g h(p_r^2 - p_{wf}^2)}{\mu_g ZT[\ln(x) + S]} \tag{2-1-1}$$

式中　Q_g——气产量，$10^4 m^3/d$；

K_g——有效渗透率，$10^{-3}\mu m^2$；

h——气层有效厚度，m；

p_r——地层压力，MPa；

p_{wf}——井底流压，MPa；

μ_g——气体黏度，mPa·s；

T——气层温度，K；

Z——气体偏差因子；

S——表皮系数；

x——供气面积系数；

R_e——泄气半径，m；

r_w——井眼半径，m。

上述气体公式中，$\ln(x)$项是对标准的$\ln\frac{R_e}{r_w}$项的一个修正，因为$\ln\frac{R_e}{r_w}$仅适用于圆形地层中心一口井的情况，当一口井处于不规则形状的排泄面积中时，则用来代替$\ln\frac{R_e}{r_w}$，这里x为供气面积系数，对不同外边界情况，x取不同的值，具体计算方法可参见文献。

（2）二项式方程

由于气体在地层中的流动速度很高，在井底附近形成了湍流作用，并产生了附加压力损失，达西定律遭到破坏，此时，气井径向流动状态可用如下二项式方程表示：

$$p_r^2 - p_{wf}^2 = AQ_g + BQ_g^2 \tag{2-1-2}$$

$$A = \frac{1.291 \times 10^{-3}\mu_g TZ[\ln(0.427r_g/r_w) + S]}{Kh}$$

$$B = \frac{2.16 \times 10^{-10} \gamma_g TZ}{r_w K^{1.5} h^2}$$

公式中 A 项为层流项，同于达西公式；B 项为湍流项，表现为流量的函数：当一口井产量增加时，显然湍流项变小，使有效流量减少。

（3）回压公式

根据大量实验测试结果，地层紊流的影响可用回压公式来模拟，其表达式：

$$Q_g = C\left(p_r^2 - p_{wf}^2\right)^n \tag{2-1-3}$$

式中，C 为产能系数。

当 $n=1$ 时
$$C = \frac{774.6Kh}{\mu_g ZT\left(\ln\frac{0.472r_g}{r_w} + S\right)}$$

当 $0.5<n<1$ 时
$$C = \frac{774.6Kh\left(p_r^2 - p_{wf}^2\right)^n}{\mu_g ZT\left(\ln\frac{0.472r_g}{r_w} + S\right)}$$

n 为决定气体渗流方式的动态指数，可由稳定试井数据取得。即在双对数坐标上做($p_r^2 - p_{wf}^2$)与流量的关系曲线，此指数是直线斜率的倒数。其值一般在 0.5~1 之间。

2. 气井流出段流动特性

在节点分析中，流出段被定义为解节点至系统末端的流动，它包括：

（1）生产流体沿油管向上的垂直流动；

（2）通过地面针型阀件的流动；

（3）沿地面采气管线的流动。

在气井生产系统中，沿油管向上的垂直流动构成流出段主要的压力损失，其次的损失发生在地面采气管线的流动中。

关于单相气体垂直管流及气水两相垂直管流的计算原理和方法，较多文献均有阐述，主要有：

（1）Poetunmin-Carpenter 公式；

（2）Fancher-brown 公式；

（3）Hagedom-brown 公式；

（4）Duns-Ros 公式；

（5）Orkiszewski 公式；

（6）Beggs-Brill 公式；

（7）Dukler 公式；

（8）Mukherjee-Brill 公式；

（9）Aziz 公式。

根据上述公式，可依据气井实测生产数据（井口压力、产量等），计算出气井井底流压值。使用时可通过对比实测井底流压与计算值，分析不同公式计算精度及适用性，从而选择出最符合气井实际的公式，对垂直管流进行模拟。

对水平管流的模拟，单相气体流动一般采用下式：

$$p_{wf}^2 = p_{wh}^2 \exp(S) + 1.324 \times 10^{-18} \cdot \frac{f\left(\overline{T}\,\overline{Z}Q_g\right)^2}{d^5}\left[\exp(S) - 1\right] \tag{2-1-4}$$

式中 $S=\dfrac{0.0683\gamma_g H}{\overline{T}\,\overline{Z}}$;

p_{wf}——井底流压，MPa；

p_{wh}——井口流压，MPa；

$\overline{T}$——井筒气柱平均温度，K；

$\overline{Z}$——井筒气柱平均偏差系数，无因次；

f——油管摩阻系数，无因次；

Q_g——气流量，$10^4m^3/d$；

d——油管内径，m；

γ_g——气体相对密度，无因次。

但水平井段压力降的计算模拟，不能简化为纯粹的管流，还需考虑水平段不同位置(射孔段、储层改造裂缝等)地层流入对单纯管流的耦合影响，以及变质量流，参见文献。

(三) 生产系统内节点设置

为了进行系统分析，必须在系统内设置节点，即将系统划分为若干相对独立，又相互联系的部分，通常划分为如下几个部分(段)：

(1) p_r—p_{wf}流入段；

(2) p_{ws}—p_{wf}完井段；

(3) p_{wf}—p_{wh}流出管流段；

(4) p_{wh}—p_{sep}流出地面段。

上述符号的含义：

p_r——地层压力，MPa；

p_{ws}——井底岩面压力，MPa；

p_{wf}——井底流压，MPa；

p_{wh}——井口油压，MPa；

p_{sep}——分离器压力，MPa。

在应用气井节点分析方法解决问题时，通常集中分析系统中某一节点，此节点称解节点。

通过解节点的选择，气井生产系统被划分为流入和流出两大部分，分别表明始节点到解节点和解节点到末节点所包括的部分；通过对流入和流出部分的模拟计算，求得流入和流出的动态特性参数，再分析比较，便可了解气井的生产动态。解节点的选择与系统分析的最终结果无关，即解节点位置可在生产系统内任意选择，在大多数情况下，解节点选在生产井井底p_{wf}处(图 2-1-1)。

(四)生产系统模拟分析

在模拟分析一个气井生产系统时，通过对节点的设置和解节点的选择，使生产系统划分为两大部分，即p_r-p_{wf}流入部分和p_{wf}-p_{sep}流出部分。在分析过程中，分别由系统的始点p_r和末点p_{sep}进行计算，求得流入和流出动态关系。通常用图解形式，将流入和流出动态曲线画在一张图上进行分析，如图 2-1-2。

由图 2-1-2 可见，流入与流出动态曲线的交点为 A，在 A 点左侧，例如在产量q_1下，$p_1>p'_1$，说明生产系统内流入能力大于流出能力。这就说明油管和出气管线系统的设计能力过小或出气管线内有阻碍流动的因素存在，限制了气井生产能力的发挥；而在 A 点右侧，例如产量q_2下，情况正好相反，此处表明气层生产能力达不到设计气管线系统的能力，说明系统的出气管线设计能力过大，造成不必要的浪费，或开采的某些参数不合理，或产层受损害，降低了气井的生产能力，需要进行解堵、改造。只有在 A 点，气层生产能力正好等于出气管线的生产能力，此点称为协调产量点。

二、气井井底压力计算

在气井生产系统分析中，气层压力和井底流压是十分重要的参数，获取这两个参数的途径主要有两种：一是下井底压力计实测，二是通过井口压力计算。

对于致密砂岩气藏，压力较高的气井，若压力计下入困难，除存在井下积液非下压力计实测外，气井一般都采用井口测压计算气层压力和井底流压。

气井井底压力计算分静止气柱和流动气柱两种计算方法。气井关井时，油管和环形空间内的气柱都不流动，井口压力稳定后，录取井口最大关井压力，按静止气柱公式计算气层压力；气井生产时，若管柱不带封隔器，且管柱靠近产层，应尽量采用静止气柱公式计算井底流压。对于油、套同采井，则必须按照流动气柱公式计算井底流压。而对于产水气井，必须按照气液两相管流计算井底压力。

（一）气藏井底静压

气藏井底静压计算过程是综合考虑天然气压缩性、气藏埋深、储层温度及天然气相对密度影响的结果，具体计算方法参见文献。

（二）气藏中部流动压力

气藏井底流动压力计算过程是分析气相管流的过程，基于物质守恒定律分析气相管流，建立气体稳定流动方程，考虑管内摩阻，实现井口压力到井底流动压力的折算。计算方法常用的有：平均温度和平均偏差系数计算法、Cullender-Smith 方法。具体计算方法参见文献。

由于油套管壁长期与气、水接触，腐蚀、结盐、水垢等因素会促使管壁的绝对粗糙度变化很大，流动气柱公式中的摩阻系数难以准确确定。此外，如果气量计量不准确，油管没有下到气层中部以及流动气柱公式中没有考虑动能项等因素，也会影响井底流动压力的计算精度。在试井工作中，如能取得静止气柱的测压资料，应尽量利用静止气柱公式计算气井的井底流动压力。

（三）气液同产井井底压力计算

目前产水气井日益普遍，而产水气井生产系统中有 80%的能量损失是在生产流体沿油管向上举升的过程中消耗掉的，因此，气液同产井的两相垂直管流计算在油气井工程分析中显得尤为重要。

关于计算气液两相流压力梯度的模型很多，如：Hagedorn-Brown 模型、Duns-Ros 模型、Orkinszewski 模型、Beggs-Brill 模型、Mukherjee-Brill 模型等。鉴于各气藏渗流特征差异，气藏井底压力计算模型可根据多口气井井底压力计算值进行回归分析，若有气井实测值，可与实测值进行对比筛选。文献中对各模型的误差评价指标进行了对比，计算结果表明，在多类模型中按相关动态因数 RPF 评价，Hagedorn-Brown 模型是最优的。

Hagedorn-Brown(1965)是一种基于单相流体和机械能守恒定律，针对垂直井中油气水三相流动建立的压力梯度模型；并在油管内径分别为 25.4mm、31.8mm、38.1mm 的 457m 试验井中，以黏度分别为 10mPa·s、30mPa·s、35mPa·s、110mPa·s 的油、气、水及混合物进行了大量的现场试验，提出了两相垂直上升管流压降关系式，此压降关系式不需要判别流型。由于动能变化引起的压降梯度甚小可忽略不计，则总压降梯度方程为：

$$\frac{dp}{dz} = \rho_m g + f_m \frac{G_m^2}{2d_{ti}A^2\rho_m} \tag{2-1-5}$$

$$\rho_m = \rho_L H_L + \rho_g(1 - H_L) \tag{2-1-6}$$

式中 ρ_m——气液混合物密度，$10^3g/m^3$；

H_L——持液率；

g——重力加速度，m/s^2；

d_{ti}——管子内径，m；

v_m——气液混合物表观速度，$v_m = v_{SL} + v_{SG}$，m/s；

v_{SG}、v_{SL}——气、液相表观流速，$v_{SG} = q_g/A$，$v_{SL} = q_L/A$，m/s；

q_g、q_L——气、液相体积流量，m^3/s；

f_m——两相摩阻系数采用 Jain 公式计算：

$$\frac{1}{\sqrt{f_m}} = 1.14 - 2\lg\left(\frac{e}{d_{ti}} + \frac{21.25}{N_{Rem}^{0.9}}\right) \tag{2-1-7}$$

$$N_{Rem} = \frac{\rho_{ns} v_m d_{ti}}{\mu_m}$$

$$\mu_m = \mu_L^{H_L} \mu_g^{(1-H_L)}$$

式中 μ_g、μ_L、μ_m——气、液相、混合物黏度，$10^3mPa \cdot s$；

ρ_{ns}——无滑脱混合物密度，$10^3g/m^3$。

（四）计算实例

以新场气田须二气藏 X2 井为例，根据其测试结果数据：$D = 4835m$，$d_{ti} = 0.076m$，$p_{tf} = 48.05MPa$，$q_g = 18.79 \times 10^4 m^3/d$，$q_L = 191m^3/d$，$p_i = 72.6MPa$，$T_i = 403K$，$r_g = 0.5672$，$\mu_g = 0.02mPa \cdot s$，$K = 0.1 \times 10^{-3} \mu m^2$，$\phi = 3\%$，用 Hagedorn-Brown 方法计算井内压力分布。计算结果如图 2-1-3 所示，在井底 4835m 处井底流压约 63.42MPa。

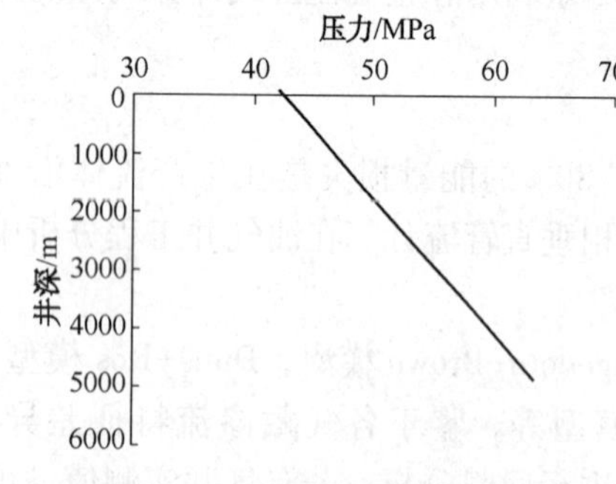

图 2-1-3　X2 井筒压力分布曲线

三、生产油管设计

生产油管设计需要考虑油管尺寸敏感性、气井油管抗气体冲蚀性分析、气井油管流动摩阻损失、气井油管携液能力等因素。油管尺寸设计具体方法在本文第三章内容里将有详细描述。

（一）气井油管尺寸敏感性分析

油管尺寸大小的影响因素主要表现为摩阻的影响，在高产井中尤为突出，管柱的内径越小，摩阻越大，计算的井底流压越大，会导致无阻流量也越大。

（二）气井油管抗气体冲蚀性分析

对于气井，高速气体在管内流动时会发生冲蚀，产生明显冲蚀作用的流速称为冲蚀流速。管柱发生冲蚀会严重影响管子的使用寿命，影响气井的正常生产，因此在确定油管尺寸时，必须考虑管柱的冲蚀问题。

气井中不同位置产生的冲蚀程度不同，一般冲蚀管柱尺寸发生改变的地方冲蚀最严重，如井底节流处、井口等是冲蚀可能出现最严重的地方。因此，采气方案设计计算气井冲蚀流速，应根据气井的井身结构，计算不同位置的抗冲蚀流量，以最小抗冲蚀流量为基准。

（三）气井油管流动摩阻损失

气井油管粗糙度造成的流动摩阻损失对于气井产能，特别是高压气井产能评价的影响是非常大的。因此，在进行油管选择时，需要考虑气体管内流动的摩阻损失。

（四）气井油管携液能力

气井开始积液时，井筒内气体的最低流速称为气井携液临界流速，对应的流量称为气井携液临界流量。当井筒内气体实际流速小于携液临界流速时，气流就不能将井内液体全部排除井口，井底就会产生积液。如果井底积液不能及时排出，将影响气井的产量甚至造成气井停产。为满足气井携液要求，气井工作制度要大于气井的携液临界流速。

由临界计算模型可知，影响临界流量和临界流速的参数有：气液密度、气液表面张力、气体的压缩系数、油管横截面积、压力、温度、产气量和产液量等参数。但是在给定的生产情况下，气液密度、气液表面张力、气体压缩系数等其他参数与计算点的温度和压力有关。

四、气井合理产量和工作制度

（一）气井合理产量

在组织新井投产时，首先要确定气井的合理产量。保持合理产量可以使气藏能在合理的采气速度下获得较高的采收率，从而获得最好的经济效益。气井的合理产量必须在充分掌握气井地下、地面有关资料前提下按照气藏开发方案或试采方案来确定。确定气井合理产量有如下具体要求：

1. 保持气藏合理采气速度

气藏采气速度要合理，需满足的条件是：

（1）保持气藏能较长时间稳产。稳产时间的长短不仅与气藏储量和产量的大小有关，还与气藏是否有边底水、边底水活跃与否等其他因素有关。

（2）保持气藏压力均衡下降。气藏压力均衡下降可以避免边底水舌进、锥进，这对有水气藏的开采十分重要。

（3）保持气井无水采气期长、采气量高。气井无水采气期长，资金投入相对少、管理方便、采气成本低。

（4）保持气藏开采时间相对较快、采收率高。

（5）保障所需井数少、投资省、经济效益好。

对于地下情况清楚、储量丰度高、储层较均质的气藏，确定合理采气速度是确保气井稳产、高产的关键，可节约投资，获得良好经济效益。但气藏类型不同，其采气速度也不相同。

对于均质水驱气藏，较高的采气速度有利于提高采收率。对于非均质弹性水驱气藏，由于地质条件千差万别，故应根据气藏的具体情况确定采气速度。

前苏联 щ. д. лъасов 等人对在水驱方式下开采非均质气藏，为获得最高天然气采收率的最佳采气速度进行了数值模拟研究。他们采用层状模型描述储层非均质程度，渗透率分布不均的气藏，用水的弹性系数描述地层水对天然气采收率的影响。

模拟结果表示在图 2-1-4、图 2-1-5 上，图中实线为长期稳定开采期，虚线为开采后期。从图可以看出该类气藏采气速度与采收率之间的重要规律：

（1）不同类型的气藏，在长期稳定开采情况下，始终存在着符合实际条件的最佳采气速度（曲线的最高点），可保证获得最高的采收率。

(2) 采气速度过高引起高渗透层横向水浸；开采后期采气速度过低，不利于释放水封气，会降低采收率。

(3) 地层的均质程度和气藏平均渗透率越高，采气速度可调节的范围越宽，采气速度对采收率影响不大；反之，采气速度对采收率的影响越大。

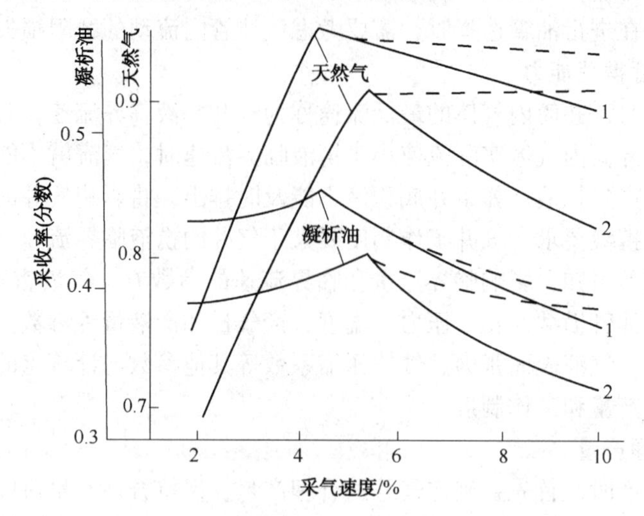

图 2-1-4　储层非均质程度 $K=4$(线 1)和 19(线 2)水驱气藏采气速度与采收率关系，图中虚线为开采后期

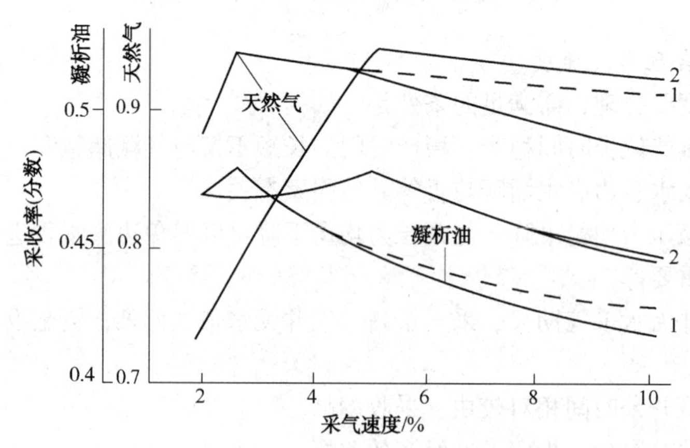

图 2-1-5　气藏平均渗透率 K_{ave} 为 10 和 200 水驱气藏采气速度与采收率关系，虚线为开采后期

气藏经过试采确定合理采气速度之后，按此速度允许的采气量结合各井的实际情况确定各井的合理产量。

2. 确保气井井身不受破坏

气井产量过高对胶结疏松易垮塌的产层而言，高速气流冲刷会引起气井大量出砂；若井底压差过大可能引起产层垮塌或油、套管变形破裂，从而增加气流阻力，降低气井产量，缩短气井寿命。因此，合理产量制定应确保气井不出砂、井身不受破坏。

但对于某些高产井，若气井产量控制过小，井口压力可能上升至超过井口装置的额定工作压力，危及井口安全；而对于气水井，产量过小，气流速度达不到气井自喷带水的最低流速，会造成井筒积液，对气井生产不利。

对于产层胶结紧密、不易垮塌的无水气井，根据大量的采气资料表明，合理的产量应控制在气井绝对无阻流量的15%~20%较好。

3. 保证气井不过早出水造成突发性水淹

气井生产压差过大会引起底水锥进或边水舌进，尤其是裂缝性气藏，地层水将沿裂缝窜进，引起气井过早出水，甚至造成早期突发性水淹。气井过早出水，产层受地层水伤害，造成不良后果：

(1) 加速产量递减。气层的一部分渗流通道被水占据，单相流变为两相流，流率降低，增大了气体渗流阻力，使产气量大幅度下降，递减加快。

(2) 地层水沿裂缝、高渗透带窜进，气体被水封割、遮挡，气体流动受阻成死气区，使采收率降低。

(3) 气井出水后水气比增加，造成油管中两相流动，使压力损失增加，井口流动压力下降，严重时会造成井筒积液，产气量下降，甚至造成气井过早停喷，大大缩短了气井寿命。

如图2-1-6，在q_g-$\frac{p_r^2-p_{wf}^2}{q_g}$关系曲线上，当产量$q_g$上升到某一值时，随着压力平方差的继续增大，产量减缓上升势头，曲线向上弯曲出现拐点，此拐点即为最大合理压差和最大合理产量点。

4. 遵循平稳供气、产能接替的原则

连续平稳供气是天然气生产的基本要求。气井在生产过程中随着地层压力下降，产量最终不可避免要下降，产量下降的速度主要与储量和产量的大小有关，确定合理产量可以使气井产量的下降不致于过快过大，能保持阶段性相对稳产，既能满足平稳供气的需要，也能为新井产能接替争取时间。

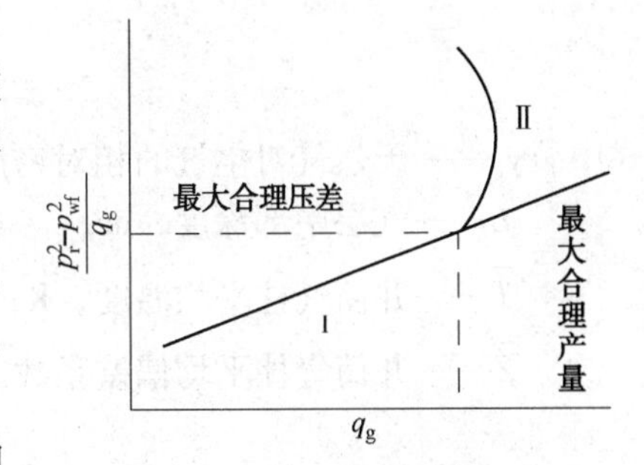

图2-1-6 最大合理生产压差

对于储量大小不同的气田或气藏，其采气速度和稳产年限可按下述标准控制：储量大于$50\times10^8m^3$，采气速度为3%~5%，稳产期要求在10年以上；储量为$(10\sim50)\times10^8m^3$，采气速度为5%左右，稳产期要求5~8年；储量小于$10\times10^8m^3$，采气速度5%~6%，稳产期5~8年。

总之，在确定气井合理产量时，需要对上述诸因素综合考虑。

(二) 定产量制度

定产量制度适用于产层岩石胶结紧密的无水气井早期生产，是气井稳产阶段常用的制度。气井投产早期，地层压力高，井口压力高，采用气井允许的合理产量生产，具有产量高、采气成本低、易于管理的优点。地层压力下降后，可以采取降低井底压力的方法来保持产量一定。

定产量制度下的地层压力、井底压力及井口压力随时间的变化用以下公式计算：

(1) 地层压力：

$$p_r = p_{ro} - \frac{q_g t}{q_{upr}} \tag{2-1-8}$$

(2) 井底压力：

$$p_{wf} = \sqrt{p_r^2 - (10aq_g + 100bq_g^2)} \tag{2-1-9}$$

（3）井口压力：

$$p_{wh}=\sqrt{\frac{100p_{wf}^2-100\theta q_g^2}{e^{2s}}\times10^{-1}} \quad (2-1-10)$$

式中 p_{ro}——原始地层压力，MPa；

p_r——t 时间的地层压力，MPa；

p_{wf}——t 时间的井底压力，MPa；

p_{wh}——t 时间的井口压力，MPa；

q_g——气井产量，$10^4m^3/d$；

t——气藏压力由 p_{ro} 下降的累积生产时间，d；

a、b——二项式的系数；

q_{upr}——单位压降采气量，$10^4m^3/MPa$；

$$q_{upr}=\frac{R_oZ_o}{p_{ro}}$$

R_o——气藏天然气原始储量，10^8m^3；

Z_o——p_{ro}、T_{ro} 下天然气的偏差系数；

T_o——产层温度，K。

$$S=\frac{0.03415\gamma_gL}{\overline{T}\,\overline{Z}}$$

式中 γ_g——天然气对空气的相对密度；

L——气层中部深度，m；

$\overline{T}$——井筒气柱平均温度，K；

$\overline{Z}$——井筒气柱平均偏差系数。

$$\theta=\frac{1.377f\,\overline{T}^2\overline{Z}^2}{d^5}(e^{2s}-1)$$

d——油管内径，cm；

f——油管摩擦系数。

（三）定井口（井底）压力制度

气井生产到一定时间，井口压力降低到接近输气压力时，应转入定井口压力制度生产。

定井口压力制度是定井底压力制度的变形，为简化起见，可以近似按定井底压力预测产量变化：

$$q_g=\sqrt{\frac{a^2}{4b^2}-\left[p_{wf}^2-\left(p_{ro}-\frac{q_{gp}t}{q_{upr}}\right)^2\times\frac{1}{b}-\frac{a}{2b}\right]} \quad (2-1-11)$$

式（2-1-11）中，$\frac{a^2}{4b^2}$项、p_{wf}^2项、p_{ro}项、$\frac{1}{q_{upr}}$项和$\frac{a}{2b}$项都是常数，只有$q_{gp}t$ 项是变量，随时间 t 增加而增大，结果使 q_g 急剧减小，产量大幅度递减。

定井口压力制度一般应用在气藏附近无低压管网，天然气要继续输到脱硫厂或高压管网的气井，或者需要维持井底压力高于凝析压力的凝析气井。

（四）定井底压差制度

（1）按照气田（或气藏）规定的日产量q_{gp}（为常数）给定不同的生产时间 t，确定不同时间的气井产量q_g，$10^4m^3/d$：

$$q_g = -\frac{a}{2b} + \sqrt{\frac{a^2}{4b^2} - \frac{1}{b}\left[(\Delta p_{max})^2 - 2p_{ro}\Delta p_{max} + \frac{q_{gp}t}{q_{upr}}2\Delta p_{max}\right]} \tag{2-1-12}$$

（2）求不同时间的地层压力：

$$p_r = p_{ro} - \frac{q_{gp}t}{q_{upr}}$$

（3）求不同时间的井底压力：

$$p_{wf} = p_r - \Delta p_{max}$$

（4）求井口流压：

$$p_{wh} = \sqrt{\frac{p_{wf}^2 - \theta q_g^2}{e^{2s}}}$$

式中　Δp_{max}——气井允许的井底最大压差，MPa；其余符号意义同前。

第二节　多层合采生产系统分析方法

多层合采既是发挥多产层的优势，合理、高效开发致密砂岩天然气资源的重要手段，更是致密砂岩气藏提高单井产量，进而提高开发效益的关键技术。自从20世纪20年代提出多层合采的概念，该技术得到了迅速的发展。

一、多层合采气井生产系统分析方法

多层合采井生产系统分析需要对井筒流动规律进行研究，主要研究不同合采条件下井筒内压力、温度变化关系，层与层之间的产量劈分关系及干扰程度。

（一）井筒管流压力-温度耦合计算

1. 基本方程

气井井段结构如图2-2-1所示，其主要假设条件为：气体流动状态为稳定单向流动，井筒内传热为稳定传热，地层传热为不稳定传热，油套管同心。

如图2-2-1、图2-2-2所示，以井口为坐标原点，沿油管轴线向下为坐标轴z正向。θ为油管与水平方向的夹角。由于油管内流动的对称性，质量守恒方程简化后的形式为式(2-2-1)、动量守恒方程式(2-2-2)和能量守恒方程式(2-2-3)，单位长度井段在单位时间内的热损失q由式(2-2-4)计算，补充气体状态方程式(2-2-5)。

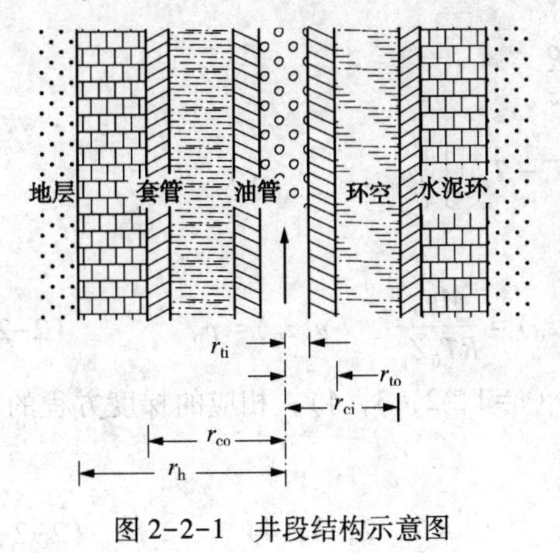

图2-2-1　井段结构示意图

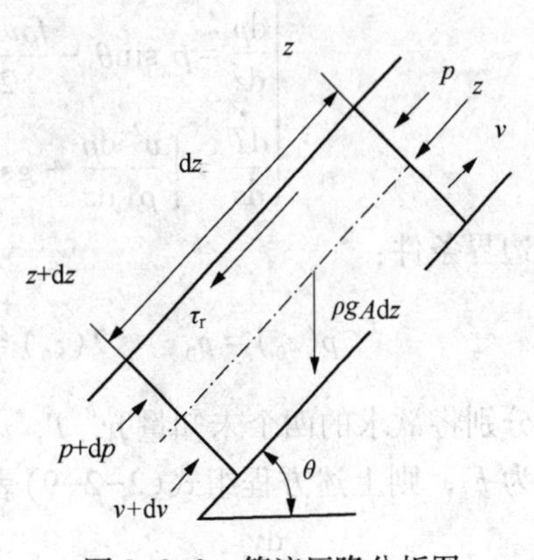

图2-2-2　管流压降分析图

$$\rho\frac{\mathrm{d}\nu}{\mathrm{d}z}+\nu\frac{\mathrm{d}\rho}{\mathrm{d}z}=0 \tag{2-2-1}$$

$$\frac{\mathrm{d}p}{\mathrm{d}z}=\rho g\sin\theta-f\rho\nu\frac{|\nu|}{2d}-\rho\nu\frac{\mathrm{d}\nu}{\mathrm{d}z} \tag{2-2-2}$$

$$q+A\rho\nu\left(\frac{\mathrm{d}h}{\mathrm{d}z}+\frac{\nu\mathrm{d}\nu}{\mathrm{d}z}-g\sin\theta\right)=0 \tag{2-2-3}$$

$$q=\frac{2\pi r_{\mathrm{ti}}U_{\mathrm{ti}}k_{\mathrm{e}}}{r_{\mathrm{ti}}U_{\mathrm{ti}}f(t_{\mathrm{D}})+k_{\mathrm{e}}}(T-T_{\mathrm{ei}}) \tag{2-2-4}$$

$$\rho=\frac{Mp}{RTZ_{\mathrm{g}}} \tag{2-2-5}$$

能量方程通过公式推导和计算可以简化为如下的形式：

$$2b(T-T_{\mathrm{ei}})+C_{\mathrm{p}}\frac{\mathrm{d}T}{\mathrm{d}z}+\frac{\nu\mathrm{d}\nu}{\mathrm{d}z}-g\sin\theta=0 \tag{2-2-6}$$

式中 $b=\dfrac{\pi r_{\mathrm{ti}}U_{\mathrm{ti}}k_{\mathrm{e}}}{A\rho\nu[r_{\mathrm{ti}}U_{\mathrm{ti}}f(t_{\mathrm{D}})+k_{\mathrm{e}}]}$

摩阻系数采用Jain公式计算

$$\frac{1}{\sqrt{f}}=1.14-2\lg\left(\frac{e}{d}+\frac{21.25}{Re^{0.9}}\right) \tag{2-2-7}$$

上述质量、动量和能量守恒方程式(2-2-1)、式(2-2-2)和式(2-2-3)中含气体的压力、温度、流速及密度四个未知数。具体推导过程和参数定义详见文献。

2. 数值求解

基本方程可表示为压力、温度、流速和密度的梯度方程组(2-2-8)，据井底 z_0 处压力 p_0 和温度 T_0，可求出相应的气体密度 ρ_0 及流速 ν_0，并以此作为方程组的边界条件式(2-2-9)。

$$\begin{cases}\dfrac{\mathrm{d}\rho}{\mathrm{d}z}=\dfrac{-\dfrac{RZ_{\mathrm{g}}\rho}{c_{\mathrm{p}}M}2a(T-T_{\mathrm{ei}})-g\sin\theta+\dfrac{f\rho\nu|\nu|}{2d}-\rho_{\mathrm{g}}\sin\theta}{\nu^2-\left(\dfrac{RZ_{\mathrm{g}}\nu^2}{c_{\mathrm{p}}M}+\dfrac{RZ_{\mathrm{g}}T}{M}\right)}\\ \dfrac{\mathrm{d}\nu}{\mathrm{d}z}=-\dfrac{\nu}{\rho}\dfrac{\mathrm{d}\rho}{\mathrm{d}z}\\ \dfrac{\mathrm{d}p}{\mathrm{d}z}=\rho_{\mathrm{g}}\sin\theta-\dfrac{f\rho\nu|\nu|}{2d}+\nu^2\dfrac{\mathrm{d}\rho}{\mathrm{d}z}\\ \dfrac{\mathrm{d}T}{\mathrm{d}z}=\left[\dfrac{\nu^2}{\rho}\dfrac{\mathrm{d}\rho}{\mathrm{d}z}+g\sin\theta-2a(T-T_{\mathrm{ei}})\right]\Big/c_{\mathrm{p}}\end{cases} \tag{2-2-8}$$

边界条件：

$$p(z_0)=p_0 \qquad T(z_0)=T_0 \qquad \rho(z_0)=\frac{Mp_0}{RT_0Z_{\mathrm{g}}} \qquad \nu(z_0)=\nu_0 \tag{2-2-9}$$

分别将欲求的四个未知量 p，T，ν，ρ 记为 $y_i(i=1，2，3，4)$，相应的梯度方程的右函数记为 F_i，则上述方程组式(2-2-9)表示为：

$$\frac{\mathrm{d}y_i}{\mathrm{d}z}=F_i(z,\ y_1,\ y_2,\ y_3,\ y_4) \qquad (i=1,\ 2,\ 3,\ 4) \tag{2-2-10}$$

将起点位置 z_0 的函数值 $y_i(z_0)$ 记为 y_i^0，取步长为 h，节点 $z_1=z_0+h$ 处的解可用四阶龙格-库塔法表示为：

$$y_i^1 = y_i^0 + \frac{h}{6}(a_i + 2b_i + 2c_i + d_i) \qquad (i=1,\ 2,\ 3,\ 4) \tag{2-2-11}$$

其中：$a_i=F_i(z_0,\ y_1^0,\ y_2^0,\ y_3^0,\ y_4^0)$；

$$b_i=F_i\left(z_0+\frac{h}{2},\ y_1^0+\frac{h}{2}a_1,\ y_2^0+\frac{h}{2}a_2,\ y_3^0+\frac{h}{2}a_3,\ y_4^0+\frac{h}{2}a_4\right);$$

$$c_i=F_i\left(z_0+\frac{h}{2},\ y_1^0+\frac{h}{2}b_1,\ y_2^0+\frac{h}{2}b_2,\ y_3^0+\frac{h}{2}b_3,\ y_4^0+\frac{h}{2}b_4\right);$$

$$d_i=F_i(z_0+h,\ y_1^0+hc_1,\ y_2^0+hc_2,\ y_3^0+hc_3,\ y_4^0+hc_4)。$$

若未达到设计深度，再将节点的计算值作为下步计算的起点值，重复上述步骤，如此连续迭代计算直到设计深度，就可以得到气体流动过程中压力、温度沿井筒深度的分布规律。本模型用于求解井筒流动过程中流压、流温的分布剖面，鉴于迭代过程过于复杂，需采用计算机进行计算分析。

二、多层合采井生产系统分析应用

用上述方法除了与常规单层气井系统分析一样可以用于模拟气井的生产动态和对油管、气嘴等系统结构参数优化选择以外，还可以分析在不同生产状态下各层的压力、产量动态。以新场气田沙溪庙组气藏 CX494 井为例讨论该方法的应用，气井基本数据见表 2-2-1。

表 2-2-1　CX494 井基础数据

层位	沙二[1]	沙二[2]
产层段/m	2265.7~2289.6	2348.7~2372.1
中部垂深/m	2277.65	2360.35
地层压力/MPa	36.16	39.09
地层温度/K	338.58	341.03
单层测试q_{AOF}/($10^4m^3/d$)	3.60	3.32

(一) 压力动态分析

多层合采井由于各层的渗流特性和控制储量不同，地层压力下降速度不同，生产一段比较长的时间以后，各层之间的地层压力会发生明显变化。当地层压力发生变化时，影响单层产量贡献。图 2-2-3 为 CX494 井井身结构图，将节点设在上层流入井筒的位置②，可反映出两层合采的流入动态。图 2-2-4 和图 2-2-5 分别给出的是 CX494 井上层、下层两层，在假定 $p_{wh}=15MPa$ 生产时计算出的上、下两层地层压力变化对两层合采系统节点分析曲线的影响。

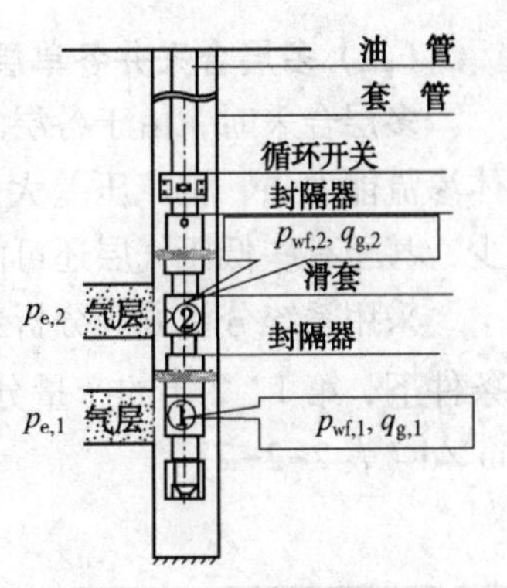

图 2-2-3　CX494 井井身结构示意图

从图 2-2-4 可看出，气井流入动态曲线在"分界线"以左部分，合采井产量仅由地层压力高的层贡献。例如，当上次地层压力 $p_{e,2}=25MPa$(其他基础参数如表 2-2-1 所示不变)时，当气井产量在 $2\times10^4m^3/d$ 时，本井产量仅由下层贡献。图 2-2-5 反映出相似结果。

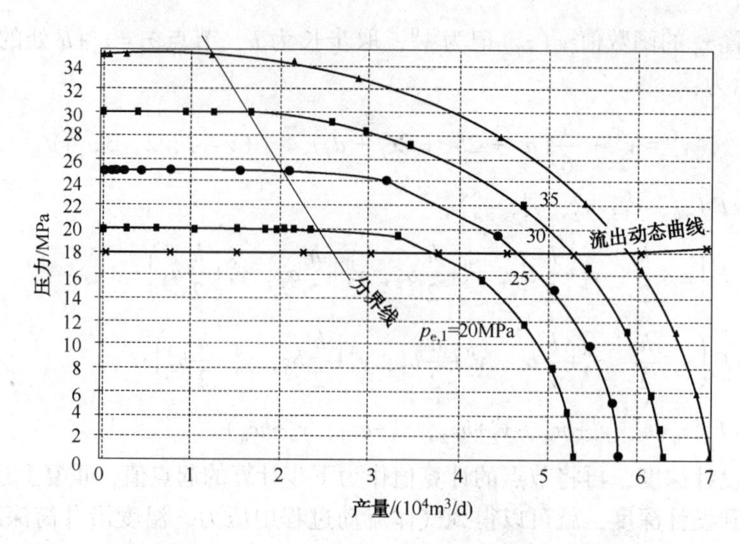

图 2-2-4 上层地层压力 $p_{e,2}$ 变化对节点分析曲线影响(p_{wh} = 15MPa)

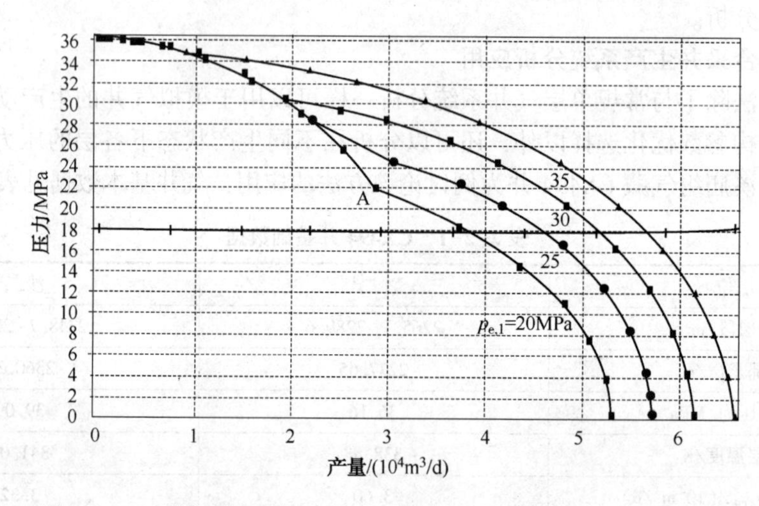

图 2-2-5 下层地层压力 $p_{e,1}$ 变化对节点分析曲线影响(p_{wh} = 15MPa)

(二)多层合采井各单层出气状况

多层合采时，由于各层的气体渗流能力和生产压差各不相同，出气状况势必不一样。气体渗流能力强、生产压差大的气层出气多，而气体渗流能力差、生产压差又小的气层出气少，甚至有些低压气层还可能出现倒灌现象。

采用系统分析方法分析新场气田沙溪庙组气藏 X835 井开发初期，在井口压力 p_{wh} = 7MPa 条件下，第 1、2 层的产量分别是 $2.4825\times10^4m^3/d$、$4.7606\times10^4m^3/d$，总产量 $7.2431\times10^4 m^3/d$（表 2-2-2）。

表 2-2-2 X835 井基础数据表

产　层	沙二^4	沙二^2
井段/m	2399.0~2414.9	2278.8~2304.4
中部垂深/m	2406.87	2292.41
地层压力/MPa	47.44	44.51

续表

产　　层	沙二[4]	沙二[2]
井底流压/MPa	26.20	30.94
天然气产量/(10^4m^3/d)	2.4825	4.7606
无阻流量/(10^4m^3/d)	3.0796	7.4199
控制储量/10^8m^3	0.46	0.74

同样采用多层气井系统分析方法，分析 X835 井在不同井底压力下各层的产量，结果如表 2-2-3。由表可见，增大生产压差，降低流压时，低压层产量百分比增加；减小生产压差，提高流压时，高压层产量百分比增加。

表 2-2-3　X835 井不同工作制度下各层的产量

合采配产		单层产量/(10^4m^3/d)		生产压差($p_{下层}-p_{th}$)/MPa
总产量/(10^4m^3/d)	$q_{g总}/q_{AOF总}$	沙二[4]	沙二[2]	
0.5	1/21	0.672	−0.172	9.14
0.721	1/14.6	0.721	0	9.35
1	1/10.5	0.781	0.219	9.61
2	1/5.2	1.01	0.99	10.75
3	1/3.5	1.238	1.762	12.09
4	1/2.6	1.476	2.524	13.76
5	1/2.1	1.717	3.283	15.76

（三）分层开采时气嘴分压计算

气井多层合采时，由于层间非均质性，且分层压力不同，在相同的井口压力下生产，各层的生产压差相差悬殊，从而产生层间干扰，并且过大的生产压差容易引起出砂等问题，影响正常生产，因此需要考虑分层开采。分层采气从本质上讲是用气嘴来调节气层的生产压差，也就是即使用同一管柱生产，各层的生产压差也可以通过气嘴进行调节。

以某气田 X 井为例进行不同井底流动压力下气嘴分压计算，取生产压差为地层压力的 5%，在不同的 p_{wh} 下可以计算出气嘴应该分多少压差才可以维持正常生产。X 井基础数据见表 2-2-4，计算结果见表 2-2-5。

表 2-2-4　某气田 X 井基础数据

层序	深度/m	地层压力/MPa	产能系数	无阻流量/(10^4m^3/d)	控制储量/10^8m^3
1	1175.5	13.48	$C=0.0467$ $n=0.8614$	4.123	0.795
2	1228.95	14.16	$C=0.1142$ $n=0.9002$	13.489	3.187
3	1369.45	15.88	$C=0.2510$ $n=0.8913$	34.7	0.252
4	1514.55	17.43	$C=1.2274$ $n=0.7238$	76.896	0.337

表 2-2-5 X 井不同p_{wh}下气嘴分压计算表

层	产量/(10^4m^3/d)	嘴前压力/MPa	地层压力/MPa	p_{wh}=9MPa		p_{wh}=10MPa		p_{wh}=11MPa		p_{wh}=11.5MPa	
				井筒压力/MPa	嘴分压差/MPa	井筒压力/MPa	嘴分压差/MPa	井筒压力/MPa	嘴分压差/MPa	井筒压力/MPa	嘴分压差/MPa
1	0.56	12.81	13.48	10.72	2.08	11.72	1.08	12.74	0.07	13.25	-0.44
2	1.66	13.45	14.16	10.80	2.65	11.80	1.65	12.81	0.64	13.33	0.13
3	4.36	15.09	15.88	10.99	4.10	11.98	3.10	13.00	2.09	13.51	1.57
4	14.26	16.56	17.43	11.14	5.42	12.14	4.42	13.16	3.40	13.68	2.88

表 2-2-5 中，产量和嘴前压力是根据生产压差为地层压力的 5%计算出来的，井筒压力是在此产量下的压力分布。在不同井口压力p_{wh}下为了满足生产压差为地层压力的 5%，必须给气嘴分一定的压差，并且随着井口压力增加，气嘴应分的压差逐渐减小。当井口压力增大到一定值后(在计算结果中表现为气嘴分压差为负值)，就可以不装气嘴也能满足生产压差不超过地层压力的 5%。当然继续增大井口压力，井筒压力就会逐渐大于地层压力，发生倒灌。

第三节 水平井生产系统分析方法

目前直井生产系统分析已经日趋成熟，水平井方面应用和研究较少，特别是水平气井上的应用。而国内现在已经大量地使用水平井进行油气田开发，进行水平气井节点分析方法研究对发挥水平气井最大效益和优势具有重要意义。

一、水平气井生产系统

气井流体在地层压力的推动下进入水平井段，然后通过弯管和直管流到地面，经地面管线进入分离器。在整个连续流动过程中会有很大部分压力损失。水平气井系统生产过程包括以下几个部分(图 2-3-1)：

(1) 孔隙介质渗流；

(2) 水平井段变质量流；

(3) 弯管和垂直管流；

(4) 水平或者倾斜管流。

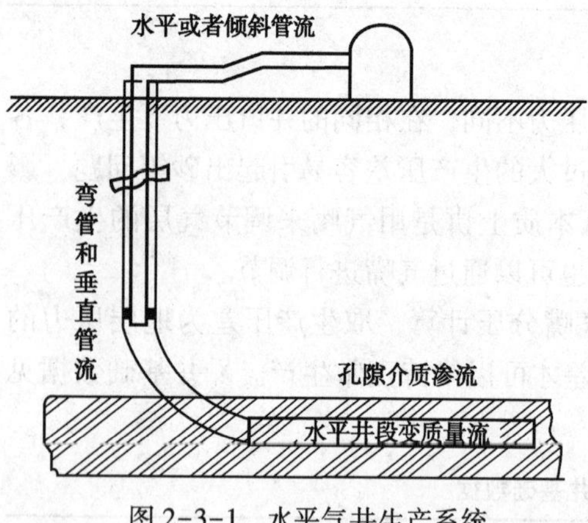

图 2-3-1 水平气井生产系统

二、水平气井生产系统节点位置

按照水平气井生产系统过程，可以将水平井生产系统分为如下四部分：孔隙介质渗流、水平井段变质量流、弯管和垂直管流、水平或者倾斜管流。在上述部分的端点位置就是节点位置。对于较为复杂的生产系统，上面的各部分还可再细分。

为分析水平气井生产系统，一般将解节点选择在井底(水平井跟端，靠近垂直管的一端)。

三、流入状态下水平气井产能

(一) 不考虑井筒压降水平气井流入动态分析

1. 产能方程

根据李晓平等于 2001 年推导出的水平井二项式产能方程，若考虑水平气井的损害程度，以压力平方形式表示的水平气井产量公式为：

$$q_{\mathrm{g}}=\frac{774.6kh(p_{\mathrm{r}}^{2}-p_{\mathrm{wf}}^{2})}{\mu ZT[\ln(r_{\mathrm{eh}}/r'_{\mathrm{w}})+S_{\mathrm{h}}]} \tag{2-3-1}$$

其中：$r_{\mathrm{eh}}=\left(\frac{L}{2}\right)+r'_{\mathrm{e}}$，m；

$$r'_{\mathrm{w}}=\frac{r_{\mathrm{eh}}L}{2a\left[1+\sqrt{1-\left(\frac{L}{2a}\right)^{2}}\right]\left[\beta h/2\pi r_{\mathrm{w}}\right]^{(\beta h/L)}};$$

$$a=\left(\frac{L}{2}\right)\left[0.5+\sqrt{0.25+\left(\frac{2r_{\mathrm{eh}}}{L}\right)^{4}}\right]^{0.5};$$

$$\beta=\sqrt{K_{\mathrm{h}}/K_{\mathrm{v}}}。$$

式中可见，在水平井中，kh 乘积与直井的值具有类似的作用。水平段长度不仅影响水平井的单井产量、钻井成本和泄油气面积，而且还影响油气田的钻井数目和开发投资。

2. 水平气井流入动态影响因素分析

从水平井产能方程可见，地层及气井的物性参数直接影响水平气井的产能。下面分析地层物性参数对水平气井流入动态关系的影响。

设天然气压缩因子 $Z=0.97$，相对密度$\gamma_{\mathrm{g}}=0.6$，地温 $T=353\mathrm{K}$，排泄半径$r_{\mathrm{e}}=500\mathrm{m}$，井半径$r_{\mathrm{w}}=0.06985\mathrm{m}$，渗透率 $K=9.75\times10^{-3}\mu\mathrm{m}^{2}$，原始地层压力$p_{i}=10\mathrm{MPa}$。

（1）水平井长度对水平气井流入动态曲线影响

当气层有效厚度为 10m，不考虑地层损害，不同水平井长度下，计算的水平井产量与井底流压的关系数据绘制出相应的关系曲线（图 2-3-2）。

由图 2-3-2 可见，随着水平井长度的增加，流入动态向右偏移，即水平气井的无阻流量增大，但水平井无阻流量的增加值在减小。即在一定厚度的气藏中钻水平井时，当水平井长度到达一定值后，水平段长度再增长，其对产能贡献不大。

（2）气层厚度对水平气井流入动态曲线影响

当水平井长度为 300m，不考虑地层损害时，不同气层有效厚度影响的产量与井底流压的关系曲线如图 2-3-3 所示。

由图可见，随着地层厚度的增加，流入动态向右偏移，即水平气井的无阻流量增大。对比图 2-3-2 和图 2-3-3 可知，气层厚度对无阻流量的影响比水平段长度对无阻流量的影响要大些。

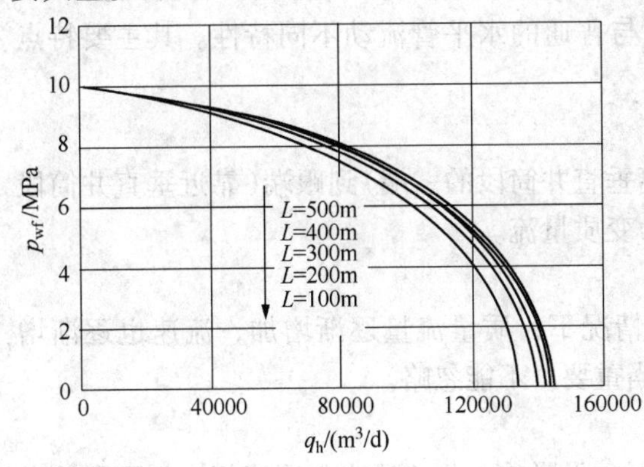

图 2-3-2　水平气井长度对流入动态的影响

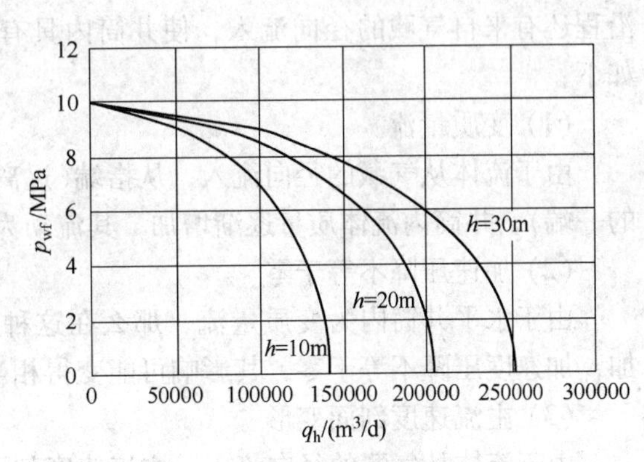

图 2-3-3　地层厚度对水平气井流入动态的影响

(3) 各向异性对水平气井流入动态曲线影响

当水平井长度为 300m，地层厚度为 10m，不考虑地层损害，地层垂向渗透率分别为 $4.875\times10^{-3}\mu m^2$、$9.75\times10^{-3}\mu m^2$、$19.5\times10^{-3}\mu m^2$，地层水平渗透率为 $9.75\times10^{-3}\mu m^2$，相应的各向异性比分别为 2、1、0.5，则所计算的产量与井底流压的数据如图 2-3-4 所示。

由图可见，随着各向异性比的减小，流入动态曲线向右移动，表明相同水平段长度和地层厚度条件下，各向异性比越小，水平气井的无阻流量越大。

(4) 地层损害对水平气井流入动态曲线影响

当水平井长度为 300m，地层厚度为 10m，地层渗透率为 $9.75\times10^{-3}\mu m^2$，不同地层伤害程度下所计算得到的产量与井底流压关系曲线如图 2-3-5 所示。由图可见，随着地层损害程度的增加，流入动态曲线向左偏移，即水平气井的无阻流量减小。

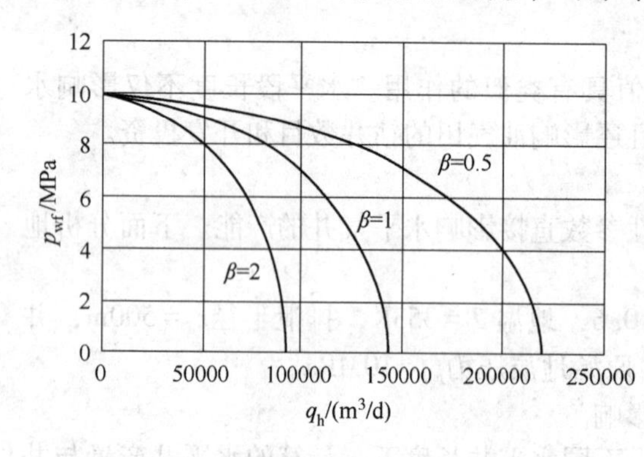

图 2-3-4　各向异性对水平气井流入动态的影响

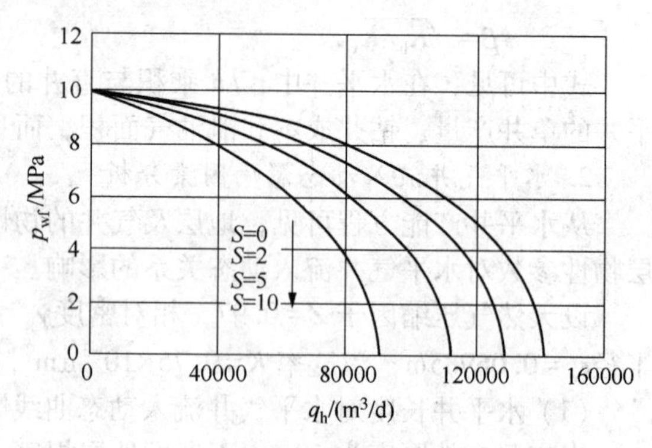

图 2-3-5　地层伤害程度对水平气井流入动态的影响

(二) 考虑井筒压降流入动态分析

1. 水平井筒流入动态特征

上述对水平气井流入动态的分析是在假定水平井筒具有无限导流能力(即井筒内没有压降)的前提下进行的。在实际生产中，水平井筒内的压降是存在的；特别是当产气量大、气体速度快时，水平井筒内流动呈紊流，由此会产生较大的流动阻力，故沿井筒的压降不可忽略。Dikrcen 于 1990 年首次提出水平井筒内不能忽略压降，其后又有人提出了模型，将水平井筒中流动与气藏流动相结合。考虑水平段井筒内压降的水平气井流入动态分析方法与上述不同。

水平井筒流动不同于普通水平管流，其除了沿水平井长度方向有流动(称为主流)外，沿程还有来自气藏的径向流入，使井筒内具有与普通的水平管流动不同特性。其主要特点如下：

(1) 变质量流

由于流体从气藏的径向流入，从指端(远离垂直井筒段的一端)到跟端(靠近垂直井筒段的一端)，井筒内流体质量逐渐增加，其流动为变质量流。

(2) 加速压降不等于零

由于水平井筒内为变质量流，那么在这种情况下，质量流量逐渐增加，流速也逐渐增加，加速度压降不等于零，其影响可能变得相当重要，不能忽略。

(3) 主流速度剖面变形

由于流体从气藏的径向流入，主流速度剖面会受影响，与普通水平管流相比剖面形状会改变；径向流入干扰了管壁边界层，从而会改变由速度分布决定的壁面摩擦力。

（4）与气层内渗流相互耦合

从气藏径向流入的流量大小会影响水平井筒内压力分布及压降大小，而井筒内压力分布反过来影响从气藏径向流入量的大小及分布，而气藏内的渗流和水平井筒内的流动是相互联系又相互影响的两个流动过程，即它们是耦合在一起的。

2. 水平井筒压降分析

在实际应用中，水平井井筒内流体流动产生较大的压力降，将对水平井流动状态有重要影响。假设水平井水平段位于气层中部位置，暂不考虑偏心影响，则采气指数方程为：

$$J_g = \frac{0.543\sqrt{khK_v}}{\mu_g} \frac{1}{\ln \frac{4\beta h}{\pi r_w}} \tag{2-3-2}$$

3. 水平井筒内流动分析

假设水平井水平段长度为 L，水平井半径为 w，水平段井筒中为单相流动，水平段上游指端没有流体流入，单位井筒长度有一个确定的生产指数，气藏中流体作等温流动，水平段为一维轴向流动，不计重力的影响。图 2-3-6 所示为水平井水平段示意图，在水平段指端 $(X=0)$ 距离 X 处取一长度为 d_x 的微元段，对此微元段进行流动分析，如图 2-3-7 所示。

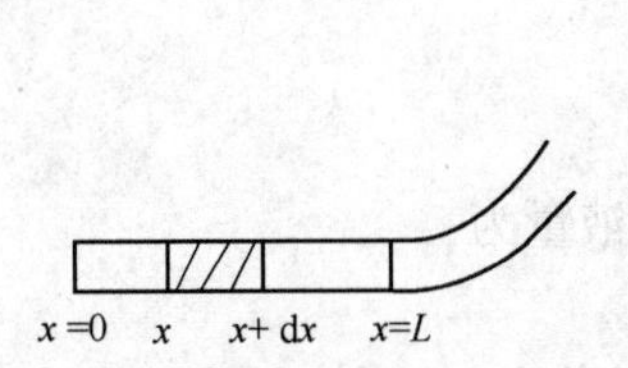

图 2-3-6　水平井水平段示意图

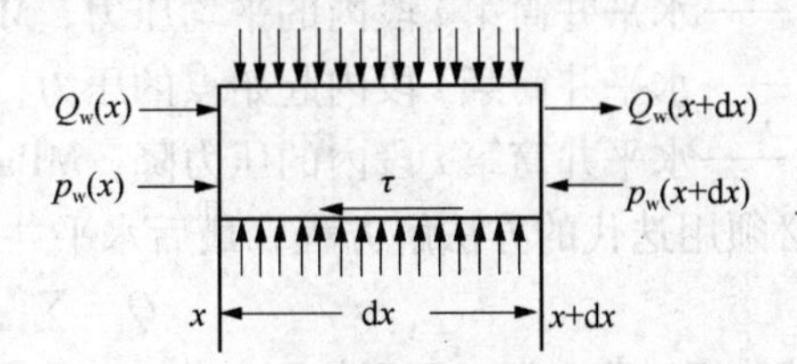

图 2-3-7　水平井微元段流动分析图

由图可见，流体受到表面力及质量力的作用。质量力在 X 方向合力为零；表面力为：微元段上游端压力为 $p_w(x)$，下游端压力为 $p_w(x+dx)$，管壁摩擦阻力为 τ；微元段上游端截面流量为 $Q_w(x)$，下游端截面流量为 $Q_w(x+dx)$。假如气藏流入水平段单位长度的产量为 $q(x)$，则从气藏中流入微元段（微元段长度 dx 可充分小）流量可以表示为：

$$\frac{d}{dx}Q_w(x) = q(x) \tag{2-3-3}$$

即有：$Q_w(x+dx)-Q_w(x)=q(x)dx$

（1）由摩阻产生的压降

$$\tau = \frac{1}{2}f\rho\,\nu^2 = \frac{1}{2}f\rho\left[\frac{Q_w(x)+Q_w(x+dx)}{2A}\right]^2 = \frac{1}{2}f\rho\left[\frac{Q_w(x)+\frac{q(x)}{2}dx}{A}\right]^2 \tag{2-3-4}$$

（2）加速压降

$d(mv)$ 为动量变化项，等于微元段下游端动量减去上游端动量，即

$$d(mv) = \rho A(V_2^2 - V_1^2) = \rho A\left\{\left[\frac{Q_w(x+dx)}{A}\right]^2 - \left[\frac{Q_w(x)}{A}\right]^2\right\} \tag{2-3-5}$$

当 dx 趋于 0 时，微元段内的平均流量可用 x 处的界面流量来表示，故可得水平段压降梯度模型：

$$-\frac{d\,p_w(x)}{dx} = \frac{1}{\pi^2 r_w^5}f\rho\,Q_w^2(x) + \frac{2\rho}{\pi^2 r_w^4}Q_w^2(x)q(x) \tag{2-3-6}$$

(3) 气藏渗流与井筒流动耦合

在水平井筒任意位置 x 处只能有一个压力$p_w(x)$，这个压力不但会影响气藏向井筒的流动，而且会影响气体的管内流动，因此气藏流动与井筒流动通过$p_w(x)$建立耦合关系式：

$$\begin{cases} q(x) = J[p_e^2 - p_w^2(x)] \\ -\dfrac{\mathrm{d}p_w(x)}{\mathrm{d}x} = \dfrac{1}{\pi^2 r_w^5} f\rho Q_w^2(x) + \dfrac{2\rho}{\pi^2 r_w^4} Q_w^2(x) q(x) \end{cases} \tag{2-3-7}$$

(4) 模型求解

对于上述模型无法直接求解析解，只能考虑求数值解。对于裸眼或者射孔完井，考虑把水平段等分为 N 段或按其所含孔眼的数量分成相应的小段(即孔眼段)，使每一个孔眼段中只包含一个孔眼，并假定每个孔眼的径向流入量均为 q。假设水平段上游指端没有流体流入，而水平段内的流体都是由井壁流入或者孔眼的径向流入造成的。此时任意第 i 段的流入量为：

$$q_i = J[p_e^2 - p_w^2(x)] \tag{2-3-8}$$

$$\bar{p}_{wf,i} = p_{wf,i} - 0.5\Delta p_{w,i}$$

式中 $\bar{p}_{wf,i}$——水平井筒第 i 段内的平均压力，MPa；

$p_{wf,i}$——水平井筒第 i 段内起始点的压力，MPa；

$\Delta p_{w,i}$——水平井筒第 i 段内的压力降，MPa。

此处必须用迭代的方法解方程，最后水平井的总产液量为：

$$Q_i = \sum_{i=1}^{N} q_i \tag{2-3-9}$$

从上述分析过程出发，可用如下方法建立水平段有压降的流入动态关系：假设不同的水平井筒指端压力$p_{wf,i}=1$，用气藏流动与水平井筒流动耦合模型计算产气量和压力分布，从而得到水平井总的产气量和水平井筒跟端压力p_{wf}。由此，可以画出水平井的流入动态关系曲线。

(三) 水平井长度优化

对于一个特定气藏，水平井的流入要受到至少两个设计参数的限制：水平段长度和水平段内径，如果水平段内压力损失和气藏压降相比较小，那么水平井产能将随长度增加，在这种情况下，井长度是限制井流入的一个因素；另一个方面，如果水平段内压力损失和气藏内压降相当，再增加水平段长度，水平井产能增加可能很少，也就是说对于特定气藏会有一个合理长度。

1. 长度优化方法

当气藏在某一井底(跟端)流压p_{wf}下生产时，假设一系列的水平井长度按井筒压降模型计算方法求得水平井的产量，即可得到一条水平气井的产量与水平井段长度关系曲线，从这条曲线可得到该井底流压下的合理井长度。

2. 长度优化算例

计算所用地层及流体物性参数如下：天然气相对密度$r_g=0.5767$，排泄半径$R_e=500$m，水平井半径$r_w=0.0709m$，地层渗透率 $K=0.68\times10^{-3}\ \mu m^2$，垂直渗透率与水平渗透率比值$K_z/K_h=0.4667$，原始地层压力$p_i=23.287$MPa，井底压力$p_{wf}=23.087$MPa，天然气黏度 $\mu=0.02$mPa·s，气层厚度 $h=5.4$m，体积系数$B_g=4.7468\times10^{-3}$，这里不考虑井筒表皮系数。

根据上述数据，利用井筒压降模型计算不同水平段长度下水平井的产量，将计算数据在直角坐标中作图，可得到不同水平井长度与产量的关系曲线(图 2-3-8)。由图可见：随水平井长度的增加，由水平段内压降损失的缘故，水平井产气量与水平井长度几乎无关(增加水平段长度，水平井产量不再增加或增加很少)。此时，该水平气井的合理长度应该在200~400m 范围内。

根据上述实例分析，同样可以作水平气井产量增量随水平井长度变化的关系曲线(梯度曲线)，如图 2-3-9 所示。从图可见，随着水平段长度增加水平井的产量增量越来越小，当水平段达到某一值后，产量不再变化或增加很少。此时，增加水平段长度已经不能达到提高产量的目的。

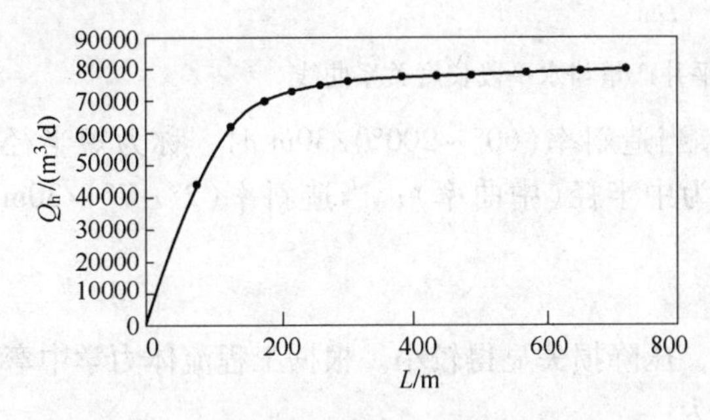

图 2-3-8　水平井产气量与水平段长度关系曲线

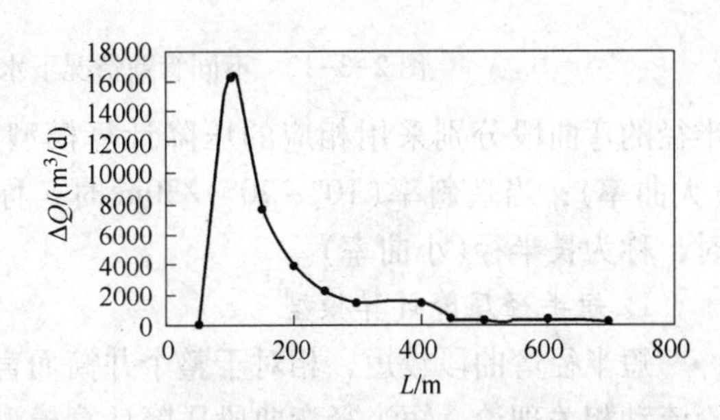

图 2-3-9　水平井产量增量和水平段长度关系曲线

若取井底流压(水平井段跟端 $x=0$ 处)为 23.087MPa 计算上面的实例，得到水平井段内各点产量随位置的变化关系图，如图 2-3-10 所示。由此看出，水平井井筒流量从井筒指端到根端呈不断增加的趋势。这是因为在水平井井筒内从指端到跟端，除主流外还有沿程从气藏的径向流入，使得井筒内流体质量流量逐渐增加造成的。

若取井底压力为 19.61MPa，计算井筒压力随长度的变化关系曲线，如图 2-3-11 所示。计算所用其他参数同前。由图可见，在水平井井筒初段压力下降的幅度比较大，而随着水平段的增加水平井压力下降的幅度越来越小，接近水平井指端时水平井的压力不再变化或变化很小，这也与水平井的产量与长度的关系一致。

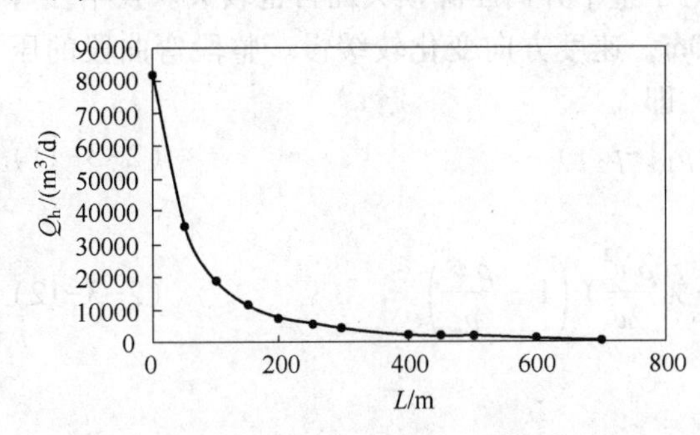

图 2-3-10　水平井不同位置产量关系曲线

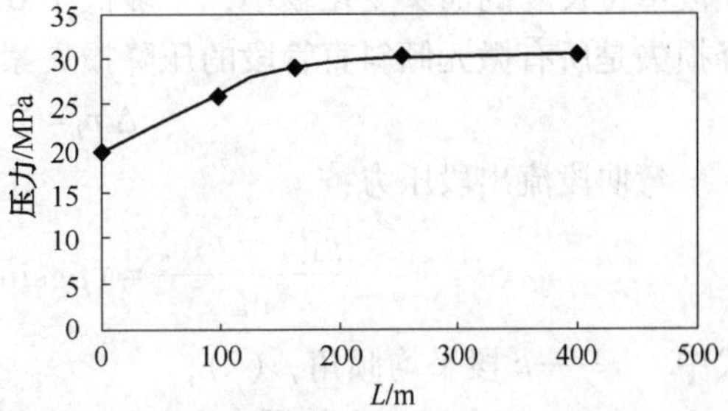

图 2-3-11　水平井压力与水平段长度关系曲线

图 2-3-12 为不同管壁情况下水平井产量与水平段长度的关系曲线。由图可见，随着管壁相对粗糙度增加，同一气藏中的水平井最优长度逐渐减小。

四、流出状态下水平气井产能

根据水平井生产系统节点选择，流出动态包括弯管段、直井段、地面水平段的流动，其各段流出压降计算方法如下：

(一) 弯曲段压降计算模型

由于弯曲段的曲率半径不同，因而压降损失的计算就不能采用统一的模型。对不同曲率

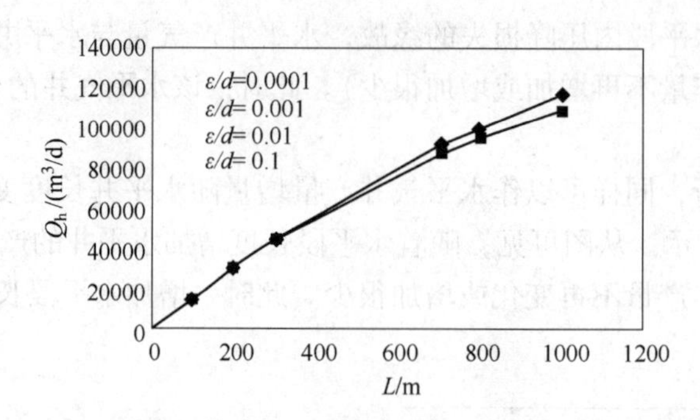

图 2-3-12　不同管壁情况下水平井产量与水平段长度关系曲线

半径的弯曲段分别采用相应的压降计算模型。当造斜率(60°～200°)/30m 时，称为短半径(大曲率)；当造斜率(10°～20°)/30m 时，称为中半径(中曲率)；当造斜率(2°～7°)/30m 时，称为长半径(小曲率)。

1. 短半径压降计算模型

短半径弯曲段较短，相对于整个井筒而言，压降损失显得较小。根据工程流体力学中弯管流动相关理论，短半径弯曲段压降计算模型为：

$$\Delta p_s = C_g \frac{4 \times 10^2 \rho \lambda_c R_c Q_g^2}{\pi d^5} + \frac{\rho \lambda_c R_c}{10^{-6}} \tag{2-3-10}$$

式中　Δp_s——弯曲段压降，MPa；

Q_g——流量，$10^4 m^3/d$；

R_c——弯曲段半径，m；

C_g——井筒弯曲段于弯管相似因子，无因次(其值根据实验确定，这里计算取 1.0)；

λ_c——弯管管路摩擦系数，具体计算时分不同情况。

2. 长半径压降计算模型

长半径弯曲段较长，所产生的压降损失相对于整个井筒压降损失而言也较大。长半径弯曲段单位长度的曲率变化较小，一般低于 6°/30m，速度方向变化较缓慢。整段弯曲段的压降损失是所有微元倾斜直管段的压降损失累加，即：

$$\Delta p_l = \sum_{k=1}^{N} (p_{1,k} - p_{2,k}) \tag{2-3-11}$$

弯曲段流出段压力：

$$\frac{p_{1,k} - p_{2,k}}{dL} = \left(\rho g \sin\alpha + \lambda \frac{\rho v^2}{2d}\right) \left(1 - \frac{\rho v^2}{p_k}\right)^{-1} \tag{2-3-12}$$

式中　α——k 段平均倾角，(°)；

p_k——第 k 段中点处压力，MPa；

v——流体在第 k 段的平均速度，m/s；

λ——流动阻力系数，无因次；

dL——第 k 段弯曲段弧长，m。

3. 中半径压降计算模型

对于中半径，有一个较大的范围，这里引入一个权重系数 β，来表示其曲率与长半径(小曲率)和短半径(大曲率)的靠近程度。利用大小曲率的压降计算来进行中半径弯曲段压降计算，其计算公式如下：

$$\Delta p_m = \beta \Delta p_l + (1 + \beta \Delta p_s) \tag{2-3-13}$$

其中：$\beta=\dfrac{R_c-38}{215-28}$

式中 p_m——中弯曲段压降，MPa；

Δp_l——长弯曲段压降，MPa；

Δp_s——短超短弯曲段压降，MPa。

（二）垂直段及地面水平段压降计算模型

1. 气相管流基本方程

垂直段及地面水平段总压降梯度可用下式表示为三个分量之和，即重力(举升)、摩阻、动能压降梯度(分别用下标 g，f，和 a 表示)。

$$\frac{dp}{dz}=\left(\frac{dp}{dz}\right)_g+\left(\frac{dp}{dz}\right)_f+\left(\frac{dp}{dz}\right)_a \tag{2-3-14}$$

上述方程的坐标轴 z 的正向与流体流动方向一致，管子的倾角 θ 规定为与水平方向的夹角，对于垂直气井 $\theta=90°$，$\sin\theta=1$；对于水平管 $\theta=0°$，$\sin\theta=0$。在气井管流计算时往往是已知地面参数，计算井底静压和流压，习惯上是以井口作为计算起点($z=0$)，沿井身向下为 z 的正向，即与气井流动方向相反。此时，压力梯度取"+"号。

$$\frac{dp}{dz}=\rho g\sin\alpha+f\frac{\rho v^2}{2d}+\rho v\frac{dv}{dz} \tag{2-3-15}$$

2. 气相管流压降计算方法

垂直管压降在文献中已有详述，此处仅介绍地面水平段压降计算方法。假设水平输气管线流动方向与水平方向一致，无高程变化故不存在重位压降；考虑流速增大引起的动能压降较摩阻压降甚小可忽略不计，故总压降梯度为摩擦压降梯度，即

$$\frac{dp}{dz}=f\frac{\rho v^2}{2d}$$

采用平均参数法分离变量积分，其推导过程与井底流压相似，得到水平管线的气量压降之间的关系如下式：

$$p_1^2-p_2^2=9.05\times10^{-20}\times\frac{r_g\,q_{sc}\,\overline{TZfL}}{D^5} \tag{2-3-16}$$

上述方程仍按迭代法计算，摩阻 f 按前面的方法计算。

五、实例分析

（一）水平气井合理产量确定

某气藏S井地层及流体物性参数：$Z=0.0082$，$\gamma_g=0.5767$，$r_e=500$m，$r_w=0.0709$m，$L=400$m，$K=0.68\times10^{-3}\mu m^2$，$K_z/K=0.4667848$，$p_e=23.28707$MPa，$\mu=0.02\mu$MPa·s，$h=5.4$m，$H=2630$m，$B_g=4.746877\times10^{-3}$，$\varepsilon=0.05$。计算水平气井的流入流出动态数据并作节点分析图，根据水平气井的节点分析图确定水平井的合理产能。其分析步骤如下：

(1) 取水平气井井底(水平段跟端)节点为解节点进行流入、流出动态计算。此时，流入部分包括地层向井的流动和水平井段向跟端的流动，流出部分包括从井底到分离器的流动。

(2) 进行流入动态计算。假设一系列的井底流压，计算在该流压下的产量，或者假设产量计算井底流压。

(3) 进行流出动态计算。假设一系列产量，对每一产量根据分离器压力计算井底压力，即为流出节点压力。

(4) 在同一张图上绘制流入、流出曲线图。

(5) 图 2-3-13 上求解协调点。

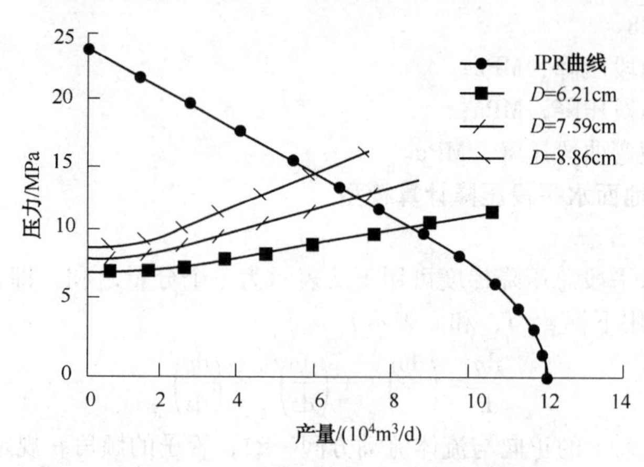

图 2-3-13　水平气井生产系统分析曲线

由图可以看出，随着油管直径的增加气井生产的协调点逐渐向右下方移动，水平井的合理产量越来越大，但移动的幅度越来越小。

(二) 气井敏感参数分析

影响气井生产的因数很多，下面采用敏感参数分析方法考虑表皮系数和油管尺寸对水平气井生产的影响。

(1) 取水平气井井底(水平段跟端)节点为解节点进行流入、流出动态计算，此时流入部分包括地层向井的流动和水平井段向跟端的流动，流出部分包括从井底到分离器的流动。

(2) 进行流入动态计算。假设一系列的表皮系数，对每一个表皮系数假设一系列的井底流压计算在该表皮下各流压对应的产量，或者对每一个表皮系数假设一系列的产量计算对应的井底流压。

(3) 进行流出动态计算。对分析的每一个油管尺寸，假设一系列产量，对每一产量根据分离器压力计算井底的压力，即为流出节点压力。

(4) 在同一张图上绘制流入/流出曲线，如图 2-3-14 所示。

由图 2-3-14 可见，随着表皮系数的增加，流入动态曲线向左偏移，即水平气井的无阻流量减小；随着油管尺寸的增加，流出动态曲线向下偏移，产能有所增加。

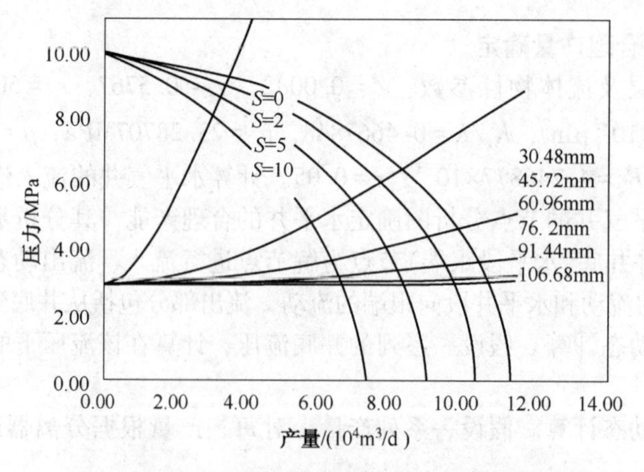

图 2-3-14　表皮系数和油管管径敏感性分析曲线

第三章　直井排水采气

在天然气的开发过程中，一方面由于气层压力降低、气流速度减小从而产生凝析液且因气流携带能力不足而被滞留在井筒中，另一方面由于储层内边、底水的推进造成井筒积液。如果气井积液情况得不到有效缓解，将导致井内形成液柱，对气井的自喷能力造成消极影响，甚至导致气井因水柱压迫而停产。

排水采气就是为维持水淹井或自喷带水困难气井正常生产，采用化学、机械或两者相结合的方法将井筒积液排出地面的采气工艺措施。目的是降低井筒流体压力梯度，改善井底附近流体的流入状态，使水堵的天然气膨胀，"死气"变为能够流动的"活气"进入井底并采出，最终提高气藏采收率。常见的排水采气技术有优选管柱排水采气、泡沫排水采气、气举排水采气、有杆泵排水采气、电潜泵排水采气、射流泵排水采气等。

第一节　优选管柱排水采气

优选管柱排水采气工艺属于利用气井自身能量进行排水的技术范畴，工艺不需要动力原件、不需要加注化学药剂，通常在气井投产初期被采用。该工艺设计时不仅要考虑携液的问题，同时要考虑抗冲蚀、摩阻、满足压裂以及抗拉的要求。

一、工艺原理

气井开始积液时，井筒内气体的最低流速称为气井携液临界流速，对应的流量称为气井携液临界流量。对于低压低产气井，常用Turner模型进行气井携液计算：

临界携液流速：

$$v_t = 5.5\left(\frac{(\rho_l - \rho_g)\sigma}{\rho_g{}^2}\right)^{1/4} \tag{3-1-1}$$

临界携液流量：

$$q_{sc} = 2.5 \times 10^4 A p v_t / (ZT) \tag{3-1-2}$$

式中　q_{sc}——临界流量，$10^4 m^3/d$；

v_t——气井排液临界流速，m/s；

ρ_l——水的密度，$1074 kg/m^3$；

ρ_g——气的密度，kg/m^3；

σ——气水界面张力，0.06N/m,；

A——油管截面积，m^2；

p——压力，MPa；

T——温度，K；

Z——p、T条件下的天然气偏差因子。

从临界携液流量公式可以看出，气井携液临界流量与气井油管内径平方成正比，管径越大，气井携液临界流量越大。所以使用小油管采气时，气井仅需一个较小的产量就能携带出地层水，这也是优选管柱，更换小油管排水采气的原理。

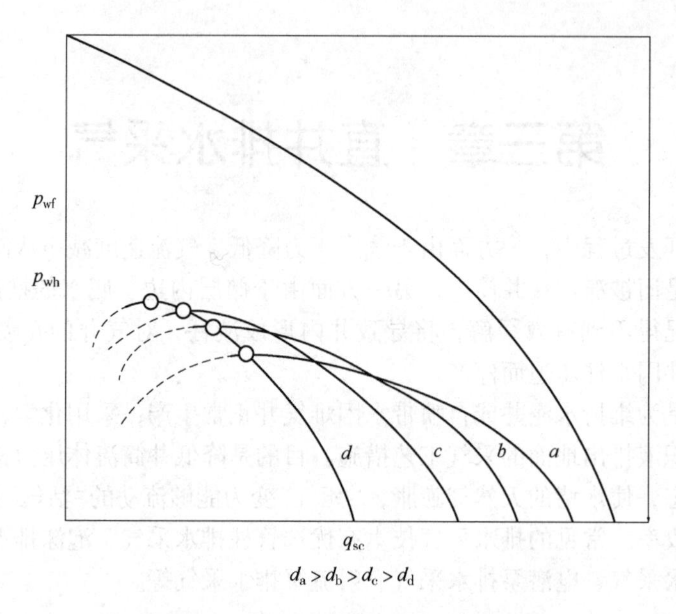

图 3-1-1 不同管径气水井流出动态曲线

如图 3-1-1 所示，a、b、c、d 分别为气井油管内径 d_a、d_b、d_c、d_d($d_a>d_b>d_c>d_d$)时的两相流流出曲线，横坐标为气井产量，纵坐标为井底流压 p_{wf}和井口流压 p_{wh}。从图可见，在气井产量较低时，大直径的油管已经停喷了或生产不稳定(虚线部分)。但小油管还可以稳定自喷。因此，对于气水同产井，小油管采气，可合理利用气藏能量，有效延长气井自喷生产期。

二、设计方法

管柱优选设计需通过应用相关数学模型确定出临界流量与临界流速，才能确保连续排液。气流进入管柱后，随着举升高度的增加，其速度亦增加，为了确保连续排出流入井筒全部的地层水，在井底自喷管柱管鞋处的气流流速必须达到连续排液的临界流速；当气流沿着管柱流出时必须建立合理的压力降，以保证井口有足够的压能将天然气输进集气管网。

优选管柱涉及两个方面的内容：对于流速高、排液能力较好、产水量大的气井，应增大管径生产，以减少阻力损失，增加产气量为目的；对于井底压力及产量均降低、排水能力差的气井，则应采用小油管生产，以提高气流带水能力，排除井底积液，使气井正常生产。

选择小尺寸油管对清除井底积液有利，但油管尺寸过小会造成附加摩阻，增加井底回压。因此，优选管柱排水工艺设计原则是所选小油管即能满足临界携液要求，又必须进行管柱的强度校核、抗冲蚀分析、摩阻损失分析，以保证气井安全、合理生产。

(一)考虑临界携液因素

气井临界流速和临界流量反映了气井的携液能力，影响气流举液能力主要有管柱尺寸、井底流压、油管举升高度、临界流量和流体性质等因素，而考虑临界携液因素是设计基础。

(二)油管尺寸与产量敏感性分析

气井产量与油管尺寸敏感性分析可采用 wellflo、IPM 等商业软件计算，通过计算可以得到图 3-1-2，随着油管内径增加($\Phi62 \sim \Phi97.2$mm)，井底流压降低，产气量增大，但增加幅度减小。油管设计优选时，只要保证所选油管不会明显影响气井产量即可。但一般来说，气井只有在产能较低的情况下才会出现排液困难的问题，而在产能较低的情况下，小油管对气井产量的影响基本上是可以忽略不计的。

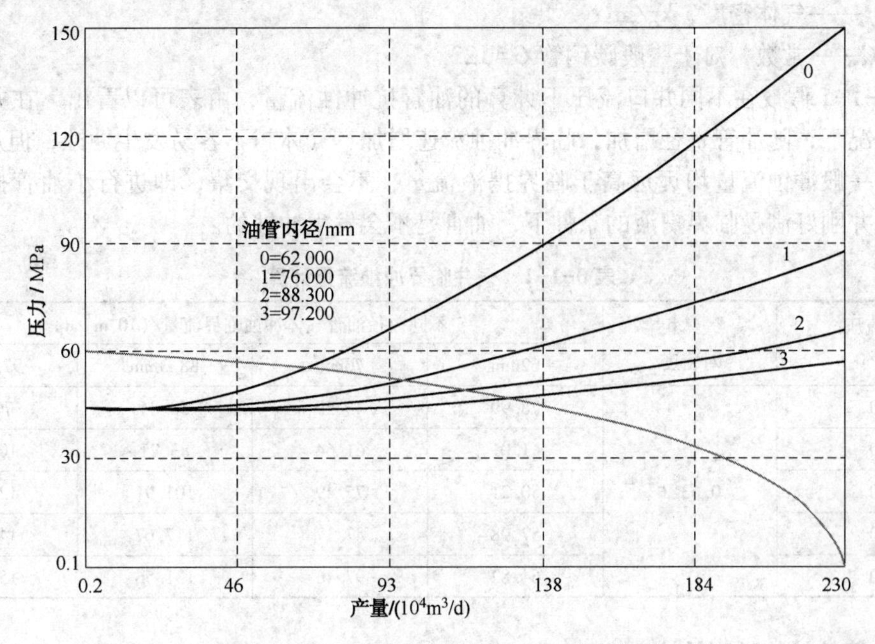

图 3-1-2　油管尺寸敏感性特性计算示意图

(三)油管尺寸对井筒压降损失影响

气井油管粗糙度造成的流动摩阻损失，对于气井产能，特别是高压气井产能评价的影响是非常大的。因此，在进行油管选择时，需要考虑气体管内流动的摩阻损失。水力学中介绍的达西阻力公式是计算管内摩阻的基本公式，达西阻力公式为：

$$L_{w} = \frac{f\mu^{2}L}{2d} \tag{3-1-3}$$

式中　f——摩阻系数，无量纲；

d——管径，m；

L_{w}——长度，m。

f 可用 Jain(1976)式(3-1-4)、式(3-1-5)进行计算。

对于紊流(N_{Re}>2300)：

$$f = \left[1.14 - 2\lg\left(\frac{e}{d} + \frac{21.25}{N_{Re}^{0.9}}\right)\right]^{-2} \tag{3-1-4}$$

对于层流(N_{Re}<2300)：

$$f = N_{Re}/64 \tag{3-1-5}$$

式中　N_{Re}——雷诺数；

e——绝对粗糙度。

(四)油管抗气体冲蚀性能

选择小油管采气，提高气体流速，保证携液，但同时面临的另一个问题就是油管在高流速下可能发生冲蚀，产生冲蚀的流速称为冲蚀流速。1984 年，Beggs 提出了计算冲蚀流速的公式：

$$V_{S} = \frac{C}{\rho_{g}^{\ 0.5}} \tag{3-1-6}$$

式中　V_S——冲蚀速度，m/s，

ρ_g——气体密度，kg/m^3；

C——常数，对于一般碳钢管 $C=122$。

表 3-1-1 假设在不同井口流压下计算的油管抗冲蚀流量，由表可以看出，在井口压力一定的情况下，随油管直径增加，临界冲蚀流速增加，气体越不容易发生冲蚀，但从计算结果来看，一般冲蚀流量均远远高于临界携液流量，不会出现交集，即进行小油管排水采气时，当气井刚好满足临界携液的条件下，油管是不会发生冲蚀的。

表 3-1-1　气井临界冲蚀流量计算

井口流压/MPa	气体相对密度	不同内径油管气体冲蚀临界流量/(10^4m^3/d)			
		62mm	76mm	88.3mm	97.2mm
10	0.6313	28.99	43.59	58.84	71.29
20		41.01	61.64	83.21	100.83
30		50.21	75.49	101.91	123.49
40		57.98	87.17	117.67	142.59
50		64.82	97.46	131.56	159.42

(五)管柱抗拉强度校核

查阅《井下作业实用数据手册》可以得到不同油管的尺寸、钢级、壁厚、每米重量、抗拉强度等参数[4]，在油管下深、直径确定的情况下，通过计算油管抗拉强度与重量之间的关系，可以对其抗拉强度进行校正，业内一般根据《高压油气井测试工艺技术规程》(SY/T 6581—2012)的要求进行校核，即在开井、储层改造工况下，油管的抗拉安全系数需大于1.6。其他工况下，油管的抗拉系数需要大于1.5。在有的企业内部，也有要求油管抗拉安全系数大于1.8的情况。

(六)满足压裂需求

对于致密气藏往往采用压裂投产一体化管柱，即压裂后气井直接投产，这就要求在设计管柱时不仅仅考虑排液方面的因素，也要考虑满足压裂工艺的需求。

压裂施工需满足 $p_{井口注入}+p_{液柱压力}-p_{摩阻}>p_{破裂}$，在井口注入压力达到极限，液柱压力无法调整情况下，降低摩阻是保证井底注入压力大于地层破裂压力的关键。而液体流动摩阻与管柱尺寸成反比，即要想降低摩阻需要增大管柱内径。

表 3-1-2 计算了川西气田常用管柱尺寸对应的不同压裂排量摩阻的数值，由表可以看出：随着油管尺寸的增大，油管内的摩阻损失急剧下降。

表 3-1-2　压裂时油管内径与摩阻表

油管内径/mm	摩阻/MPa				
	排量 4/(m^3/min)	排量 4.5/(m^3/min)	排量 5/(m^3/min)	排量 5.5/(m^3/min)	排量 6.0/(m^3/min)
50.8	105.79	128.51	153.19	179.8	208.29
62	43.39	52.25	61.85	72.18	83.22
62+76.2	30.13	36.70	43.92	51.79	60.32
76.2	18.38	21.84	25.59	29.6	33.89

根据范宁(Fanning)方程可计算油管内流体摩阻压力损失，公式如下：

$$\Delta p = \frac{2f\rho v^2 L}{10^6 d} \tag{3-1-7}$$

式中 ρ——流体密度，kg/m^3；

v——油管内流体平均速度，m/s；

d——油管内径，m；

L——油管长度，m；

f——范宁阻力系数，无因次；

Δp——流体在长度 L 的油管中的摩擦压力损失，MPa。

综上所述，优选管柱排水采气设计时，首先要进行临界携液流量计算，然后对所选油管进行抗冲蚀、摩阻还有强度分析校核，以确保所选小油管能够在安全、满足生产的前提下具有排液效果。

三、应用实例

优选管柱、更换小油管排液采气工艺在川西气田开发早期即开始应用，研究人员利用节点分析方法对洛带气田近 50 口气井进行油管敏感性分析，提出针对天然气产量小于 $2\times10^4 m^3/d$ 的气井满足正常生产的最佳油管内径为 25 ~50mm，能够实现连续排液且具较强的排液能力；并于 L36-1 井和 L29 井进行了现场试验。将 Φ62mm 的油管更换成内径为 Φ50. 3mm 的油管后气井排液量明显增加，气井产气量也较更换油管前明显增加；L36-1 井天然气产量由 $0.15\times10^4 m^3/d$ 增加到 $0.3\times10^4 m^3/d$，L29 井天然气产量由 $0.6\times10^4 m^3/d$ 增加到 $0.8\times10^4 m^3/d$，且生产稳定。

苏里格气田优选管柱排水采气工艺应用也较为成功。2002 年，苏里格气田苏 f 试验区 16 口试采井主要采用 Φ73mm 油管生产，其中苏 f、苏 ch-af 井等 5 口井为了满足压裂工艺的实施，采用了更大的 Φ88. 9mm 油管，2002 年 9 月投产时单井平均产气量为 $3\times10^4 m^3/d$，但气井产量下降快，到 2003 年初单井平均产气量为 $1.5\times10^4 m^3/d$，随着产量的降低，原管柱生产带液的问题日益突出。2003 年苏里格气田对投产管柱进一步优化，确定单层压裂井采用 Φ60. 3mm 油管完井，分层压裂井采用 Φ73mm 油管完井。

第二节 泡沫排水采气

泡沫在油田生产中有着广泛应用，可作为钻井和洗井施工过程中的井筒循环介质，也可作为压裂施工过程中的压裂液。这些应用与其在气井排水采气中的应用略有不同。前者是在地面控制下，发泡剂与水、气混合产生泡沫，而在排水采气过程中，发泡剂与气、水(通常含有部分轻质原油等烃类物质)在井下完成混合，并产生泡沫。

泡沫排水采气的最大优点是由于液体分布在泡沫膜中，具有更大的表面积，减少了气体的滑脱效应，并能够形成低密度的气液混合体。在低产气井中，泡沫能够很有效地将液体举升到地面，否则积液愈加严重，会造成较高的多相流压力损失。

一、工艺原理

泡沫排水采气是将表面活性剂注入井底，借助于天然气流的搅拌，与井底积液充分接触，产生大量的较稳定的低密度含水泡沫，泡沫将井底积液携带到地面，从而达到排水采气的目的。表面活性剂的作用是降低水的表面张力，如图 3-2-1 所示。水的表面张力随表面活性剂浓度增加而迅速降低，表面张力随浓度下降的速度体现了起泡剂的效率。当表面活性剂注入浓度大于临界胶束浓度时，界面张力随浓度变化不大。

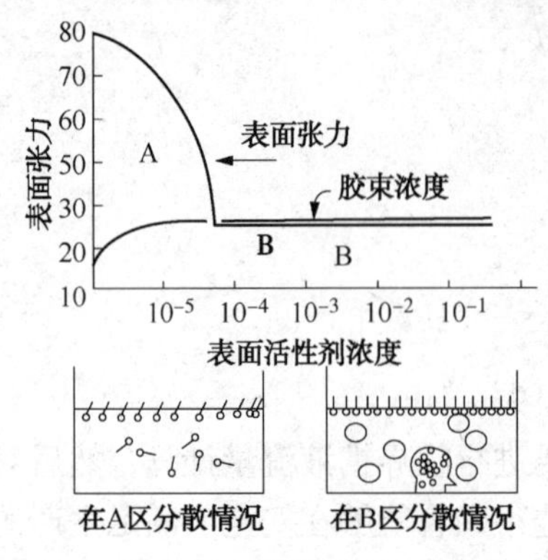

图 3-2-1　表面活性剂浓度与界面张力的关系图

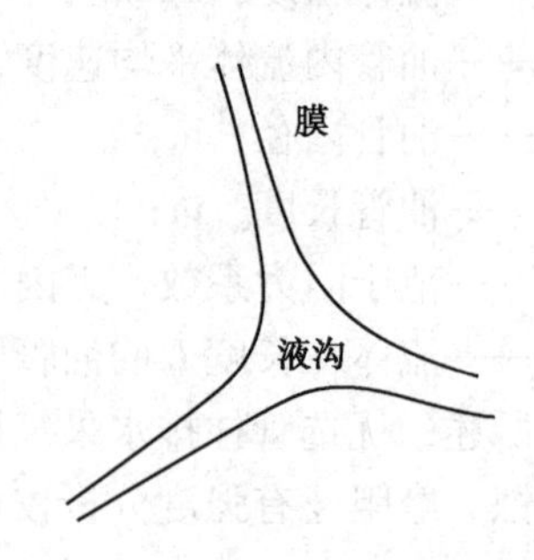

图 3-2-2　泡沫的膜和液沟

泡沫排水采气的机理包括泡沫效应、分散效应等。

(1)泡沫效应

注入起泡剂充分反应后，液柱将变为泡沫柱，形成稳定的充气泡沫(泡沫是由充气泡、泡膜和液沟构成，液沟一般由三个相邻的气泡构成，如图 3-2-2 所示)，鼓泡高度增加，水的滑脱减少，使流动更平稳和均匀，从而降低井底回压。泡沫产生意味着气水两相结合得更加紧密。泡沫的物性参数与表面活性剂的性质和浓度有关。泡沫效应主要在泡状流和段塞流等低流速下出现。实验研究表明，在段塞流时，加入一定浓度的表面活性剂如泡排棒等，可促使气相和液相相互混合，减弱振荡效应。

(2)分散效应

分散效应一般在环雾流的高流速状态出现。由于表面张力降低，水滴在相同动能条件下更易分散为质点。质点愈小，愈易被气流带走，而且形成的平滑液膜减少了对气流的阻力。分散效应能促使流态转变，降低临界携液流速。例如，处于段塞流的气井，一旦加入起泡剂，表面张力下降使水相分散，段塞流将转变到环雾流，井底积液易被气体携带出来。

二、设计方法

(一)选井原则

选井时应考虑以下几点：

(1)气井产量：选井主要对象是弱喷及间歇喷产水气井，气井具有自喷能力。矿化度较高的井不宜采用。

(2)油管下入深度：油管下入太浅，起泡剂不易流到井底。

(3)油套管连通性：要求气井的油套管连通性好。

(二)应用时机

1. 应用初点

根据临界携液理论，当实际产量低于临界携液流量时井底就会积液，一般认为一旦气井不能连续携液，可考虑泡沫排水采气工艺。

对于低压低产气水井，在监测、分析井筒内积液的基础上进行井底静压(针对油套连通井，由静气柱折算得到的井底压力)计算，把计算值与井底流压进行对比，当井底静压(p_{ws})大于井底流压(p_{wf})则气井井筒有积液。最简单快速的判断方法为：应用静止气柱(套压)和流动气柱(油压)方法计算井筒没有积液时的井底压力 p_{ws} 和 p_{wf}，根据油套压力之差来估算井筒积液的高度和积液量。

2. 应用末点

泡沫排水采气工艺应用一段时间以后，随着地层能量的进一步降低，泡沫排水的难度将增加，前期施工方法已不能完全奏效，施工效果较初期变差或无效，有的甚至连施工加入的泡沫液都未返排出来，这表明着泡沫排水采气工艺进入到应用末点，即地层能量已不能满足携带泡沫的要求，需要采用其他工艺排液。

3. 加药时机

主要通过现场对比试验来确定加药时机，油套压差(Δp)的大小反映井底积液的多少，而气井产气量高低一定程度上反映了地层能量的大小，因此将气井分成低压低产井、低压中产井和高压高产井三大类，针对各类气井不同压差条件下的排水效果，通过寻求合理压差确定加药时机。

新场气田气井经过广泛的现场试验，低压低产气井在 Δp 为 0.20~0.25MPa 时，泡沫排水效果最好；低压中产井的 Δp 为 0.5MPa 左右时，泡沫排水效果最好；高压高产气井的 Δp 为 2~2.5MPa 时，泡沫排水效果最好。

(三)起泡剂的评价及选择

泡沫剂性能受地层水矿化度、温度、凝析油含量等多种因素影响，通过各种起泡剂在不同工况下的起泡能力，泡沫的稳定性能等重要参数的实验研究，优选出适合与目标区块地层流体或与其他药剂性能配伍的泡沫剂。

1. 起泡剂的评价方法

选用一种起泡剂或新开发一种起泡剂，必须评价其性能，获得起泡剂的起泡能力、携液量和稳定性等参数。目前对起泡剂的实验评价普遍采用以下两种方法。

(1)气流法

此法用于测定在气流搅拌下，起泡剂溶液产生泡沫的能力和泡沫含水量，其装置如图 3-2-3所示。

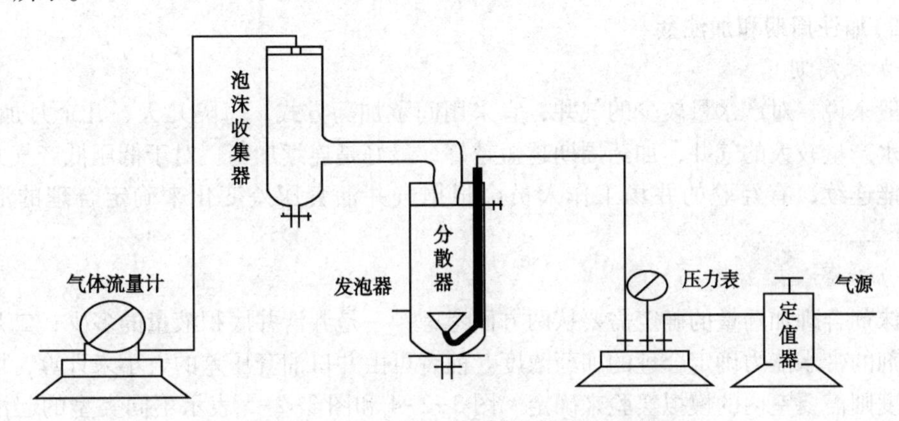

图 3-2-3　起泡剂泡排效应评价装置流程

起泡剂溶液盛于发泡器内，空气在一定压力下通过多孔分散器进入发泡器，搅动起泡剂溶液，产生泡沫。在泡沫发生器中，每升气流通过后形成连续泡沫柱的高度，表示起泡剂溶液生成泡沫的能力。实验中产生的泡沫，用泡沫收集器收集。加入消泡剂消泡后，测定每升泡沫的含水量，用以表示泡沫的携水能力。

起泡能力=泡高(cm)/单位气体体积(L)或=泡沫体积(L)/单位气体体积(L)

泡沫含水量=水(mL)/泡沫(L)

(2)罗氏米尔法

实验规定，测定200mL起泡剂溶液从罗氏管口流至罗氏管底时管中形成的泡沫高度，开始时和3min(或5min)分别测两个高度(起始泡沫高度反映了起泡剂溶液的起泡能力)，其差值表示泡沫的稳定性。

2. 泡沫稳定性评价

泡沫稳定性取决于排液快慢和液膜的强度，受界面张力、表面黏度、溶液黏度、气体通过液膜的扩散、表面电荷的影响，其中表面黏度是影响泡沫强度的主要因素，影响泡沫的稳定性。通常表面活性剂浓度配比合理时效果最好。实验表明常规表面活性剂都有一个最佳效果的浓度区间，一般在0.1%~0.2%左右。

3. 起泡剂优选

起泡剂可根据以下几个方面进行选择：

(1) 井温。起泡剂起泡性能易受温度的影响，温度升高时起泡能力下降。

(2) 凝析油、H_2S、CO_2含量。

(3) 水矿化度。矿化度增高，水的表面张力增加，泡沫排水效果降低。

(4) 亲憎平衡值(HLB)。在排水采气中，一般亲憎平衡值在9~15，值越大水溶性越高。

(5) 表面张力。表面张力会影响润湿、起泡、乳化和分散。所选起泡剂能使表面张力下降得越低越好，这样才能改善垂管气液两相流动中的流态。

(6) 临界胶束浓度(CMC)。胶束是指两亲性分子在水或非水溶液中趋向于聚集(缔合或相变)。所有性质在临界胶束浓度以上都存在转折。起泡剂的临界胶束浓度一般应大于6.0×10^{-5}mol/L，临界胶束浓度越大的，带水能力越好，起泡性能越高。

(7) 稳定性。泡沫的稳定时间长，易将地层水从井底带至地面，但稳定时间过长又会给地面的分离、集输、计量等带来困难。根据现场的使用情况，认为泡沫的稳定时间一般为1~2h，泡沫高度为泡沫初始高度的2/3为好。

(四)加注周期和加注量

1. 加注周期

一般来说，对产水量较少的气井，宜采用间歇加药方式，每隔几天、几个月加一次药；对地层水产量较大的气井，加药周期越短越好，最好是连续加药。对于低压低产气井，产液往往不能连续，有经验的井场工作人员会根据气井油套压差变化来确定合理的泡排加注周期。

2. 加注量

泡沫剂合理加药量的确定需要从两方面考虑：一是弄清井底积液量的多少；二是根据优选泡沫剂的带水能力确定合理的加药浓度。前者可由井口油套压差的大小来计算，而合理的加药浓度则需要室内的模拟实验来确定。图3-2-4和图3-2-5表示不同类型的起泡剂和不同流态下注入浓度与排水能力的关系。可见，不管什么类型的药剂和流态，浓度在400~600mg/L时，带水能力最好。在泡排剂的浓度确定以后，根据气井的日产水量来确定泡排剂的日用量。加药后观察气井带水情况，再对泡排剂的用量进行必要的调整。

在泡排剂的浓度确定以后(一般泡排剂的浓度在0.5%~2%之间)，根据气井的日产水量即可确定泡排剂的加注量。

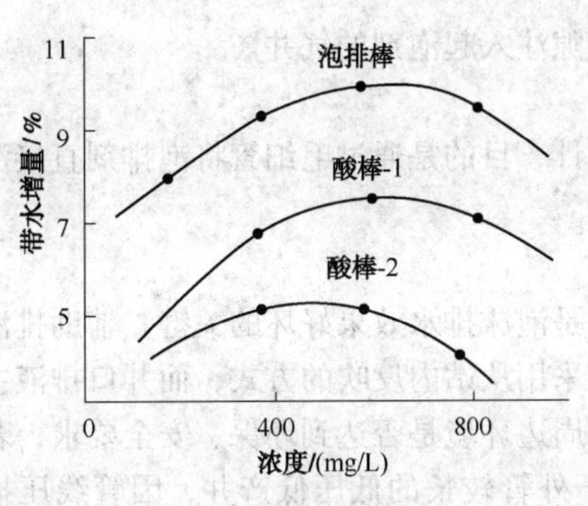

图 3-2-4　不同类型起泡剂的最佳注入浓度

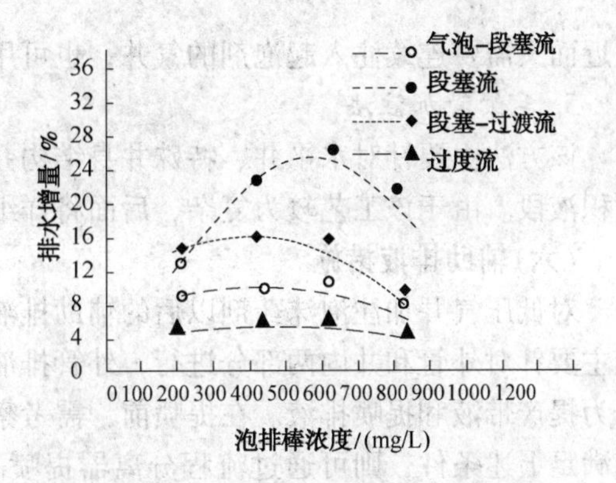

图 3-2-5　不同流态下起泡剂的排水能力

(五)注入方式

注入方式的选择根据现场情况、井口压力及日产水情况进行。一般产水量较少、产气量较低的井可以采用固体药剂投棒注入，产水量较大的井一般采用液体泡排车注入，平衡罐主要是应用于产水量大且泡排车不方便进井场的井；此外，还需考虑井口压力因素。

1. 平衡罐法

平衡罐置于井场，起泡剂溶液盛于平衡罐内，平衡罐与井口套管压力相连通，罐内溶液依靠自重和高差流入环形空间，连续均匀地流到井底(图 3-2-6)。优点是不需动力。

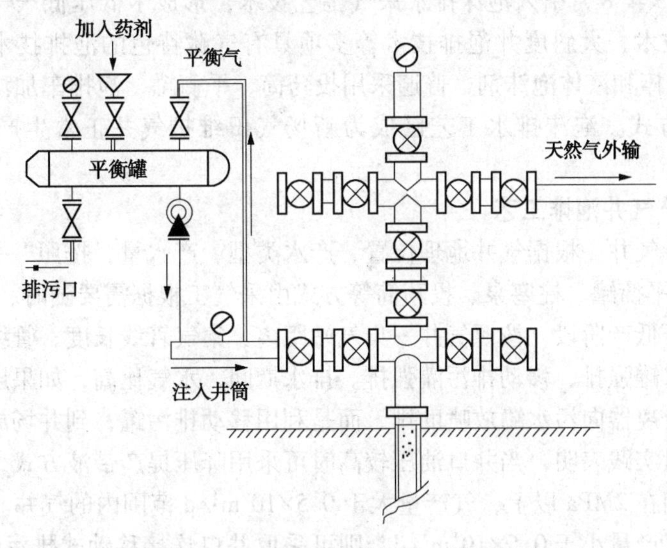

图 3-2-6　新型平衡罐加注工艺原理图

2. 泡沫排水专用车

在汽车上安装一台注入泵和药罐，用汽车引擎动力带动注入泵，泡排车加注能力由泵效决定。

3. 便携式投药筒

井口投药筒是一种类似油井清蜡防喷装置，安装在采油树清蜡闸门上端，采用重力作用原理加注，适用于井口压力低于 10MPa 的浅井，该装置一次可加两根固体棒状泡排剂。

4. 泵注法

该方法是将起泡剂溶液过滤后，从井口套管或油管泵入井内。适用于有人看守或距井站较近而又需要连续注入起泡剂的气井，也可用于间隙注入起泡剂的气井。

5. 毛细管加注法

该方法主要针对水平井、特殊井身结构井而设计，目的是通过毛细管将泡排剂直接注入到积液段。由于该工艺较为复杂，后面将详细介绍。

(六)辅助排液措施

对低压气井加注泡沫药剂以后的辅助排液工作是泡沫排水效果好坏的关键。辅助排液措施主要针对外管和井内两部分进行，外管排液主要采用从站内反吹的方式，而井口排液主要分为提产带液和提喷排液。在提喷前，需考察井口周边环境是否达到环保、安全要求，若不能满足上述条件，则可通过流程分离器提喷。对于外管较长的低压低产井，因管线压损存在，所以过分离器提喷效果往往较井口提喷差。

三、应用实例

国内泡沫排水采气工艺开始于1970年，为了解决气井产水的难题，四川气田率先完成泡排工艺技术的起泡和“消泡”控制研究。1989年，大庆油田开始了泡沫排水采气工艺研究，1995年，川西气田引进了泡沫排水采气。从国内各大气田排水采气工艺引进的历程来看，无一例外地将泡沫排水采气作为其最先引进和发展的排水采气工艺，说明了泡沫排水采气工艺在排水采气领域的重要性。下面以新场气田为例，介绍一下该气田在泡沫排水采气方面所取得的成效。

新场气田1995年8月引入泡沫排水采气工艺技术，形成了低压低产气井泡排技术、产凝析油气井泡排技术、大斜度井泡排技术等多项具有气藏特色的泡排技术。常用的是UT、CT、XH系列固体棒和液体泡沫剂，普遍采用投药筒、平衡罐、泡排车加注方式，水平井也采用毛细管加注方式。泡沫排水工艺已成为新场气田维护气井正常生产必不可少的手段之一。

(一)低压低产气井泡排工艺

对于低压低产气井，根据气井地理位置、产水类型、产水量，按照“一井一制”、“少量多次”加注，采用平衡罐、柱塞泵、投药筒等方式由采气工根据需要随时、随量加注。

气井进入低压低产阶段，按照气井—集气站距离、集气管线长度、管线压力损失分别实施过分离器向污水罐强排、移动排污灌强排。排水期间，水气比高，如果压损过大，不能通过提高产量或过分离器向污水罐放喷助排，而是利用移动排污罐，到井场放喷助排。

新场气田大量实践表明，当井口油压较高时可采用降压提产带液方式，该方式普遍适用于油压可降压空间在2MPa以上，气产量大于$0.5\times10^4m^3/d$范围内的气井。当井口油压与出站压力接近，且气产量小于$0.5\times10^4m^3/d$，则可采取井口连接移动式排污罐降压提喷方式，即将井口压力降至大气压力，以获得最大的降压空间。

基于新场气田实际生产特征及多年现场实践和理论研究，确定了该气田的泡沫排水采气工艺技术界限：中浅层蓬莱镇组气藏气井在井口压力1MPa的情况下，临界携液流量在$0.2\times10^4m^3/d$左右；中深层遂宁组、沙溪庙组气藏气井在井口压力2MPa的情况下，临界携液流量在$0.3\times10^4m^3/d$左右，低于该值气井将难以进行正常携液，泡排效果差。

(二)防冻泡沫排水采气技术

冬季进行泡沫排水，将使天然气中水含量增加，水合物堵塞的可能性增大；但不进行泡沫排水，气井的井筒积液将影响气井的生产。针对这一问题，新场气田开发了防冻泡沫排水采气技术，技术的核心是将泡排药剂与水合物抑制剂进行复配。

通过对比国内气田常用抑制剂甲醇、乙二醇、二甘醇，结合新场气田气井压力与环境温度特点，选择向天然气中加入乙二醇，主要目的是为了降低水合物的形成温度，降低的温度差值称为露点降。

新场地区冬季的平均气温在7℃左右，中浅层蓬莱镇组气藏气井平均井口压力在3.0MPa左右，由水合物形成的p、T条件预测可知，在此压力下，水合物的形成温度为9℃左右，为防止气井形成水合物，所需露点温度降为2℃，则产出液体中，抑制剂浓度需达到5.3%，新场气田泡沫剂使用经验浓度在2%~4%左右，因而泡沫剂与抑制剂按(1∶1)~(1∶2)之间的比例进行复配实验(表3-2-1)，增强泡沫剂抑制水合物形成的能力。

表3-2-1　复配防冻泡沫剂的室内实验数据表

测试项目	自来水(200mL)+UT-1(8mL)+乙二醇(xmL)			
	0	8	12	14
起泡时间	40″25	47″24	52″85	62″9
半衰期	20′38″48	26′15″28	27′31″84	28′40″35
携液量/mL	10	10	9	9.5
防冻性	50min 开始结冰	70min 出现冰状悬浮物	85min 时出现冰状悬浮物	90min 时出现冰状悬浮物

选择气田内应用成熟的泡排剂开展复配实验，利用恒温冰柜观察-16℃结冰现象，结果表明加入有机物乙二醇后，可明显抑制水化物的形成，并随乙二醇浓度增加，水合物越难以形成，4%的泡沫剂与5%的乙二醇进行复合配置，复配泡沫剂的起泡能力、稳定性能较好。UT-1与乙二醇复合配置在蓬莱镇组气藏得到广泛应用。

(三)高含油气井泡沫排水采气技术

新场气田沙溪庙组气藏气井普遍积液，且凝析油含量较高。根据气井早期产出液体不完全统计，产出液中平均油水比达到6.91m^3/m^3，由于凝析油具有消泡性，凝析油含量升高影响了泡沫排水施工效果，主要表现在排液效果差、凝析油产量降低。

泡沫药剂在油水介质中产生泡沫取决于两个过程的竞争：即在水相中产生泡沫，同时在油相中泡沫破裂。当有凝析油存在时，不仅改变了产生泡沫的条件，同时改变了泡沫的稳定性能，对泡沫剂的起泡能力影响较大。在泡沫排水采气过程中，泡沫药剂浓度过低，难以达到排液要求，泡沫药剂浓度过高容易引起原油乳化，给原油的分离和销售带来困难，增加生产管理成本，甚至造成原油的流失。因此沙溪庙组气藏泡沫剂需具备起泡能力强、泡沫携液量大、生成的泡沫稳定性适中、较好的热稳定性和较强抗油性等性能。

针对这些问题，新场气田与化学药剂生产厂家联合攻关，形成了针对凝析油的泡排剂UT-11C和具有良好破乳性能的PR-3。

(四)大斜度气井泡沫排水采气技术

为了节约土地资源、减少建站数量、降低开发成本，新场气田大量采用丛式定向井技术。由于井身结构的差异，定向井生产中遇到三个方面的难题。一是定向井生产情况普遍比直井生产情况差，部分产量低、产水量较大、井身结构复杂的定向井，井底积液严重，面临水淹停产的危险；二是常规的泡沫药剂在定向井中稳定性差，有效期较短，需要开展药剂评价与优选研究；三是在含凝析油定向生产井中，泡沫排水有效周期短，效果较差。

针对定向井泡沫排水采气普遍比直井效果差的现状，从提高泡沫稳定性入手，通过室内实验和现场试验优化泡沫药剂，在优化的XH-2和UT-11C泡沫剂中增加添加剂CMC提高泡沫稳定性，在现场试验中取得了较好效果。

根据实验数据综合评定，当CMC浓度处于2000~3000mg/L时，复配后的药剂能达到最优状态。

新场气田基本形成了泡沫剂的系列化和加注工艺的多样化，现场施工技术逐渐得以优化，泡沫排水采气增产效果十分显著。从历年增产效果统计表(表3-2-2)可以看出，随着开发工作深入，泡沫排水采气技术的推广力度逐渐增大，增产天然气量逐年提高，500多口气井靠泡沫排水维持正常生产，年施工40000多井次，年增产天然气$0.4\times10^8m^3$，泡沫排水采气工艺历年累计增产达到$6.1\times10^8m^3$。

表3-2-2 新场气田泡沫排水增产效果一览表

年度/年	1995	1996	1997	1998	1999	2000	2001	2002	2003	2004
施工井数/口	20	35	80	82	107	123	169	183	205	204
成功率/%	62.5	70.8	85.2	87.8	88.17	88.37	89.72	92.4	92.28	95.32
增产/10^4m^3	117.3	962.4	1249.3	2386.6	3221	3344	3600	3850	4244	4759
年度/年	2005	2006	2007	2008	2009	2010	2011	2012	2013	
施工井数/口	243	256	295	332	386	415	445	482	518	
成功率/%	95.1	94.6	93.67	92.5	93.1	92.6	91.5	90.6	89.7	
增产/10^4m^3	4345	4394	3650	3700	3900	4100	4150	4230	4000	

第三节 柱塞气举工艺

对于产水量较多的气井(一般气液比低于2000∶1)，由于井筒内流态不再是分散态的环雾流，而是呈现段塞流的状态，这时气井通过泡排或优化管柱等工艺无法更好地提高排液效果，对于这种工况，柱塞气举工艺往往能表现出不错的效果。

一、工艺原理

柱塞气举是间歇气举的一种特殊形式，柱塞作为一种固体的密封界面，将举升气体和被举升液体分开，减少气体窜流和液体回落，提高举升气体的效率(图3-3-1)。柱塞气举的能量主要来源于地层气，但当地层气能量不足时，也可以向井内注入一定的高压气。这些气体将柱塞及其上部的液体从井底推向井口，排除井底积液，增大生产压差，延长气井的生产期；柱塞在井中的运行是周而复始的上下运行，柱塞下落时必须关井，因此，气井的生产是间歇式的。

柱塞气举利用地层能量，适合于高气液比的气井排液。对常规连续气举或间歇气举效率不高的井，采用柱塞气举可以提高生产效率。柱塞气举还可用于易结蜡、结垢的油气井，沿油管上下来回运动的柱塞可以干扰破坏油管壁上的结蜡、结垢过程，这样就省去了清蜡、除垢的工序，节约了生产时间和生产费用。相对于电潜泵、气举等工艺，柱塞气举的安装、生产和管理费用都较低。

近年来，为了提高柱塞气举的效率，又出现了球塞气举、分体式柱塞气举等工艺。

柱塞气举过程由循环的开井和关井组成。一个循环过程包括关井恢复压力和开井生产两个阶段。

1. 关井恢复压力阶段

首先关井，柱塞从井口在油管内的气柱和液柱中下落，直到到达井底缓冲器处的井底缓冲弹簧上。若地层的供液和供气能力较低，柱塞应在井底缓冲器处的缓冲弹簧上停留一段时间，使压力恢复到足以把柱塞从井下推到井口的程度。

在关井瞬时，套压可能下降也可能不变，套压下降是由于套管中气体继续向油管膨胀，使油套压达到平衡，这时油压会相应升高，之后套压由地层供气能力控制。关井初期，由于油管内气液相分离，流速减小使摩阻减小，动能转化为势能，所以油压恢复较快，之后油压由地层供气能力控制。

2. 开井生产阶段

当开井生产时，套管气和进入井筒的地层气体向油管膨胀，到达柱塞下面，推动柱塞及上部液段离开井底缓冲器上升，直到柱塞到达井口。若地层气量充足，甚至需要敞喷放气一段时间。该阶段又可分为环空液体向油管转移、柱塞及上部液段在油管内向上运动、柱塞上液段通过控制阀排出井口、柱塞停在井口放喷生产四个过程。

开井后，气体从井口产出，油压迅速降低，柱塞逐渐加速上升；当液面到达井口后，由于控制阀节流，油压又开始增加；柱塞到达井口后，由于推动柱塞的能量转移，油压会继续增加；对高气液比井，柱塞一般应停在井口放喷生产一段时间。

套管气体进入油管举升柱塞，套压下降；柱塞到井口后，套压降到最小值；之后，由于举升油管内液体的气流量不足，液体在油管中滞留，井底压力开始升高，套压也回升。

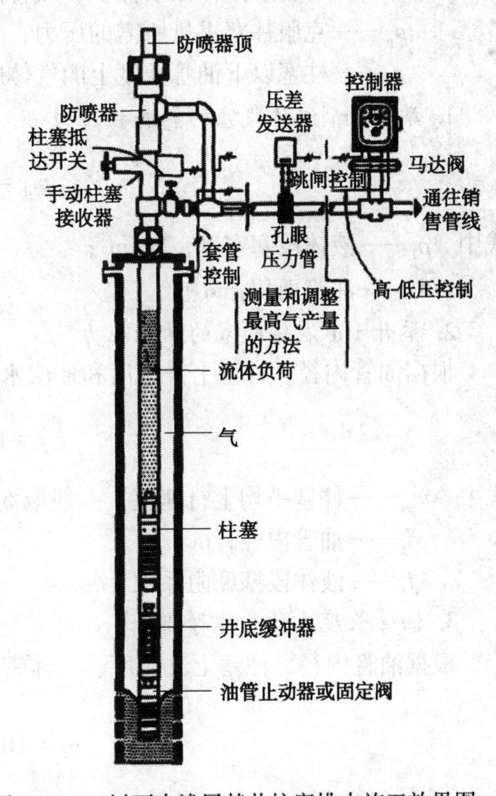

图 3-3-1 川西中浅层某井柱塞排水施工效果图

二、设计方法

柱塞气举工艺参数包括柱塞运行周期、开井时间和对应的开井套压、关井时间和对应的关井套压，所需的气液比和日产量。对于需要补充注气的情况，还要包括注气量。

普通柱塞气举的能量主要来源于储存在套管中的高压气体，包括关井恢复期间进入套管的地层气或注入气。当开井生产时，套管中的气体向油管膨胀，到达柱塞下面，推动柱塞和液体段塞向上运动。如果套管中气体能量高，柱塞及液体载荷能够运动达到井口，那么就能进行正常柱塞气举，否则，柱塞及液体载荷不能达到井口。如果套管中气体能量刚好能将柱塞和液体段塞推到井口，就能进行正常柱塞气举。因此，确定出柱塞和液体段塞刚好到井口位置时对应的最小套压，就能进行其他参数的计算。

(一) 最小套压值确定

柱塞和液体段塞刚好到井口位置时，油套管中的压力处于平衡状态。由于环空中气体的流动速度很低，摩擦阻力可以忽略；假设柱塞下油管中仅存在单向气体流动，可忽略油套管中静气柱压力的差别。那么，从套管折算到井底的压力等于从油管折算到井底的压力，即

$$p_{cmin} = p_{tmin} + (p_{lh} + p_{lf})w + p_p + p_f \quad (3-3-1)$$

式中 p_{cmin}——最小套压，MPa；

p_{tmin}——最小油压，MPa；

p_{lh}——举升 $1m^3$ 液体段塞的静液柱压力，MPa；

p_{lf}——举升 $1m^3$ 液体段塞的摩阻压力，MPa；

w——每周期液体段塞体积，或称周期排水量，m^3；

p_p——克服柱塞重量所需的压力，一般取 0.04MPa；

p_f——柱塞以下油管长度上的气体摩阻，MPa。

1. 举升 $1m^3$ 液体段塞的静液柱压力

$$p_{lh} = 10^{-6}\frac{\rho_l g}{A_t} \quad (3-3-2)$$

式中 ρ_l——液体段塞密度，kg/m^3；

A_t——油管面积，m^2。

2. 举升 $1m^3$ 液体段塞的摩阻压力

根据油管内径、柱塞上升速度和地层水密度计算，为

$$p_{lf} = 10^{-6}\frac{f_l\rho_l u_{pu}^2}{2d_t A_t} \quad (3-3-3)$$

式中 u_{pu}——柱塞平均上行速度，一般取 5.08m/s；

d_t——油管内径，m

f_l——液体段塞摩阻系数。

3. 油管长度上的气体摩阻

根据油管内径、柱塞上升速度、气体密度和黏度计算，为

$$p_f = 10^{-6}\frac{f_g\bar{\rho}_g u_{pu}^2}{2d_t}H_t \quad (3-3-4)$$

式中 $\bar{\rho}_g$——油管中气体平均密度，kg/m^3；

f_g——油管中气体平均摩阻系数；

H_t——油管长度，m。

用式(3-3-4)预测的压力比实测值低，引入修正系数后，表示为

$$p_{cmin} = 1.05(p_l + p_f) = 1.05p_l(1 + \frac{H_t}{K}) \quad (3-3-5)$$

式中 p_l——柱塞和液体段塞刚好到达井口时柱塞底部的压力，MPa；

K——由式(3-3-7)计算。

$$p_l = p_{min} + (p_{lh} + p_{lf})w + p_p \quad (3-3-6)$$

$$\frac{1}{K} = 10^{-6}\frac{f_g\bar{\rho}_g u_{pu}^2}{2d_t p_l} \quad (3-3-7)$$

(二) 最大套压值确定

由于最小套压是环空中气体在最大套压下膨胀的结果，那么由气体定律可计算最大套

压。忽略气体膨胀时偏差系数的差异，最大套压为：

$$p_{cmax} = p_{cmin}(1 + \frac{A_t}{A_c}) \tag{3-3-8}$$

式中 p_{cmax}——最大套压，MPa；

A_c——套管面积，m^2。

（三）平均套压值确定

最大套压和最小套压的平均值称为平均套压，为

$$\bar{p}_c = \frac{p_{cmax} + p_{cmin}}{2} = p_{cmin} + (1 + \frac{A_t}{2A_c}) \tag{3-3-9}$$

式中 $\bar{p}_c$——平均套压，MPa。

根据平均套压，用单相气体流动压力的计算方法可以计算平均井底压力。

（四）工作周期数确定

完成一个工作周期所需的时间由开井时间和关井时间两部分组成。

开井时间包括：① 柱塞从卡定器处上升到地面的时间；② 柱塞停留在井口，敞喷放气生产的时间。

关井时间包括：① 柱塞在气柱中下落的时间；② 柱塞在液柱中下落的时间；③ 柱塞在卡定器上的停留时间。

工作周期数为：

$$n_p = \frac{86400}{t_{pr} + t_{pdg} + t_{pdl} + t_{ps} + t_{pc}} \tag{3-3-10}$$

式中 n_p——工作周期数，圈/d；

t_{pr}——柱塞上行时间，s；

t_{pdg}——柱塞在气体中的下行时间，s；

t_{pdl}——柱塞在液体中的下行时间，s；

t_{ps}——柱塞在井口的停留时间，s；

t_{pc}——柱塞在卡定器上的停留时间，s。

柱塞在井口和卡定器上的停留时间，应根据地层气液比的高低来决定，并根据实际生产情况进行调整。对高气液比的气井，延长柱塞在井口的停留时间，有利于排水采气，柱塞可不在卡定器上停留。停留时间可根据周期放气量的大小进行估计。对低气液比的气井，只有延长柱塞在卡定器上的停留时间，才能使套压恢复到足够高，柱塞可不在井口停留。柱塞不在井口停留而在卡定器上停留时，工作周期数最大。

1. 柱塞上行时间

$$t_{pr} = \frac{L_c}{u_{pu}} \tag{3-3-11}$$

式中 L_c——卡定器深度，m。

2. 柱塞在气体中的下行时间

$$t_{pdg} = \frac{L_c - h_l}{u_{pdg}} \tag{3-3-12}$$

式中 u_{pdg}——柱塞在气体中的下行速度，m/s；

h_l——液体段塞高度，m。

$$h_l = \frac{w}{A_t} \tag{3-3-13}$$

3. 柱塞在液体中的下行时间

$$t_{pdl} = \frac{h_l}{u_{pdl}} \tag{3-3-14}$$

式中　u_{pdl}——柱塞在液体中的下行速度，m/s。

柱塞上行速度、柱塞在气体和液体中的下落速度与油管尺寸、柱塞类型等有关。设计时，一般根据现场实测数据确定。根据长庆气田实测数据，柱塞上行速度取 5.08m/s，柱塞在气柱中下落速度取 10m/s，柱塞在液柱中下落速度取 1.0m/s。表 3-3-1 是 Foss-Gaul、TimBarry(1988 年)和威远气田柱塞气举井的现场实测数据。

表 3-3-1　柱塞运动现场实测数据

运动阶段	Foss-Gaul	Tim Barry	威远气田
柱塞上行/(m/s)	5.08	5.08	约 5.0(实测)
柱塞在气柱中下落/(m/s)	10.18	2.02	0.85(实测)
柱塞在液柱中下落/(m/s)	0.874	0.34	0.20(估计)

(五)周期需气量

每个周期内的用气量包括：①开井前油管中的气量；②柱塞上升过程中，从柱塞和液体段塞滑脱的气量；③柱塞停留于井口时的敞喷气量。柱塞气举最低周期气量由前两项决定。最低周期需气量为：

$$V_g = 10^{-4} F_{gs} \frac{V_t}{B_g} = 0.2892 F_{gs} A_t (L_c - h_l) \frac{p_{cmax}}{ZT} \tag{3-3-15}$$

式中　V_g——最低周期需气量，$10^4 m^3$；

V_t——开井前液体段塞上的油管体积，m^3；

F_{gs}——气体通过柱塞和液体段塞的滑脱系数，一般取 1.15；

T——井筒平均温度，K。

地层气液比的高低决定了是否进行补充注气或放气。

1. 低气液比气井

当地层周期产气量小于最低周期需气量时，分两种情况：①为了在最大周期数下工作，要求从套管补充注气；②如果不补充注气，必须延长柱塞在卡定器上的停留时间，使套压恢复更高，但周期数减少。

周期补充注气量为：

$$V_{gi} = V_g - 10^{-4} w \times GWR \tag{3-3-16}$$

式中　V_{gi}——周期补充注气量，$10^4 m^3$；

GWR——地层气液比，m^3/m^3；

w——周期排水量，m^3。

2. 高气液比气井

当地层周期产气量大于最低周期需气量时，如果不将多余的气体放出，装置会在更高套压下工作。放气的方法有两种：① 从套管放气；② 延长柱塞在井口的停留时间，敞喷放气生产，但需减少周期数。这部分气体将会继续排出柱塞后面的液体，有利于排水采气。停留时间的长短以套压降到设计的最小套压为止。

周期敞喷放气量为：

$$V_{go} = 10^{-4}w \times GWR - V_g \tag{3-3-17}$$

式中　V_{go}——周期敞喷放气量，10^4m^3。

(六)柱塞气举的产量

日排水量：

$$q_w = n_p w \tag{3-3-18}$$

日产气量：

$$q_{sc} = 10^{-4} q_w GWR \tag{3-3-19}$$

日注气量：

$$q_{gi} = n_p V_{gi} \tag{3-3-20}$$

或日放气量：

$$q_{go} = n_p V_{go} \tag{3-3-21}$$

式中　q_w——日排水量，m^3/d；

q_{gi}——日注气量，$10^4m^3/d$；

q_{go}——日放气量，$10^4m^3/d$。

三、应用实例

柱塞气举在川西气田最早应用于新场气田沙溪庙组气藏 CX455 井，完井方式为后期射孔完井，产层深度 2288.08 ~ 2304.08m；自 2001 年 3 月投产以来，产水较多，历史上最高产水量达 $72m^3/d$。随着气井携液能力逐渐减弱，井内积液增多，严重影响了气井的正常生产。为防止气井水淹，2002 年 3 月开始对该井连续实施泡排工艺，在短期内具有一定效果；但气井出现“假死”现象增多，已不能满足气井生产需要。2004 年 7 月，利用生产测井摸清了井内生产状况，实施了柱塞气举采气工艺，产气量由 $0.49\times10^4m^3/d$ 提高到 $0.61\times10^4m^3/d$，井口压力由 2.13MPa 上升到 2.95MPa，排水量由 $10.4m^3/d$ 上升到 $12.5m^3/d$，增产效果良好(图 3-3-2)。

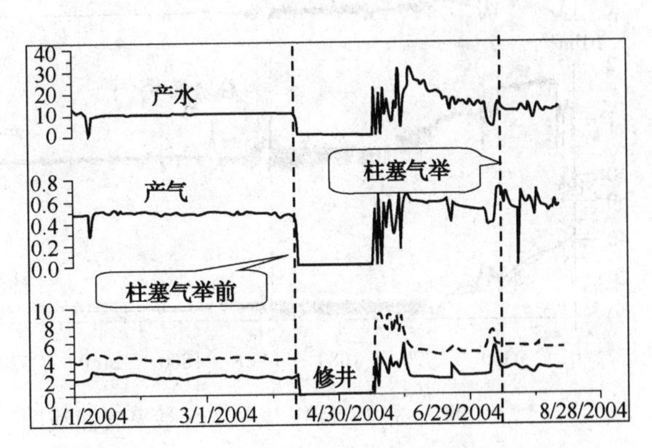

图 3-3-2　CX455 井柱塞气举采气曲线图

成都气田沙溪庙组气藏 MS1 井是川西气田 2007 年实施的第二口柱塞气举生产井。完井方式为后期射孔完井，投产后产水量较大；2005 年以前产水量稳定在 $3m^3/d$ 左右，2005 年后产水量增多，最高产水量接近 $8m^3/d$；2005 年 9 月开始间歇生产，采用关井复压+泡排+井口提喷间歇生产方式生产，关井复压基本上需 2 天，连续开井时间最长只有 4 天，且油套压、产气量、产液量波动较大，泡沫排水采气效果差、气井经常出现泡排开井后输不出气的“假死”现象。2007 年 10 月实施柱塞气举施工作业，根据实探液面，测得液面深度为 1871m，设计井底缓冲器下深 3160m(油管底界)，为保证携液能量充足，每天只开井 1 次，带液 $2m^3$ 左右，产气量 $0.75\times10^4m^3/d$，气井能够连续生产，且油压套压、产气量、产液量趋于稳定，取得了较好的排水采气效果(图 3-3-3)，直接经济效益 13 万元/年。

截至 2013 年底，川西气田共应用柱塞气举排水采气工艺 7 井次，详细情况见表 3-3-2。

表 3-3-2　柱塞气举井生产情况统计

井号	施工年份	柱塞气举前				柱塞气举后				增产/($10^4m^3/d$)	工艺运行现状
		油压/MPa	套压/MPa	产气/($10^4m^3/d$)	产水/(m^3/d)	油压/MPa	套压/MPa	产气/($10^4m^3/d$)	产水/(m^3/d)		
CX455	2004. 7	2. 2	4. 4	0. 52	15	3. 77	5. 82	0. 69	12	0. 17	2011 年污水回注停用
MS1	2007. 11	4. 06	8. 27	0. 35	2. 59	6. 29	8. 94	0. 50	3. 23	0. 15	生产稳定
CX159	2009. 11	2. 75	3. 80	0. 60	0. 44	1. 60	2. 96	0. 65	0. 48	0. 05	产量降低，不久停用
CX468	2009. 11	1. 84	2. 58	0. 90	0. 61	1. 37	2. 68	1. 10	0. 66	0. 20	柱塞运行不稳定
CX601-4	2009. 11	9. 67	15. 3	0. 50	7. 5	7. 19	10. 7	1. 30	10. 0	0. 80	柱塞难捕捉
CX618	2012. 6	1. 58	4. 22	0. 40	0. 50	2. 35	5. 48	0. 55	0. 55	0. 15	运行稳定
CX630-1	2012. 6	1. 60	4. 80	0. 58	0. 30	2. 45	3. 55	0. 70	1. 0	0. 12	运行稳定

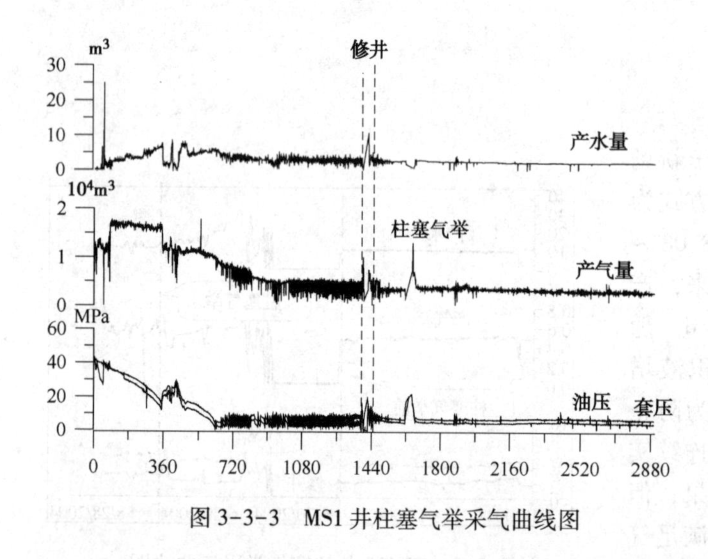

图 3-3-3　MS1 井柱塞气举采气曲线图

苏里格气田在 2009～2010 年开展了 10 口井新型柱塞气举试验，试验表明：平均油套压差减小，单井产量增加，该技术适合于(0.2～0.3)×$10^4m^3/d$ 的气井，尤其适合低产间歇井排水。2011 年，该气田为了进一步提高柱塞气举自动化程度，节省人力、成本，实现远程控制，开展了数字化柱塞气举排水采气技术研究，实时采集气井生产数据及柱塞气举参数，并无线传输至集气站，通过柱塞气举优化站控平台，对柱塞运行状态进行了实时诊断分析和优化，及时发送控制指令，实现气井和柱塞运行制度的优化。

生产实践证明：柱塞气举具有滑脱损失小、举升效率高、无动力消耗、设备少、使用寿命长、维修成本低等优点，适用于低压、低产井。

第四节　气举排水采气工艺

当气井生产到一定阶段，随着产能的降低，产水量的增加，依靠自身能量的排水采气工艺变得不再有效，这时就需要外部能量加入的排水采气措施，在众多的外部增能的排水采气措施当中，气举工艺由于具有较高的适应性、较低的成本、简单的维护而被广泛采用。

一、工艺原理

气举排水采气工艺是指不依靠任何井下设备，直接依靠从地面注入井内的高压气体与地层水在井筒中混合，利用气体的膨胀使井筒中的混合液密度降低，将其排出地面的一种举升方式。气举是按 U 形管原理来顶替井液。由于注入气对地层产气进行补充，降低了井底流压，使产出流体向井筒流入能力增加。

相对于柱塞气举排水采气工艺，气举排水采气工艺主要是利用压缩机的能量通过外部补充气源的方式，实现井内积液的举升。

目前，石油行业普遍应用的两种基本气举类型分别为“连续气举”和“间歇气举”。在连续气举中，高压气流通过一个井下阀门或孔板被连续注入生产液流中。注入气通过一个或多个过程将液体举升至地面。随着气井的井底压力逐渐下降，连续气举达到经济极限值，气举方式转变为间歇气举。间歇气举并不需要改变井下设备、地面设备，需要操作的是将盲阀代替卸载阀，以堵塞气举筒的气孔并阻止注入气进入生产套管内。

对于致密砂岩气藏低压低产气井，往往排水量较小，井口压力较低，为了减少生产井起下管柱的麻烦以及由于压井给气井造成的污染，可不用气举阀，采用直接气举即可满足气井排液、复产的要求。

二、设计方法

对于间歇气举工艺，设计方法较为简单，一般来说只要地面动力设备或者邻井高压气源的压力能够满足启动井底积液的要求即可。但对于连续气举工艺来说，气举阀的设计较为复杂，下面简单介绍一下气举阀的设计方法。

（一）气举阀安装位置的决定因素

（1）用来卸载的注气压力；

（2）卸载时井筒液柱的密度与温度；

（3）卸载过程中井的流入动态；

（4）卸载及生产时的井口回压；

（5）套管环空液面高低及井内是否有压井液；

（6）井底压力及井的生产特性。

（二）顶阀深度

顶部气举阀应安装在利用现有注气压力可进行 U 形管循环的最深位置。顶阀深度计算公式如下：

$$L_1 = \frac{p_{ko} - p_{tf}}{G_s} \tag{3-4-1}$$

式中 L_1——顶阀深度，m；

p_{ko}——地面注气启动压力，MPa；

p_{tf}——井口流动压力，MPa；

G_s——静液梯度，MPa/m。

根据实际经验，顶阀深度还可用下式确定：

$$L_1 = (D_{se})a + \frac{p_{ko} - p_{tf}}{G_s} - 50 \tag{3-4-2}$$

（三）其余阀的深度

已知顶阀深度，其余阀的深度可通过阀的间距公式求出。举升开始时，在阀露出液面之前，阀深度处的套压等于液面深度处的注气压力与阀以上的液柱压力之和。在阀露出液面时，阀深度处的环空压力等于该处的注气压力。在阀露出液面的瞬间，注入气尚未进入油管时（图 3-4-1），阀深度处的油管流压由下式计算：

$$p_{t1} = p_{tf} + G_{fa}(D_{VA}) + G_s(D_{BV}) \tag{3-4-3}$$

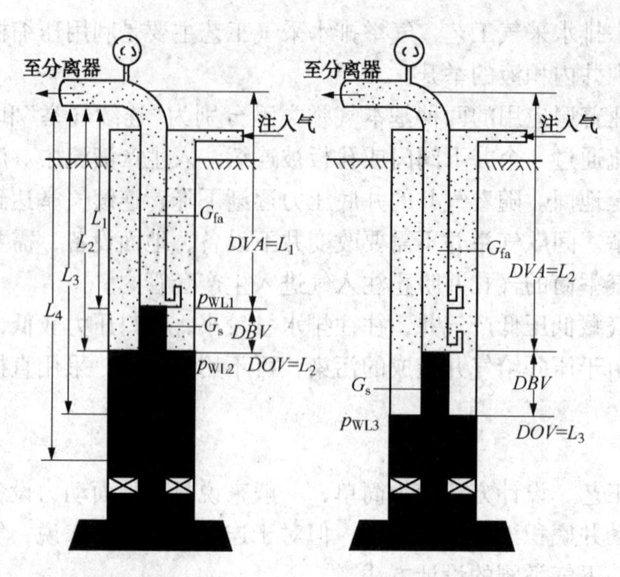

(a)在注入气进入油管前的瞬间第二只阀已漏出　(b)在注入气进入油管前的瞬间第三只阀已漏出

图 3-4-1　套压控制阀间距公式的符号图解说明

用阀深度处的套管注气压力替换上式中的油管压力，可得：

$$p_{vl} = p_{tf} + G_{fa}(D_{VA}) + G_s(D_{BV}) \tag{3-4-4}$$

阀间距公式为：

$$D_{BV} = \frac{p_{vl} - p_{tf} - G_{fa}(D_{VA})}{G_s} \tag{3-4-5}$$

阀的深度为：

$$D_{OV} = D_{VA} + D_{BV} \tag{3-4-6}$$

式中　p_{tl}——阀深度处的油管压力，MPa；

p_{vl}——阀深度处的注气压力，MPa；

p_{tf}——井口流动压力，MPa；

G_{fa}——注气点以上的流压梯度，MPa/m；

G_s——静液梯度，MPa/m；

D_{BV}——阀之间的距离，m；

D_{OV}——阀的深度，m；

D_{VA}——上一级阀的深度，m。

顶阀及其余阀的安置深度可用通式表示如下。

顶阀：

$$L_1 = \frac{p_{koV} - p_{tr}}{G_s} \tag{3-4-7}$$

顶阀以下的其余阀：

$$L_n = L_{(n-i)} + \frac{p_{vl} - p_{tf} - G_{mf}L_{(n-1)}}{G_s} \tag{3-4-8}$$

三、应用实例

气举工艺根据举升气源的不同，可分为邻井高压气源直接气举、氮气气举、天然气压缩机气举等几种工艺。

(一)邻井高压气源气举

邻井高压气源气举是采用邻井天然气为气源，直接连接于积液井套压或油压上，然后通过高压气源举升井内积液。该工艺的优点是工艺简便，基本无成本投入；弊端是需要有适应于气举的高压邻井。该工艺仅对现场实际条件有一定要求：邻井有高压气源，气源充足；积液井套压与邻井连接容易。

新场气田 L11 井应用前的生产中出现井口油压下降明显、油套压差增大、排液困难的现象，利用邻井高压气举措施后，产量大幅提升，增产 $0.6\times10^4m^3/d$，年增产 $200\times10^4m^3$，在几乎不需要成本的情况下，取得了明显的经济效益(图 3-4-2)。但受邻井高压气源的限制无法大面积推广。

图 3-4-2　邻井高压气源气举的工作示意及现场施工图

(二)氮气气举

氮气气举工艺是通过制氮车或者液氮车，借助高压压缩机将氮气注入井中以达到举升积液的目的。该工艺最显著的优点是从空气中即可分离得到氮气，气源不受限；且氮气是不能燃烧，也不助燃的气体，以此作为气源气举非常安全。因此，该工艺在前期气举排水采气工艺应用中所占比例最高，且取得较好应用效果，在致密气藏水淹井复产、压裂后排液等方面发挥了重要作用。

2008 年新场气田采用膜制氮气撬装气举设备实施 28 井次气举，复活复产井 10 口、增产井 11 口。

(三)天然气压缩机气举

天然气压缩机气举工艺是通过邻井或天然气管网作为气源，再采用压缩机将低压气源增压后注入井内，以达到助产、复产的目的(图 3-4-3)。对于深井气举，地面设备若直接气举难以达到举通的目的，这时就需要在井下安装气举阀，通过逐级卸载的方式气举。

我国的天然气压缩机气举开始于 20 世纪 90 年代中后期，经过 10 余年发展，在四川的蜀南、川东、川中、川西北，贵州的赤水，青海的南翼山、涩北，东北吉林、长春，新疆的牙哈、塔西南、漠北、陆梁、乌而禾等地均有广泛应用。

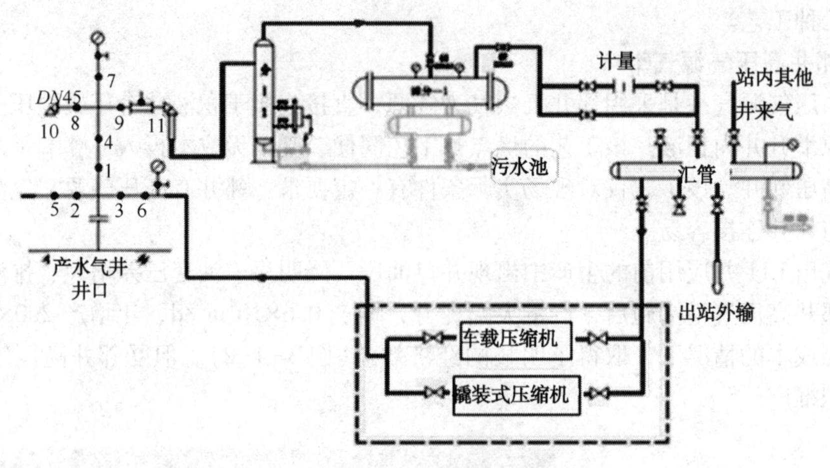

图 3-4-3　天然气连续循环示意图

2010 年，苏里格气田研发了排气量达到 $6\times10^4m^3/d$ 的车载压缩机气举装置，并于当年成功复产 7 口水淹井。2011 年，在前期试验的基础上，优化了气举井口连接工艺流程、气举方式及压缩机运行参数，成功复产了 28 口水淹井，单井作业时间由 5～7 天缩短为 2～3 天，应用效果得到较大提升。

(四)气举阀气举

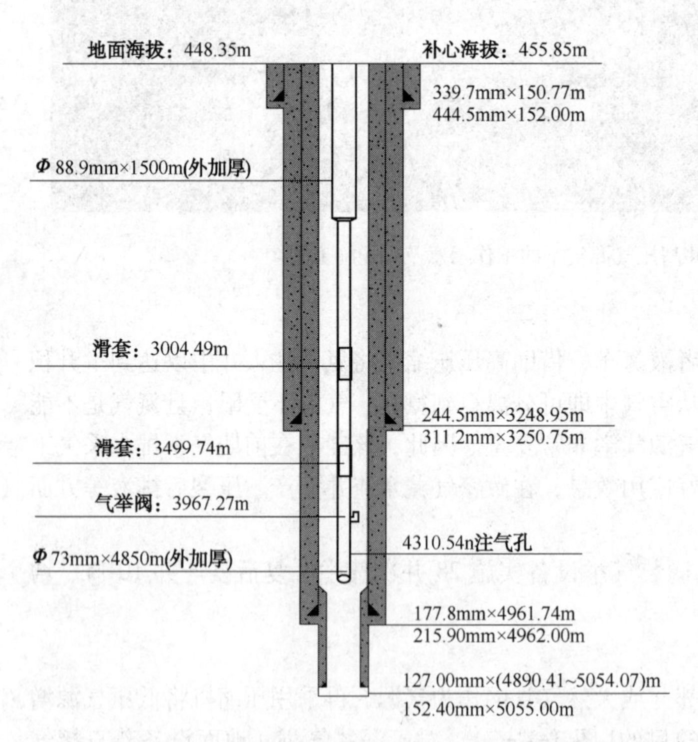

图 3-4-4　VXD 滑套+气举排水采气工艺管柱结构图

目前国内气举阀气举工艺的应用能力：①气举阀本体最高承压不超过 90MPa，工作筒最高承压不超过 105MPa；②市场上通常选择 Φ25.4mm 非平衡式充氮波纹管阀，一般用于油管为 Φ60.3mm 的低产井，对于产液量大于 $300m^3/d$ 的高产水井才使用外径为 Φ38.1mm 的气举阀，Φ38.1mm 阀和工作筒成本远远高于 Φ25.4mm 阀；③气举阀能达到的最大下入深度不超过 4500m；④投捞式气举阀最大井斜不超过 45°；⑤最高耐温值能达到 200℃左右。

随着深井气举的需要，国内石油界开始研究深井气举工艺，其中 VXD 滑套与气举阀配套应用的组合技术是目前现场应用较好的一种，该工艺可以避免类似气举阀施工存在的弊端。深井气举阀设计复杂，稳定性相对较差；气举前后气液关系变化难以准确预测而可能导致生产过程中气举阀启动压力不合理。其工艺管柱结构见图 3-4-4。

第五节　有杆泵排水采气工艺

一、工艺原理

有杆泵排水气工艺是将有杆深井泵连接在油管上，下到油管内适当的深度，将柱塞连接在抽油杆的下端，通过安装在地面的抽油机带动油管内的抽油杆做往复运动。上冲程，泵的固定凡尔打开，排出凡尔关闭，泵的下腔吸入液体，油管向地面排出液体。下冲程，固定凡尔关闭，排出凡尔打开，柱塞下腔吸入的液体转移到柱塞上面进入到油管。

工艺流程包括油管内排水的流程和油套管环空的采气流程。油管排水的流程是：产层水由井下气液分离器经过分离将气排到油套环空，将水排到软密封深井泵。地面有杆泵连接抽油杆和柱塞。由于有杆泵设备抽吸使水通过油管、油管头、高压三通、油管出口管线到地面排液计量池。气的流程是：从井下气液分离器和地面排出的气水混合物经过油套环空、大四通、高压输气管线进入地面气水分离器，将水分离后外输。其主要设备如下：

(1) 抽油机：它是有杆泵排水采气工艺的主要地面设备。

(2) 地面气水分离器：用于分离来自于油套环形空间内的气水混合物。

(3) 可调式防喷盒：它的作用是在抽排过程中既可密封光杆，又可调整光杆位置，使光杆与油管轴线保持对中，防止防喷盒内的密封盘根偏磨、刺漏、防止井口污染，防止光杆偏磨和腐蚀折断，有利于延长光杆的使用寿命。

(4) 光杆密封器：用于密封光杆，控制井口的装置。

(5) 抽油杆：用于传输动力，带动柱塞做往复运动。

(6) 万向旋转接头：用于防止抽油杆由于受扭力而发生的旋转倒扣。

(7) 有杆深井泵：它是机抽排水工艺井下的主要设备。

(8) 井下气水分离器：它的作用是减少进入泵内的气体，提高泵的充满系数，从而提高泵效，并减少油管内的天然气损耗。

(9) 发动机：抽油机排水的驱动方式有电动机、天然气发动机和汽车引擎动力三种。

(10) 车载计算机诊断系统：完成抽油机的监测分析和解释工作。

二、设计方法

(一) 泵下入深度

泵下入深度的设计原则：① 要求一定的沉没度；② 考虑抽油杆偏磨的问题，要求下入直井段；③ 在满足排量要求下，下入深度尽量接近产层。

(二) 抽油机型号及相关参数

根据气井前期放喷测试情况，判断气井投产时的井口压力和产液量，在下入深度确定的前提下，由此设定该井有杆泵作业的施工排量。

设计参照《有杆泵抽油系统设计、施工推荐作法》(SY/T 5873—2005) 附录 A：抽油机选型图，分析不同型号抽油机下入深度和最大施工排量关系，如表 3-5-1、图 3-5-1 所示。一般推荐泵效值为 60%~70%，选择合适的抽油机。根据所选抽油机的型号，选择合适的冲程和冲次。通常采用长冲程、低冲次的参数配合有利于减少冲程损失、减小惯性荷载、提高泵效的充满系数，从而减少抽油杆循环应力。

表 3-5-1　抽油机下深与排量关系

下深/m	不同型号抽油机有效排量/(m^3/d)		
	CYJ12-4.2-73	CYJ14-4.8-73	CYJ16-6-105
2000	36	40.2	46.2
2500	16.8	19.8	24
3000	10.2	12	18
3500	0	4.5	12

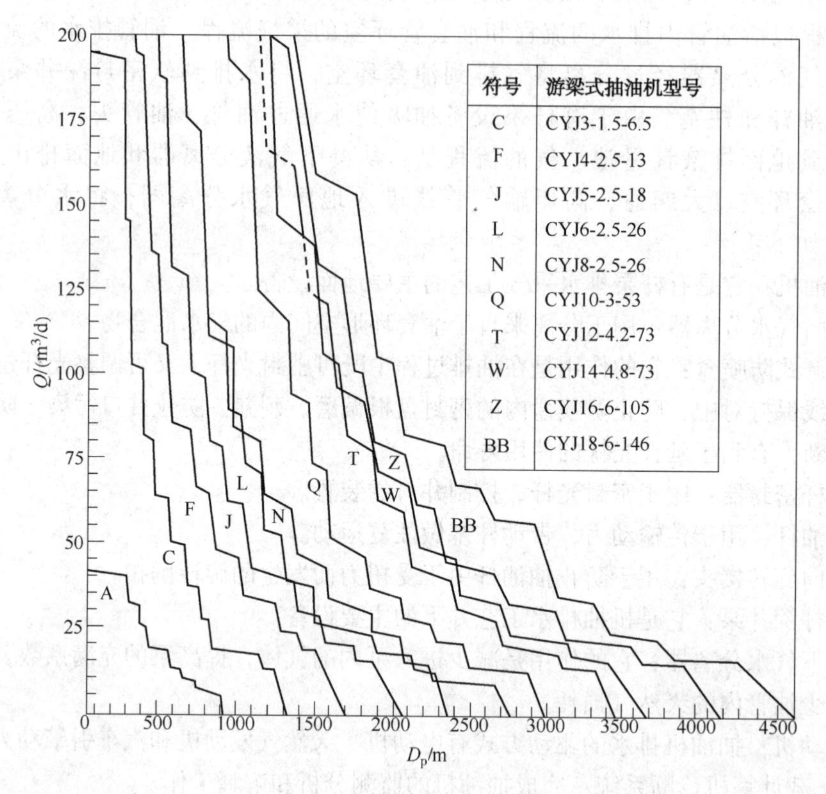

图 3-5-1　抽油机选型图

(三)抽油杆组合结构

抽油杆组合设计主要包括杆柱的材质、长度和直径的组合。抽油杆材质应根据井液条件和载荷确定。普通的抽油杆分为 C、D 和 K 三个级别。在轻载荷和中载荷有轻微盐水的油气井中，选用 C 级杆；在中载荷有腐蚀介质 CO_2、H_2S 油气井中，选用 K 级杆；在重载荷有轻微盐水腐蚀的油气井中，选用 D 级杆。再根据不同抽油杆的抗拉强度，从上至下依次选择合适尺寸的抽油杆。

(四)最大驴头载荷计算

$$p_{\max} = p_L + p_g\left(1 + \frac{SN^2}{1790}\right) \tag{3-5-1}$$

式中　$p_{\max}$——驴头悬点最大载荷，N；

p_L——有效柱塞断面上的液柱重量，N；

$$p_1 = \gamma_L(f_z - f_g)L \tag{3-5-2}$$

式中　γ_L——抽汲液体的密度，N/m^3；

f_z——泵柱塞的全断面面积，m^2；

f_g——抽油杆柱的断面面积，m^2；

L——最大下泵深度，m；

p_1——抽油杆柱在空气中的自重，N。

单级抽油杆：

$$p_g = q_g \times L \tag{3-5-3}$$

多级抽油杆：

$$p_g = q_{g1} \times L_1 + q_{g2} \times L_2 \tag{3-5-4}$$

式中　q_g——每米抽油杆在空气中的重量，N/m；

q_{g1}、q_{g2}——多级抽油杆在空气中的重量，N/m；

L_1、L_2——多级抽油杆的长度，m；

S——悬点的最大冲程长度，m；

N——悬点的最大冲程次数，min^{-1}。

（五）曲柄轴最大扭矩计算

$$M_{max} = 300S + 0.236S(p_{max} - p_{min}) \tag{3-5-5}$$

式中　M_{max}——曲柄轴最大扭矩，N·m；

p_{max}——悬点最大载荷，N；

p_{min}——悬点最小载荷，N。

$$p_{min} = P_g(1 - \frac{SN^2}{1790}) \tag{3-5-6}$$

（六）排量及泵效计算

$$Q_n = 1440\frac{\pi D^2}{4}SN \tag{3-5-7}$$

式中　Q_n——泵的理论排量，m^3/d；

D——泵径，m。

（七）抽油杆的强度校核

抽油杆最上端的相当应力σ_d应满足下式：

$$\sigma_d = \sqrt{\sigma_{max}\sigma_a} \leqslant \sigma_{dmax} \tag{3-5-8}$$

式中　σ_d——抽油杆柱最上端的相当应力，MPa；

σ_{max}——悬点最大载荷所产生的应力，MPa。

$$\sigma_{max} = \frac{p_{max}}{f_g} \tag{3-5-9}$$

σ_a——在泵循环的过程中，由悬点载荷所产生的应力，MPa。

$$\sigma_a = \frac{p_{max} - p_{min}}{2f} \tag{3-5-10}$$

σ_{dmax}——抽油杆柱上端的最大允许相当应力，MPa。

（八）功率计算

选定抽油机型号后，按要求配备电动机，参照以下经验公式：

$$N = 0.15 \times 10^{-7} \gamma_l H \psi \tag{3-5-11}$$

式中　N——电动机功率，kW；

H——动液面深度，m；

ψ——抽油机平衡程度的系数，取值为 1.2~3.4 之间。

三、应用实例

有杆泵排水采气工艺在川西气田最早应用于 2000 年，SN93 井压裂后测试产气量 $1.02\times10^4 m^3/d$，产水 $11.2 m^3/d$，输气不到一天就水淹停产，对其进行了泡沫排水采气工艺，但由于气井产水较多，无法正常生产，效果不好。2000 年 5 月，该井开展机抽排水采气现场试验，选用 6 型抽油机，最大冲程 2.5m，冲次 $12min^{-1}$，Φ44mm 管式泵，泵挂深度 1200m，应用获得一定成功，两年累计采气 $180\times10^4 m^3$。

L77 井也是有杆泵排水采气见效井，L77 井从 2002 年 9 月 26 日至 2003 年 12 月 10 日生产，气井产水 $3\sim4 m^3/d$；到水淹停产为止，累计产水 $423.4 m^3$，产气 $47.4221\times10^4 m^3$。为了排液采气，选择安装 CYJY 5-1.8-18HF 抽油机进行机抽，抽油机冲程为 1.8m，冲次为 $9min^{-1}$，采用机抽排液后平均排量 $0.88 m^3/h$，产液量约 $22 m^3/d$，恢复气产量 $0.1\times10^4 m^3/d$，机抽排液产生一定效果。

第六节　电潜泵排水工艺

一、工艺原理

电潜泵(ESP)的全称为电动潜油离心泵，是通过电动机以及多级的离心泵进入采油井的液面下进行抽油的举升设备。其工艺流程是在地面“变频控制器”的自动控制下，电力经过变压器、接线盒、电力电缆使井下电机带动多级离心泵做高速旋转。井液通过旋转式气体分离器、多级离心泵、单流阀、泄流阀、油管、特种采气井口装置被举升到地面分离器，分离后的天然气进入输气管线集输。

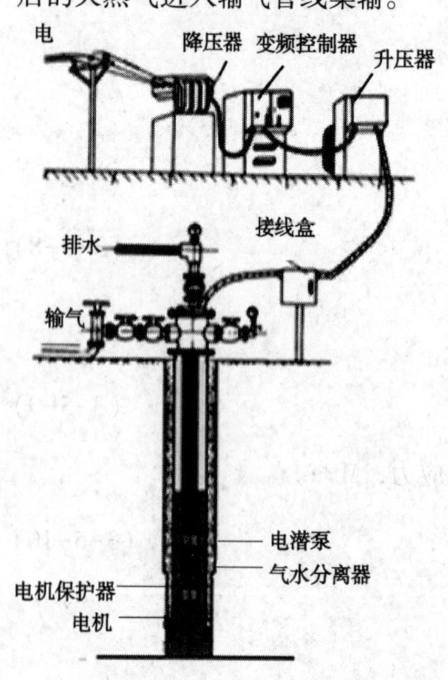

图 3-6-1　电潜泵采油系统示意图

电潜泵采油装置主要由三部分组成，如图 3-6-1：

(1) 井下机组部分：潜油电机、保护器、分离器和多级离心泵。

(2) 电力传输部分：潜油电缆。

(3) 地面控制部分：控制屏、变压器和接线盒。

电潜泵供电流程：地面电源→变压器→控制屏→潜油电缆→潜油电机。

电潜泵抽油工作流程：分离器→多级离心泵→单流阀→泄油阀→井口→出油干线。

二、设计方法

电潜泵生产系统设计原则是在满足供液能力所确定的产量前提下，确定下泵深度、选择泵型和计算工作参数，使其效率最高和能耗最小，并满足以下条件：

(1) 泵的实际排量 Q_p 应满足要求的单井设计量 Q_L，在所选泵的推荐范围内工作；

(2) 下泵深度 H_p 不大于油层中部深度 H，$H_p \leqslant H$；

(3) 泵的最大外径 D_p 小于套管内径 D_C；

(4) 进泵气液比 R_{pi} <8%；

计算的主要步骤如下：

(一)潜油泵选择

(1) 在已知设计产液量的条件下，根据气井的流入动态（IPR 曲线）确定井底流压 p_{wf}，并计算其压力分布和气液比，以给定的泵入口压力（p_{pi}）或泵入口气液比（R_{pi}）确定下泵深度（H_p）；

(2) 以井口压力为起点，向下计算井筒压力分布，求出下泵深度处的压力，即为泵出口压力；

(3) 泵出口压力与泵入口压力之差即为泵的有效总扬程（H_z）；

(4) 气液混合物从泵入口到出口，由于压力不断增加，泵内气液比不断地减少，每一级导叶轮的工作条件也将不同。故在设计时，应将有效总扬程分段，假设分为 n 段，在给定泵的特性曲线的基础上，逐段校核计算排量、扬程和功率。

$$H(i) = H \cdot K_{H\mu} \cdot K_{HEG} \tag{3-6-1}$$

$$Q(i) = Q \cdot K_{Q\mu} \cdot K_{QG} \tag{3-6-2}$$

$$\eta(i) = \eta \cdot K_{Q\mu} \cdot K_{HEG}/K_{N\mu} \tag{3-6-3}$$

$$N(i) = \frac{p(i) \cdot H(i) \cdot Q(i)}{1000\eta(i)} \tag{3-6-4}$$

式中，i=1，2，3，…，n；H、Q、η 和 N 分别为第 i 计算段的单级扬程、排量、效率和功率；$H(i)$、$Q(i)$、$\eta(i)$ 和 $N(i)$ 分别为第 i 计算段进行黏度和含气校正后单级的扬程、排量、效率和功率。$K_{H\mu}$、K_{HEG} 分别为扬程的黏度和含气校正系数；$K_{Q\mu}$、K_{QG} 分别为排量的黏度和含气校正系数；K_{NU} 为功率的黏度校正系数。

(5) 泵的工作特性

每种类型的电泵都有各自的特性曲线，它是生产厂家以纯水作为流体介质，通过实验绘制的排量与扬程、功率和泵效随排量的变化关系曲线，如图 3-6-2。

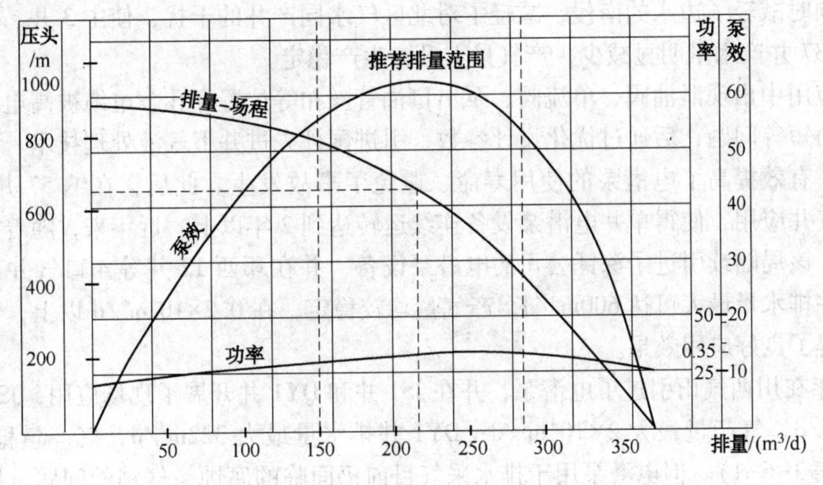

图 3-6-2　潜油离心泵特性曲线图

有了电泵的特性曲线，就可计算出不同排量下，离心泵的有效功率和效率。由离心泵的特性曲线可以看出：泵的排量随压头增大而减小；泵轴的输入功率随排量的增大而增大。当排出闸门关闭时，泵的排量为零，此时泵轴的功率一般要比额定功率小得多。在离心泵特性曲线上有一个最高效率点，称为额定工作点，在最高效率点附近有一排量范围，其效率随排量的变化而降低很少，这一排量范围称为最佳排量范围。所以，离心泵在工作时要尽可能在额定工作附近，且必须在最佳排量范围内工作，这样才能使离心泵的工作特性达到最好。

(二)潜油电机选择

当潜油泵的型号、扬程及所需要的级数被确定以后，计算泵所需功率。选择电机功率还应考虑分离器和保护器的机械损耗功率。一般情况下，气液分离器的机械损耗功率为1.5kW，保护器为1.0kW。

(三)潜油电缆选择

潜油电缆选择主要是确定电缆型号及压降。电缆的电压降一般应小于30V/304.8m，电流不能超过电缆的最大载流能力。

(四)变压器选择

选择变压器就是确定系统所需要变压器容量，其容量必须能够满足电机最大负载的启动，应根据电机的负载来确定变压器的容量。

(五)控制屏选择

控制屏是根据现场使用条件和潜油电泵机组性能要求来进行选择的，但主要还是根据电机的功率、额定电流和地面所需的电压来选择控制屏的容量，以保证电机在满载情况下长期运行。

三、应用实例

国内较早开始电潜泵排水采气工艺试验的是四川石油管理局，自1984年11月就在威远气田开展了电潜泵排水采气试验。以川南矿区井9井为例，1987年5月水淹，先后经4次气举，累计排水$1.19\times10^4m^3$，未能复活；1989年11月采用VSSP变频电潜泵机组，下泵深度2451m，连续运行75天，累排水$2.12\times10^4m^3$后，气井于1990年2月17日复产，产气$17\times10^4m^3/d$，排水$300m^3/d$。1993年，中坝气田中35井使用电潜泵排水采气，不仅使中35井复产，同时减轻了边水的南侵，减轻了对北区气水同产井的干扰，使中3井、中4井、中36井、中37井产水量明显减少，产气量上升，生产稳定。

早期应用中出现泄油阀、单流阀、泵出口油管丝扣等位置穿孔、电缆被高电压击穿、机组运行寿命短等问题，后通过优化设计参数、引进国外先进井下气液处理技术、优选工作电缆等工作，有效提高了电潜泵的使用寿命、避免了事故发生。此后，在纳57井、桐7井、旺3井等气井应用，使得单井电潜泵设备连续运转达到2年以上。近年来，随着深井排水采气的需要，该局陆续引进了深锤公司的电潜泵设备，并在邛西12井等4口气井进行了现场应用，单井排水量最大可达$600m^3/d$，产气量均较稳定，在$0.2\times10^4m^3/d$以上，促进了气井稳产，取得了良好应用效果。

2011年在川西气田引进了电潜泵，并在JS1井和DY1井开展了现场应用，JS1井排水量最大$110m^3/d$，气产量最大$2\times10^4m^3/d$；DY1井排水量最大$322m^3/d$，气产量稳定在$0.5\times10^4m^3/d$(表3-6-1)。但电潜泵用于排水采气目前仍面临的腐蚀、气锁的问题，导致电潜泵普遍工作时效较低，检泵周期较长(图3-6-3、图3-6-4)。

表 3-6-1　电潜泵应用情况表

井　号	JS1 井	DY1 井
下泵深度	3300	4165
下入电潜泵时间	2011.11	2013.10
最大排水量/(m^3/d)	110	322
最大产气量/(m^3/d)	20000	5000

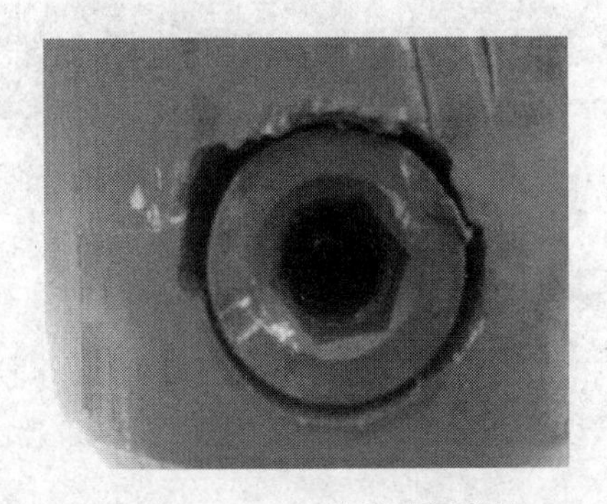
图 3-6-3　DY1 井泄油阀腐蚀

图 3-6-4　DY1 井泵出口腐蚀

第七节　其他排水采气工艺及发展趋势

一、射流泵排水采气工艺

射流泵排水采气工艺主要是利用动力液的高速动能带动井筒内积液排出地面的工艺(图 3-7-1)。该工艺最早应用是在 20 世纪 80 年代由四川石油管理局首先在纳 30 井引进的水力射流泵排水采气，成功运行 3 年零 3 个月，生产时效 48.2%，增产天然气 749.6×$10^4$$m^3$，排水 5.4×$10^4$$m^3$，设备运行费用总投资 250.2 万元，天然气销售收入 374.7 万元。但在使用过程中也发现了一些问题：一是喷嘴硬度高，容易破碎；二是井口控制系统容易堵塞和损坏；三是地面净化系统庞大和复杂，成本太高，水质较差时容易故障。

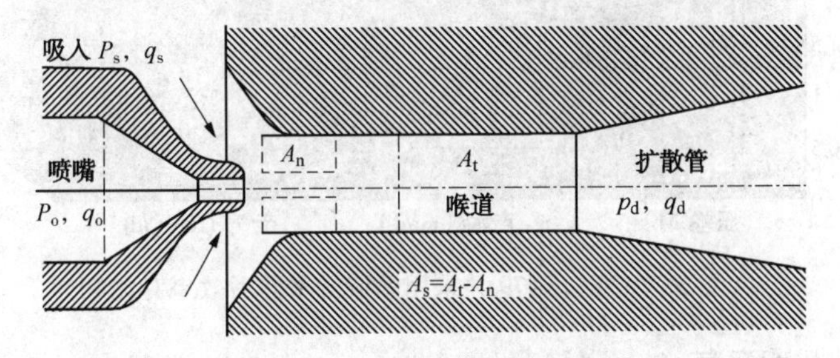

图 3-7-1　射流泵工作示意图

针对这些问题从 1995 年开始又在 M14 井、S9 井和 B21 井进行了水力喷射排水采气工艺应用试验，M14 井使用的是国产地面系统和国外进口井下泵，从 1995 年 2 月 8 日开始试生产至 2000 年 7 月底，产气 432.6×$10^4$$m^3$，产水 6.03×$10^4$$m^3$，生产时效 20%。而 B21 井使用的是国产地面系统和双燃料发动机，从 1996 年 5 月 15 日开始试机，到 1997 年 11 月，间断生产 86.56 天，产气 308.3×$10^4$$m^3$，产水 1.0227×$10^4$$m^3$。

二、涡流排水采气工艺

涡流排水采气工艺是利用井下涡流工具固定的螺旋片使得气液两相流体旋转上行，将低效率紊流流体转换为规则的气液两相旋流，受离心力作用，液体沿管壁流动，气体通过管道中心流动，能防止液体滑脱，大大提高气井携液能力(图 3-7-2)。充分依靠自身能量，物理方法改变井筒流态，降低气液滑脱，通过钢丝作业下入和座放，工艺简单，适合于产气量大于 3000m^3/d、产水小于 10m^3/d，垂直井、管串全通径的气井。

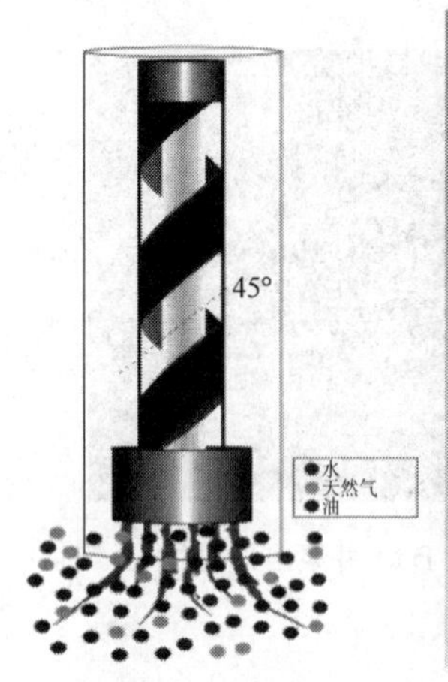

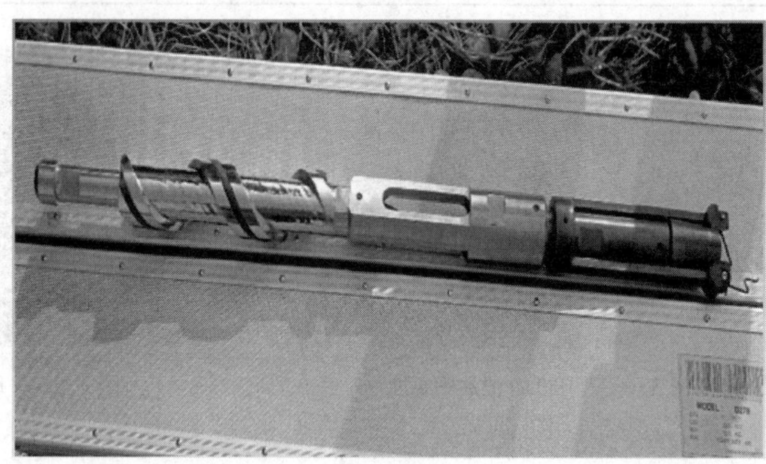

图 3-7-2　涡流工具及其作业原理

新场气田沙溪庙组气藏 CX479 井采用涡流排水采气工艺后，气产量从 0.34×10^4m^3/d 增加到 0.45×10^4m^3/d，水产量从 0 上升到 0.5m^3/d，油套压差从 3.4MPa 下降到 1.5MPa，年增产约 36×10^4m^3，节约泡排施工次数 60 井次，节约药剂费用 0.9 万元(图 3-7-3)。

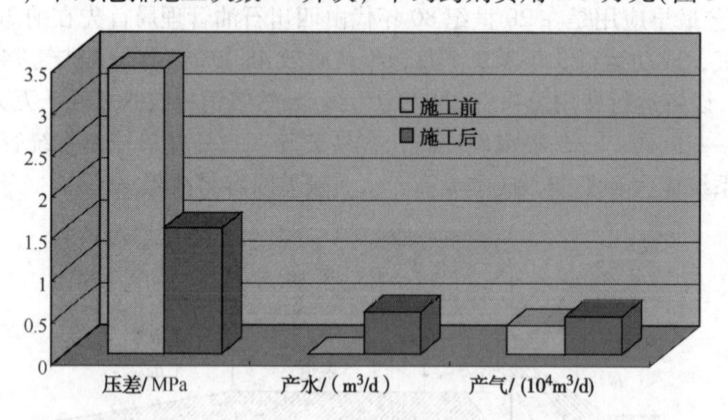

图 3-7-3　CX479 井采用涡流排水前后效果对比

三、超声雾化排水采气

超声雾化排水采气工艺的核心是在井下建立人工功率超声波场，使地层积水的局部产生高温高压、并快速雾化，高效率雾化后的地层积水伴随着天然气生产气流沿采气油管排至地面，从而能有效地提高采气油管的带水能力，达到降低和排除井筒积水、开放地层产气微细裂缝、提高单井产能的目的。该技术对储气层无污染，仅需地面供应电力，施工方法简单、对产气层适应性强；由于电-声-机能量转换效率高，可有效节约能源和采气成本。

中原自 2005 年开始致力于超声旋流雾化排水采气工艺研究，适用于井温≤180℃，地层压力≤35MPa，日产气 5000～20000m^3/d，日产液 3～20m^3/d，下入深度≤2500m，Φ73mm 油管的气井。该种雾化设备在中原和大牛地气田多井进行了成功应用，排水采气效果良好。

流体动力式超声雾化用于排水采气方面目前不仅在室内试验获得成功，同时在文留气田、大牛地气田均有成功的现场应用。从图 3-7-4 可以看出，B49 井措施后日产液量增加，气液比下降，携液效率提高 40%，产气量稳定。施工时具有不压井作业、施工快捷方便等优点。

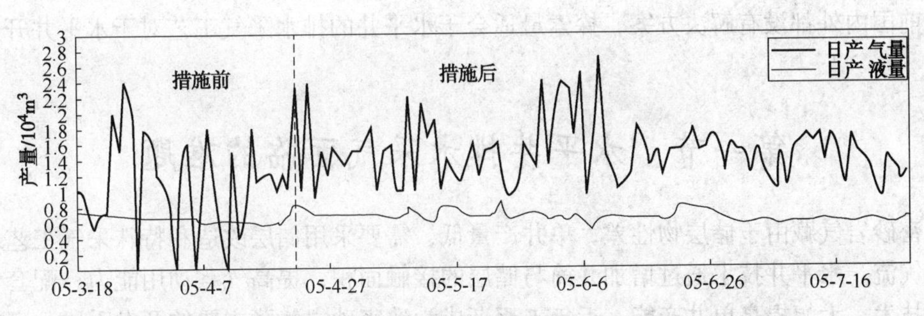

图 3-7-4　大牛地气田 B49 井超声雾化排水采气生产曲线

四、排水采气发展趋势

针对越来越复杂的有水气藏以及对现有工艺改进和优化的需要，国内排水采气工艺的发展趋势有以下几个方面：

(1)高温、深井排水采气工艺亟待解决，如抗高温泡排剂的研制、满足深井和超深井下入深度的气举阀研制等。

(2)在机抽、气举、电潜泵、射流泵、优选管柱、泡排成熟工艺技术方面，着力向工艺措施优选、多种工艺技术集成以及工艺优化设计、诊断技术软件研发等方面发展，以提高使用效果，扩大使用范围，延长工艺免修期。

(3)发展复杂结构井排水采气工艺。随着钻完井技术的发展，定向井、水平井及多分支井等复杂结构井日趋普遍，着力发展复杂结构井排水采气工艺事在必行。

(4)实现智能化、数字化采气技术。利用日新月异的先进技术逐步向自动化、智能化方向发展，以便于气井科学管理、标准化管理、模快化建设。

第四章　水平井排水采气

水平井受到井眼轨迹、井内管串结构、高临界携液流速的影响，排水采气的难度较直井大，目前国内外都没有解决方案，探索最适合于水平井的排水采气工艺对于水平井开发意义重大。

第一节　水平井排水采气面临的难题

致密砂岩气藏由于储层物性差，单井产量低，需要采用储层改造和特殊采气工艺才能获得工业气流。水平井技术通过增加井筒与储层的接触面积，提高气藏动用能力，配套大型水力压裂技术，大幅提高单井产能，近年来逐渐成为致密砂岩气藏主要的开发手段，已在新场气田、苏里格气田、大牛地气田等获得了成功应用，取得了巨大的经济效益。

尽管如此，水平井压裂规模比直井大，入地液量多，投产时残留在井底的压裂液较多，如果不及时排除会影响压裂改造效果；同时随着开采时间的延长，地层压力和产能下降，水平井井筒携液能力降低，井底将产生积液，加速气井减产甚至水淹停产，大大降低气藏采收率，需要采取排水采气措施确保水平井稳产。

实践发现，水平井临界携液气量高于直井，排液比直井更加困难；复杂的井身结构又限制了机械排水采气工艺的作业井深和传统排水采气工艺的作用效果；同时国内水平井技术刚刚起步，与水平井排水采气配套的相关理论与工艺技术尚处于探索阶段，均为水平井排水采气带来了困难。其面临的难题主要体现在以下几个方面：

（1）井筒流动规律认识不清，影响排水工艺的选择和设计。

掌握井下流动状态是解决气井积液问题的先决条件，通常可用压力测试和模型预测两种方式进行诊断。然而由于水平井井身结构比直井更为复杂，含弯曲段和水平段，采用压力测试时难以将电子压力计下入到井斜角 40°以下井段，无法获得井下积液参数(积液液位、压力梯度、持液率等)，如图 4-1-1 所示。而采用模型预测时，由于水平井井斜角度多变，各井段气液流型现象多变，流动机理复杂，现有井筒多相流模拟方法和临界携液模型多是针对直井条件建立的，难以适应气藏水平井工况，均为获取水平井井下流动参数带来困难，影响到水平井排水采气的选择和设计结果。

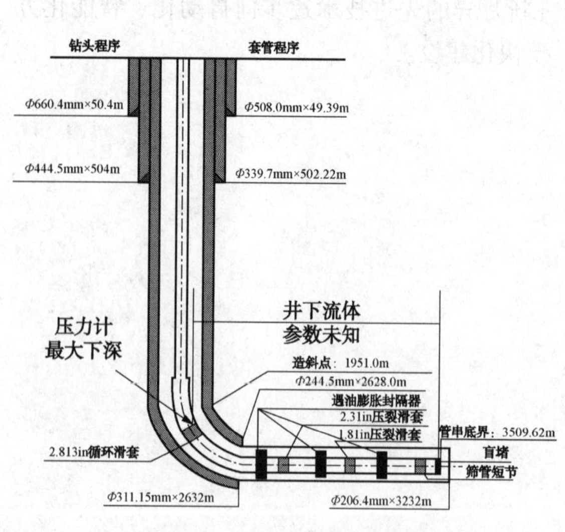

图 4-1-1　水平井测压井段示意图

（2）井眼轨迹、曲率半径影响机械排水工艺选择。

水平井倾斜段曲率半径和造斜率直接影响到举升工艺的选择，尤其制约了机械排水采气的应用效果。根据曲率半径的不同，可将水平井分为短半径、中半径和长半径水平井。

短半径水平井，曲率半径为 10～30m，造斜率为 60°～200°/30m。由于其造斜率太大，现有机械排水采气设备无法顺利通过弯曲段到达水平井段，而只能下在垂直段内。此类水平井可采用直井中适用的排水采气工艺，将设备安装在直井段。

中半径水平井，曲率半径为 100～200m，造斜率为 10°～20°/30m。其造斜率虽能够满足现有机械举升设备应用范围，可下在垂直段、造斜段和水平段；但需要采用诸如导向器之类的特殊设备，才能将电潜泵等电泵下入水平段。此外，此类水平井可考虑气举，一般不能采用易造成磨损的有杆泵。

长半径水平井，曲率半径为 250～1000m，造斜率为 2°～7°/30m。其造斜率小，现有举升设备既可下在直井段，又可下在造斜段和水平段。此类水平井，若要求设备下至水平段，最好采用电潜泵、涡轮泵，也可以考虑气举，不适合采用磨损严重的有杆泵。

（3）多段压裂工艺导致井内管串复杂，限制了排水工艺的选择空间。

目前多封隔器水平井分段压裂工艺成为致密砂岩气藏提高单井产量的关键技术，水平井多段压裂工艺导致井内管串复杂。如图 4-1-2 所示。水平段含 HY341 封隔器，采气管采用 Φ73mm、Φ88.9mm 油管或组合油管。受井下多封隔器管柱结构影响，重新下入排水采气管柱难度大，利用现有生产管柱的排水采气工艺选择空间小、难度大。

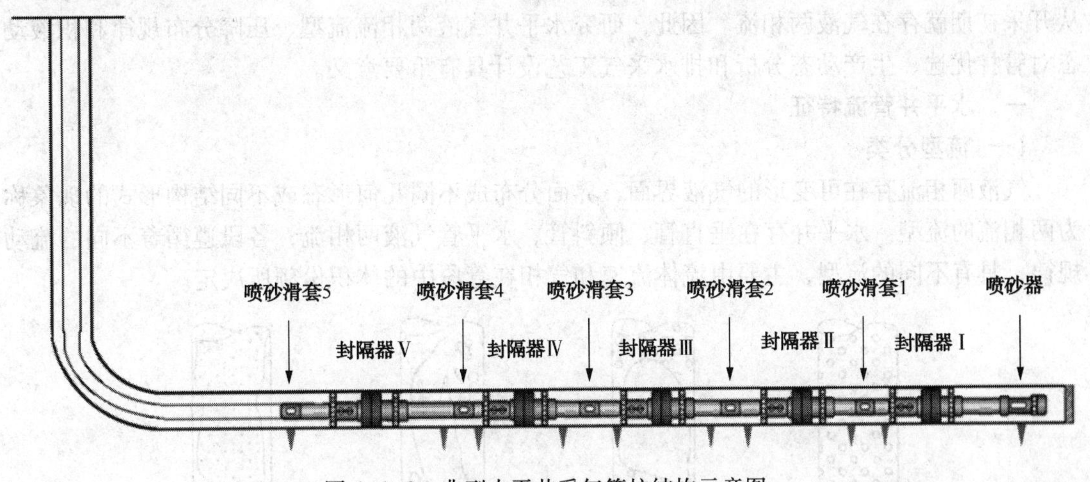

图 4-1-2　典型水平井采气管柱结构示意图

（4）传统泡排、气举工艺难以完全满足水平井排液需要。

泡排、气举工艺由于施工简单、见效快，成本低，一直是致密砂岩气藏排水采气的首选。2013 年新场气田泡排井数就达到了 717 口，累积施工 57593 井次，而气举排水作业达 594 井次。但是，由于水平井生产井段长，积液段也长，泡排剂容易浮于液面以上而难以与积液充分混合(图 4-1-3)，导致泡排效果普遍比直井差。而当采用气举工艺时，由于水平井存在多封隔器，气举通常只能排出水平井跟端附近的积液，而且对于大水量水平井，即使排出了积液，气井很快又水淹，有效期短。因此传统的泡排、气举工艺难以完全适应水平井排水采气需要。

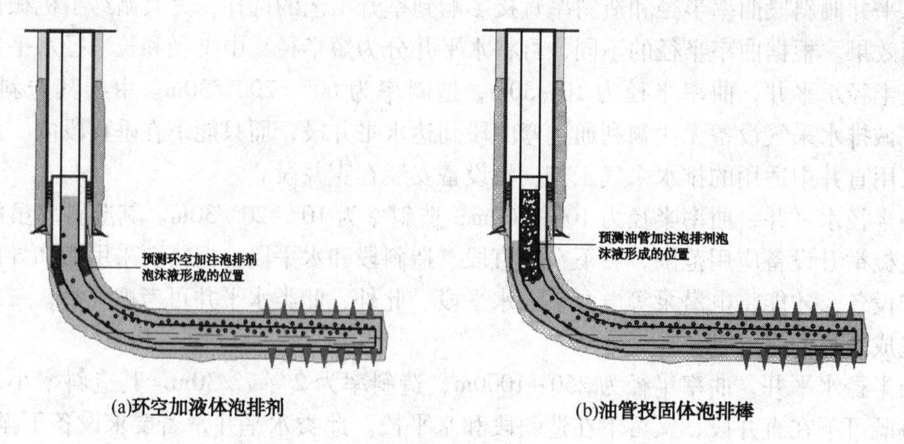

图 4-1-3　水平井泡沫排水起泡效果示意图

第二节　水平井管流特征与积液动态

针对上述难题，水平井排水采气技术攻关成为热点，特别是水平井井筒流动规律以及积液动态理论方法研究，水平井排水采气新工艺探索试验是重点。对于产水气井，水平井井筒从开采初期就存在气液两相流。因此，研究水平井气液两相流流型、压降分布规律和积液动态对管柱优选、生产动态分析和排水采气工艺设计具有重要意义。

一、水平井管流特征

(一)流型分类

气液两相流存在可变形的气液界面，界面分布成不同几何形态或不同结构形式的现象称为两相流的流型。水平井存在垂直管、倾斜管、水平管气液两相流，各段遵循着不同的流动规律，具有不同的流型，主要由流体流速和气相在管段中的体积份额所决定。

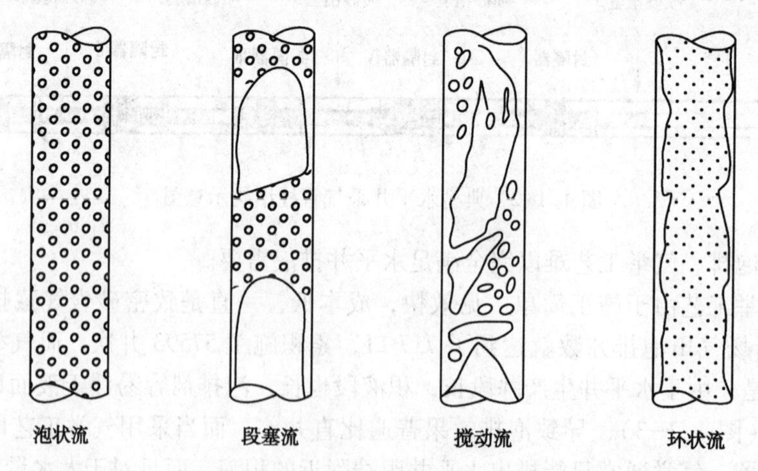

图 4-2-1　垂直管气液两相流流型

垂直管中通常将气液两相上升流流型分为泡状流、段塞流、过渡流(搅动流)和环状流，如图 4-2-1 所示。泡状流通常出现在低气流速度、低含气率条件下，气相呈小气泡分散于连续液相中，气体基本无举液能力，气液滑脱严重，井筒压耗较大，常出现于水淹气井中；

随着气流速度的增加，含气率增加，小气泡聚集成为几乎充满管子的大气泡，像破陋的活塞推动液体，形成一段气、一段液交替上升的间歇流型，气体具有一定的举液能力，称为段塞流；随着气流速度的进一步增加，弹状气泡突破液塞，液体做回落、聚集、上升、再回落的振荡运动，称为过渡流；随气流速度的进一步增加，高速气流夹带小液滴通过管中央，液流呈液膜分布于管壁，气体携液能力很强，此时称为环状流。

水平管或近水平管中由于重力作用，气液两相分布呈不对称性，流型与垂直管中差异较大，可分为层流(分层平滑流、分层波状流)、间歇流(拉长气泡流、段塞流)、环状流(环雾流、环状波状流)和分散泡状流，如图4-2-2所示。当气、液流速都很低时，气相、液相各位于管子上、下部，气液间具有平滑的界面，出现分层平滑流；此时若增加气流速度，气液间界面波动增加，出现分层波状流；当液流速度较高时，液相将会占据整个管段，出现一段气、一段液交替通过的流型，称为间歇流；当液流速度很高时，气体在强的液体湍流作用下破碎成小气泡，并分散于液相中，形成分散泡状流；当气流速度很高时，不论液流速如何都会出现环状流，表现为夹带液滴的气体从管子中部通过，管壁为流动的液膜。

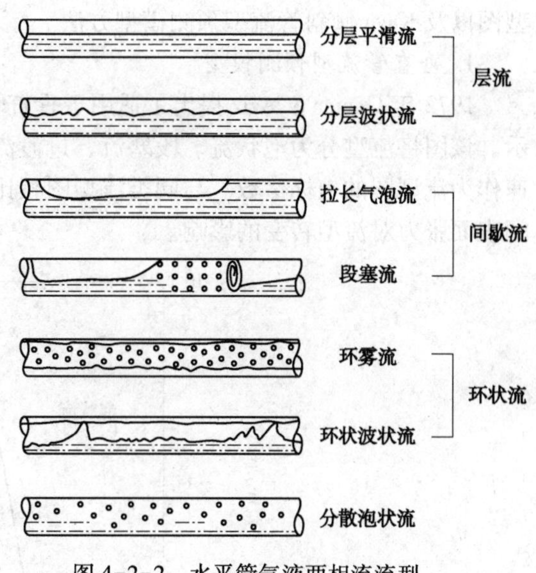

图4-2-2　水平管气液两相流流型

倾斜管中关于气液两相上升流流型的研究相对较少。Kaya等(2001)指出其流型与在垂直管中大致类似，可分为如图4-2-3所示的五种流型，其中分散泡状流是区别于泡状流的一种发生在高液流条件下的特殊流型，在强湍流作用下大气泡破碎成小气泡分散在连续液相中。尽管如此，倾斜管中流型的形成条件和流动机理要比在垂直管中复杂得多，除了受流体流速和含气率的影响，还受到管斜角的影响。例如，泡状流只会出现在管斜角(与水平面的夹角)较大时，当管斜角较小时，气泡会上浮至管顶聚集成大气泡，不会出现泡状流。

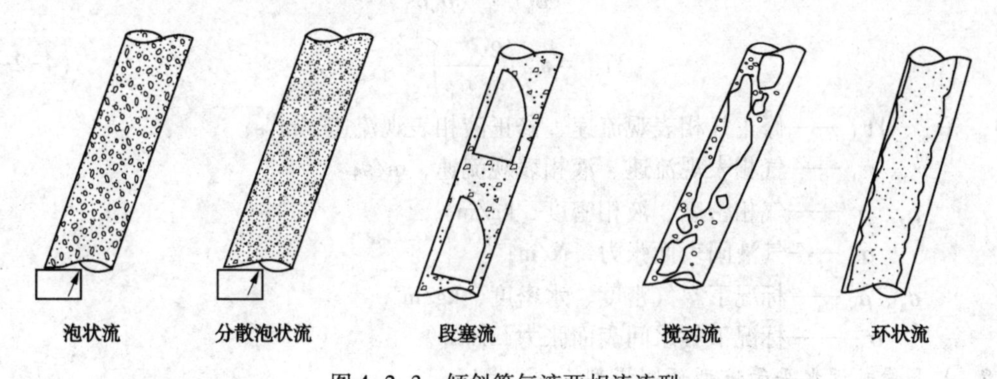

图4-2-3　倾斜管气液两相流流型

(二)流型预测

流型图是目前工程上最为常用、方便的两相流流型预测工具，首先将气井流动参数标入到流型图的二维坐标系中，再根据参数点所在流型区域判断流型。目前，存在有适用于垂直管上升流的 Duns & Ros(1963)、Govier & Aziz(1972)、Gould(1974)等流型图，适用于水平管的 Baker(1954)、Govier(1972)、Mandhane(1973)等流型图，适用于倾斜管上升流的 Barnea(1986)、Kaya(2001)等流型判断模型；但由于倾斜管角度的多变和流型的复杂性，目前其计算方法相对复杂。下面重点介绍 Govier & Aziz 垂直管流型图、Mandhane 水平管流型图以及 Kaya 倾斜管流型预测模型方法。

1. 垂直管流型预测模型

1972 年 Govier & Aziz 提出了适用于垂直管气液上升流的两相流流型图，如图 4-2-4 所示。该图将流型分为泡状流、段塞流、过渡流以及环雾流，采用修正后的气相、液相表观流速作为流型图的坐标参数。与同类流型图相比，该图全面考虑了气液流速、气液密度和气液间表面张力对流型转变的影响。

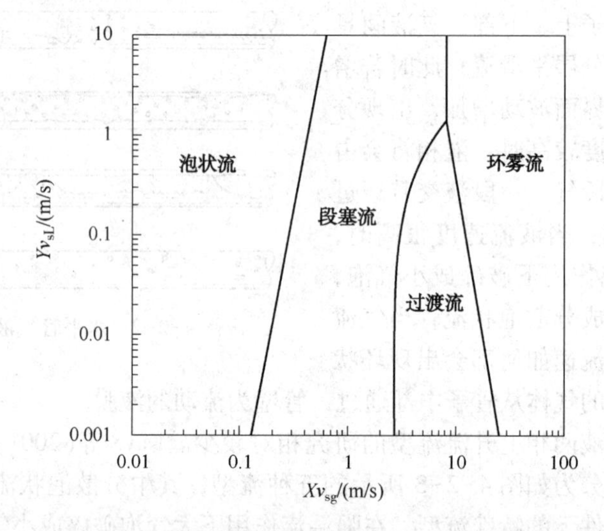

图 4-2-4　Govier & Aziz 垂直管流型图(原图为英制单位，这里采用国际单位)

修正气相表观流速 Xv_{sg}、修正液相表观流速 Yv_{sL} 表达式分别为

$$Xv_{sg} = v_{sg}\left(\frac{\rho_g}{\rho_a}\right)^{1/3}\left(\frac{\rho_L\sigma_{wa}}{\rho_w\sigma_L}\right)^{1/4} \tag{4-2-1}$$

$$Yv_{sL} = v_{sL}\left(\frac{\rho_L\sigma_{wa}}{\rho_w\sigma_L}\right)^{1/4} \tag{4-2-2}$$

式中　Xv_{sg}、Yv_{sL}——修正气相表观流速、修正液相表观流速，m/s；

v_{sg}、v_{sL}——气相表观流速、液相表观流速，m/s；

ρ_g、ρ_L——气相密度、液相密度，kg/m³；

σ_L——气液间表面张力，N/m；

ρ_a、ρ_w——标况下空气密度、水密度，kg/m³；

σ_{wa}——标况下气水间表面张力，N/m。

2. 水平管或近水平管流型预测模型

1974 年 Mandhane 等人根据 5935 组实验数据(含 1178 组空气-水实验数据)绘制了水平管气液两相流型图，如图 4-2-5 所示。流型图横、纵坐标分别采用在试验段的压力、温度下计算得到的气体表观流速和液体表观流速。与同类流型图相比，该图简单直观，适用范围宽：管子内径 12.7~165.1mm，液相密度 705~1009 kg/m^3，气相密度 0.8~50.5 kg/m^3、气液间表面张力(24~103)×10^{-3}N/m、气相表观流速 0.04~171m/s、液相表观流速 0.0009~7.31m/s，气相黏度 0.1~0.22mPa·s，液相黏度 3~900mPa·s。

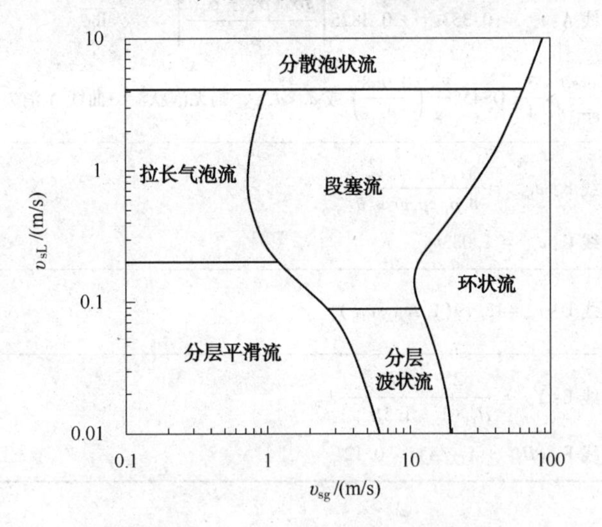

图 4-2-5　Mandhane 水平管流型图

3. 倾斜管流型预测模型

2001 年 Kaya 等从流型的物理现象和转变机理出发，综合了自己的泡状流转变模型、Barnea 的分散泡状流转变模型、Tengesdal 等的搅动流转变模型和 Ansari 等的环状流转变模型，建立了适用于倾斜管气液两相流流型预测模型。

Kaya 等将流型划分为泡状流、段塞流、搅动流(过渡流)、环状流和分散泡状流。由于 Kaya 模型较为复杂，在此不对其建模机理做过多赘述。Kaya 流型界限会随管子角度和流体物性改变而不断变化，因此仅采用一幅流型图无法判断流型(如图4-2-6所示)，需要根据表 4-2-1 计算流型界限。

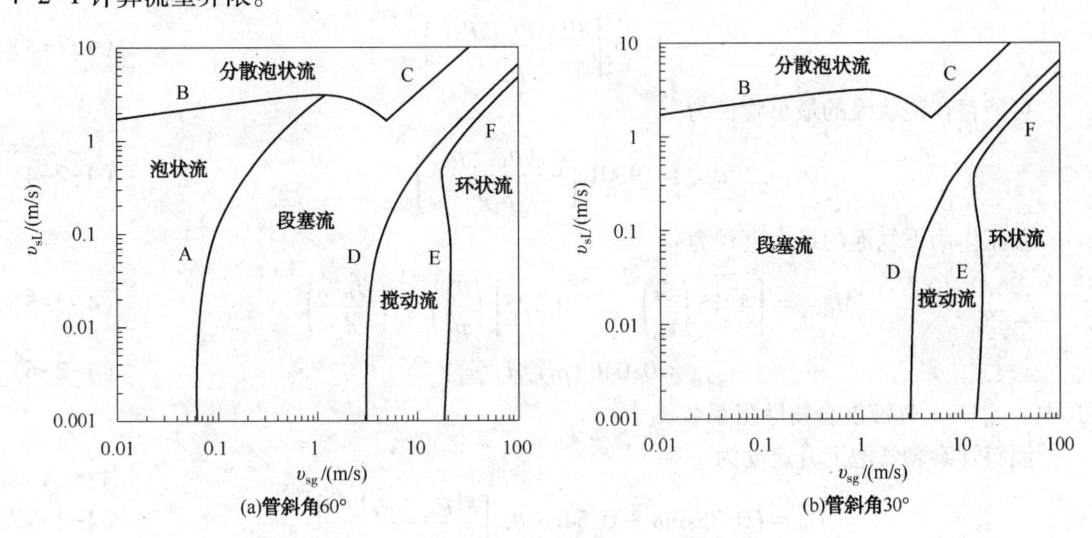

图 4-2-6　Kaya 倾斜管流型图(标况，管内径 50.8mm)

表 4-2-1 倾斜管流型转变界限

流型转变	流型转变界限	来源
泡状流-段塞流	曲线 A：$v_{sg}=0.333v_{sL}+0.3825\left[\frac{g\sigma_L(\sigma_L-\sigma_g)}{\rho_L^2}\right]^{0.25}\sqrt{\sin\theta}$ 若$\frac{\cos\theta}{\sin^2\theta}>\frac{3}{4}\mathrm{COS45°}\frac{v_{bs}^2}{g}\left(\frac{0.968}{d_{ti}}\right)$或$d_{ti}<d_{min}$，则无泡状流，曲线 A 消失	Kaya 等（2001） Barnea（1985）
形成分散泡状流	曲线 B：$d_{bmax}=\frac{3}{8}\frac{\rho_L}{\rho_L-\rho_g g\cos\theta}\frac{f_m v_m^2}{}$ 曲线 C：$v_{sg}=1.083v_{sL}$	Barnea（1986）
段塞流-搅动流	曲线 D：$v_{sg}=12.19(1.2v_{sL}+v_{TB})$	Tengesdal 等（1999）
形成环状流	曲线 E：$Y_M=\frac{2-1.5H_{LF}}{H_{LF}^3(1-1.5H_{LE})}X_M^2$ 曲线 F：$(H_{LF}+\lambda_{Lc}/A)>0.12$	Ansari 等（1994）

符号说明：v_{sg}、v_{sL}、v_m——气相、液相、混合物表观流速，m/s；ρ_g、ρ_L——气相、液相密度，kg/m^3；σ_L——气液间表面张力，N/m；g——重力加速度；θ——管斜角，°；v_{bs}——小气泡在静液中的上升速度，m/s；d_{ti}、d_{min}——油管内径、可能存在泡状流的最小管径，m；d_{bmax}——高液量湍流作用下气泡的最大直径，m；f_m——气液混合物摩阻系数；v_{TB}——倾斜管中泰勒气泡上升速度，m/s；H_{LF}——圆管液膜持液率；X_M Y_M——修正 Lockhart-Martinelli 参数；λ_{Lc}——气芯无滑脱持液率；A_c、A——气芯截面积、油管截面积，m^2

表 4-2-1 中各特性参数计算方法如下：

小气泡在静液中的上升速度为

$$v_{bs}=1.53\left[\frac{g\sigma_L(\rho_L-\rho_g)}{\rho_L^2}\right]^{0.25} \tag{4-2-3}$$

可能存在泡状流的最小管径为

$$d_{min}=19.01\left[\frac{\sigma_L(\rho_L-\rho_g)}{\rho_L^2 g}\right]^{0.5} \tag{4-2-4}$$

湍流作用下气泡的最大直径为

$$d_{bmax}=\left[4.15\left(\frac{v_{sg}}{v_m}\right)^{0.5}+0.725\right]\left(\frac{\sigma_L}{\rho_L}\right)^{0.6}\left(\frac{2f_m v_m^3}{d_{ti}}\right)^{-0.4} \tag{4-2-5}$$

$$f_m=0.046\,(\rho_L v_m d_{ti}/\mu_L)^{-0.2} \tag{4-2-6}$$

式中 f_m——气液混合物摩阻系数。

倾斜管泰勒气泡上升速度为

$$v_{TB}=(0.35\sin\theta+0.54\cos\theta)\left[\frac{g(\rho_L-\rho_g)\,d_{ti}}{\rho_L}\right]^{0.5} \tag{4-2-7}$$

气芯无滑脱持液率为

$$\lambda_{Lc}=f_e v_{sL}/(v_{sg}+f_e v_{sL}) \tag{4-2-8}$$

$$f_e = 1 - e^{-0.125\left[\frac{10000 v_{sg}\mu_g}{\sigma_L}\left(\frac{\rho_g}{\rho_L}\right)^{0.5} - 1.5\right]} \tag{4-2-9}$$

式中　f_e——液滴夹带率。

气芯截面积为

$$A_c = (1 - 2\underline{\delta})^2 A \tag{4-2-10}$$

式中　$\underline{\delta}$——无因次液膜厚度，即液膜厚度 δ 与管径 d_{ti} 之比。

圆管液膜持液率 H_{LF} 由无因次液膜厚度表示为

$$H_{LF} = 4\underline{\delta}(1 - \underline{\delta}) \tag{4-2-11}$$

其中 $\underline{\delta}$ 由以下动量方程求得

$$Y_M - \frac{I}{4\underline{\delta}(1 - \underline{\delta})\left[1 - 4\underline{\delta}(1 - \underline{\delta})\right]^{2.5}} + \frac{X_M^2}{\left[4\underline{\delta}(1 - \underline{\delta})\right]^3} = 0 \tag{4-2-12}$$

式中　I——气液界面间摩阻系数与气相表观摩阻系数之比。

修正 Lockhart-Martinelli 参数表达式为

$$X_M = \sqrt{(1 - f_e)^2 \frac{f_F\,(dp/dL)_{sL}}{f_{sL}\,(dp/dL)_{sc}}},\quad Y_M = \frac{(\rho_L - \rho_c)\,g\sin\theta}{(dp/dL)_{sc}} \tag{4-2-13}$$

液相、气相表观摩阻梯度为

$$(dp/dL)_{sL} = f_{sL}\rho_L v_{sL}^2/(2d_{ti}) \tag{4-2-14}$$

$$(dp/dL)_{sc} = f_{sc}\rho_c v_{sc}^2/(2d_{ti}) \tag{4-2-15}$$

其中摩阻系数 f_F 、f_{sL} 、f_{sc} 可分别根据以下雷诺数。

$$R_{e,F} = \rho_L v_{sL}(1 - f_e)\,d_{ti}/\mu_L \tag{4-2-16}$$

$$R_{e,sL} = \rho_L v_{sL} d_{ti}/\mu_L \tag{4-2-17}$$

$$R_{e,sc} = \rho_c v_{sc} d_{ti}/\mu_c \tag{4-2-18}$$

式中气芯密度 ρ_c 、气芯表观流速 v_{sc} 、气芯黏度 μ_c 分别采用下式计算：

$$v_{sc} = f_e v_{sL} + v_{sg} \tag{4-2-19}$$

$$\rho_c = \rho_L\lambda_{Lc} + \rho_g(1 - \lambda_{Lc}) \tag{4-2-20}$$

$$\mu_c = \mu_L\lambda_{Lc} + \mu_g(1 - \lambda_{Lc}) \tag{4-2-21}$$

(三)压降计算

目前采气工程中常用的气液两相管流计算方法多是针对垂直气井提出的，如 Hagedorn & Brown(1965)、Gray(1978)、拟单相模型等。水平井除了垂直段，还需要结合倾斜管和水平管两相流模型共同预测水平井井筒压降。

常用的气液两相流压降计算方法如表 4-2-2 所示，表中列出了各关系式的类型、适用角度以及模型特点，其中 Beggs & Brill 和 Mukherjee & Brill 方法适用于倾斜管和水平管压降计算。

表 4-2-2　常用的气液两相流压降计算方法

关系式	类型	角度范围	模型特点
无滑脱模型	A 类	垂直管	完全忽略气液滑脱，适用于连续携液气井
Hagedorn & Brown	B 类	垂直管	基于 457m 实验井油-空气-水实验得到，适用于产水气井
Gray	B 类	垂直管	利用 108 口凝析气井测压数据回归得到，适用于凝析气井

续表

关系式	类型	角度范围	模型特点
拟单相模型	B 类	垂直管	将气液两相视为单相"湿气"，修正 Cullender & Smith 模型，适用于高气液比凝析气井
Duns & Ros	C 类	垂直管	基于 56.4m 垂直管实验得到泡状流、段塞流、过渡流和环雾流压降计算经验关系式，主要用于油井
Orkiszewski	C 类	垂直管	利用 148 口油井测压数据对多个两相流模型评价后优选得到，主要用于油井
Ansari	C 类	垂直管	从两相流物理现象和流动机理出发得到，属于机理模型，主要用于油井
Beggs & Brill	C 类	倾斜/水平管	基于 27.43m"Λ"型倾斜管实验得到，适用于定向井和水平井
Mukherjee & Brill	C 类	倾斜/水平管	改进 Beggs & Brill 实验条件，得出新的倾斜/水平管压降计算方法，适用于定向井和水平井

表注：A 代表既不考虑滑脱又不考虑流型，B 代表仅考虑滑脱不考虑流型，C 代表同时考虑滑脱和流型。

由于 Hagedorn & Brown 方法在垂直气井中应用较佳，推荐其作为水平井垂直段的压降计算方法；而 Mukherjee & Brill 方法在倾斜管和水平管中可获得较好的计算准确性，推荐其作为水平井倾斜管和水平管压降计算方法。第二章已对 Hagedorn & Brown 方法做了介绍，下面重点介绍 Mukherjee & Brill 方法。

1. Mukherjee & Brill 计算方法

Mukherjee & Brill（1985）在其本人 1973 年研究工作基础上，改进了实验条件，在长 17.07m、内径 38.1mm 的可视化倾斜管上进行了大量实验，以空气、煤油或润滑油为实验介质，采用电容式传感器测量管段持液率，得到近 1000 个压降数据和超过 1500 个持液率数据，提出了适用于倾斜管和水平管的两相流压降计算方法。

规定正方向 z 与流体流动方向相反，其压力梯度方程为

$$\frac{\mathrm{d}p}{\mathrm{d}z}=\frac{\rho_{\mathrm{m}}g\sin\theta+f_{\mathrm{m}}\rho_{\mathrm{m}}v_{\mathrm{m}}^{2}/(2d_{\mathrm{ti}})}{1-\rho_{\mathrm{m}}v_{\mathrm{m}}v_{\mathrm{sg}}/p} \tag{4-2-22}$$

$$\rho_{\mathrm{m}}=\rho_{\mathrm{L}}H_{\mathrm{L}}+\rho_{\mathrm{g}}(1-H_{\mathrm{L}}) \tag{4-2-23}$$

式中 ρ_{g}、ρ_{L}、ρ_{m}——气相、液相、气液混合物密度，kg/m^3；

θ——管斜角，(°)；

H_{L}——持液率；

g——重力加速度，m/s^2；

d_{ti}——油管内径，m；

p——压力，MPa。

持液率 H_{L} 表示在气液两相流动中，液体所占单位管段容积的份额：

$$H_{\mathrm{L}}=\frac{(\text{单位长度内液相容积})_{\mathrm{p,\,T}}}{\text{单位管长容积}}=\frac{A_{\mathrm{L}}}{A} \tag{4-2-24}$$

Mukherjee & Brill 将持液率表示为关于无因次气相速度 N_{gv}、无因次液相速度 N_{Lv}、液相黏度数 N_{L}、和管斜角 θ 的函数：

$$H_L = \exp\left[(c_1 + c_2\sin\theta + c_3\sin^2\theta + c_4 N_L^2)\frac{N_{gv}^{c_5}}{N_{Lv}^{c_6}}\right] \tag{4-2-25}$$

液相速度数
$$N_{Lv} = v_{sL}\left(\frac{\rho_L}{g\sigma_L}\right)^{1/4} \tag{4-2-26}$$

气相速度数
$$N_{gv} = v_{sg}\left(\frac{\rho_L}{g\sigma_L}\right)^{1/4} \tag{4-2-27}$$

液相黏度数
$$N_L = \mu_L\left(\frac{g}{\rho_L\sigma_L^3}\right)^{1/4} \tag{4-2-28}$$

式(4-2-25)中系数与流动方向和流型相关，如表4-2-3所示。对于水平气井，均为上坡和水平流动，因此持液率计算与流型无关，采用同一套系数计算。

表4-2-3　持液率公式回归系数

流向	流型	C_1	C_2	C_3	C_4	C_5	C_6
上坡和水平流	所有	-0.380113	0.129875	-0.119788	2.343227	0.4775686	0.288657
下坡流	分层流	-1.33082	4.808139	4.171584	56.262268	0.079951	0.504887
	其他	-0.516644	0.789805	0.551627	15.519214	0.371771	0.393952

Mukherjee & Brill 在摩阻计算中考虑了流型的变化，对于水平井，需要区分泡状流-段塞流和环雾流，其判别方程为

$$N_{gvsm} = 10^{1.401-2.694N_L+0.521N_{Lv}^{0.329}} \tag{4-2-29}$$

当$N_{gv} < N_{gvsm}$时为泡状流-段塞流，否则为环雾流。对于泡状流-段塞流，两相摩阻系数f_m采用无滑脱摩阻系数f_{ns}，根据无滑脱雷诺数确定。无滑脱雷诺数为

$$R_{e,\ ns} = \frac{v_m\rho_{ns}d_{ti}}{\mu_{ns}} \tag{4-2-30}$$

无滑脱混合物密度
$$\rho_{ns} = \lambda_L\rho_L + (1-\lambda_L)\rho_g \tag{4-2-31}$$

无滑脱混合物黏度
$$\mu_{ns} = \lambda_L\mu_L + (1-\lambda_L)\mu_g \tag{4-2-32}$$

无滑脱持液率
$$\lambda_L = \frac{v_{sL}}{v_m} \tag{4-2-33}$$

对于环雾流，其两相摩阻系数f_m考虑为相对持液率和无滑脱摩阻系数的函数，确定步骤如下：

(1) 计算相对持液率
$$H_R = \lambda_L/H_L \tag{4-2-34}$$

(2) 根据H_R，按表4-2-4确定摩阻系数比f_R；

(3) 计算f_{ns}；

(4) $f_m = f_R f_{ns}$。

表 4-2-4　H_R 与 f_R 的关系

H_R	0.10	0.20	0.30	0.40	0.50	0.70	1.00	10.0
f_R	1.00	0.98	1.20	1.25	1.30	1.25	1.00	1.00

2. 压力梯度方程数值求解步骤

水平井垂直段压力梯度方程式、倾斜段和水平段压力梯度方程式的右函数包含了流体物性、运动参数及其有关的无因次变量，难以求其解析解。一般采用龙格库塔方法进行数值求解。将压力梯度方程处理为常微方程的初值问题，即

$$\begin{cases}\dfrac{\mathrm{d}p}{\mathrm{d}z}=F(z,\ p)\\ p(z_0)=p_0\end{cases}\tag{4-2-35}$$

其中，$F(z,\ p)$ 为压力梯度方程的右函数。由已知起点 z_0(井口或井底)处的压力 p_0 构成初值条件，采用具有较高精度的四阶龙格库塔法进行数值求解。对井深 z 取步长 Δh，由已知的初始值（z_0，p_0）和函数 $F(z,\ p)$ 计算以下数值

$$k_1=F(z_0,\ p_0)$$

$$k_2=F\left(z_0+\frac{\Delta h}{2},\ p_0+\frac{\Delta h}{2}k_1\right)$$

$$k_3=F\left(z_0+\frac{\Delta h}{2},\ p_0+\frac{\Delta h}{2}k_2\right)$$

$$k_4=F\left(z_0+\frac{\Delta h}{2},\ p_0+\frac{\Delta h}{2}k_3\right)$$

在节点 $z_1=z_0+\Delta h$ 处的压力值为

$$p_1=p_0+\Delta p=p_0+\frac{\Delta h}{6}(k_1+2k_2+2k_3+k_4)$$

若 z_1 未达到井底位置，再将算出的这对值（z_1，p_1）作为下步计算的初始值继续上述计算。如此连续向前推算直到预计的井底位置为止，如此得到沿井深的压力分布。

二、水平井积液动态

当水平井无法连续携液时，井底将滞留积液，增加对地层的回压，造成生产不稳定、产量加速递减、地面套压与油压之差增加等。通过这些现象可以判断水平井何时发生积液，并及时采取排水采气措施。

（一）波纹卡片识别法

利用波纹卡片的压力峰值可判断水平井是否开始积液。当水平井正常生产时，井筒气液两相流动平稳，在波纹卡片上的压力曲线表现为圆形，如图 4-2-7(a)所示；当气井开始积液时，液体会积累形成段塞，从而在井口出现液体间喷现象，在波纹卡片上出现压力峰值，如图 4-2-7(b)所示。

（二）产量递减加快

当水平气井正常生产时，其产量递减曲线呈现光滑的指数递减；而当气井发生积液后，产量递减速度加快，并出现大幅度波动，如图 4-2-8 所示。因此，可以先以一段正常的产量递减曲线为基准，当产量递减曲线突然下弯时，认为气井开始积液。

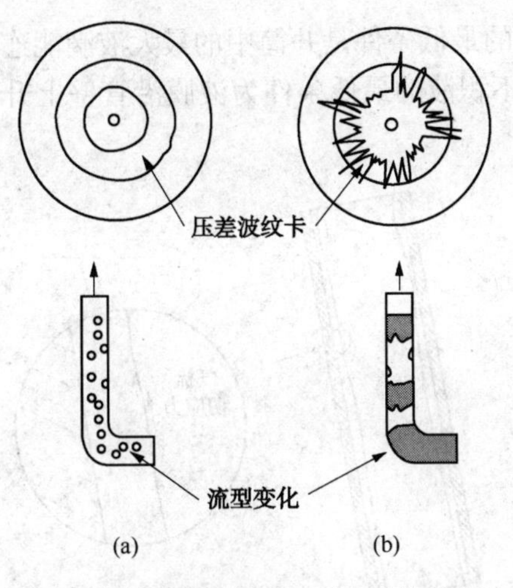

图 4-2-7　波纹卡片识别水平井积液

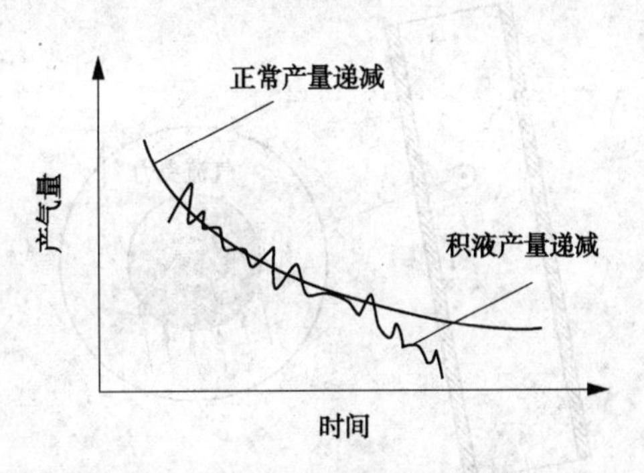

图 4-2-8　产量递减加快识别水平井积液

（三）油套压差增加

对于油管、套管连通的水平井，套压、油压之差随时间的增加而增加，反映了水平井的积液过程，如图 4-2-9 所示。因为当水平井积液时，在井筒中消耗的举升压力增加，造成井口剩余油压降低；另一方面，积液增加了井底回压，部分高压地层气被憋入油套环空中，造成套压增加，因此油套压差的增加间接反映了气井的积液。

（四）压力测试法

流压或静压测试是判断水平气井积液最准确的手段。首先测试得到水平井压力沿井深的分布曲线，当水平井无积液时，该曲线为一平滑曲线（静压曲线几乎为一直线）；而当气井积液时，曲线在积液界面处会出现拐点，因为液体密度远大于气体密度，造成积液段压力梯度大得多，如图 4-2-10 所示。

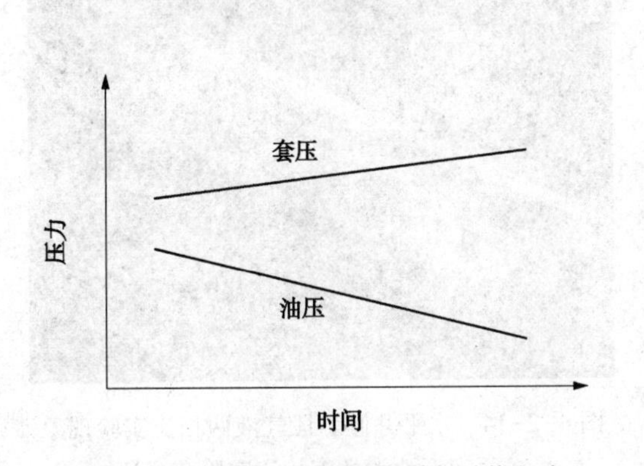

图 4-2-9　油套压差增加识别水平井积液

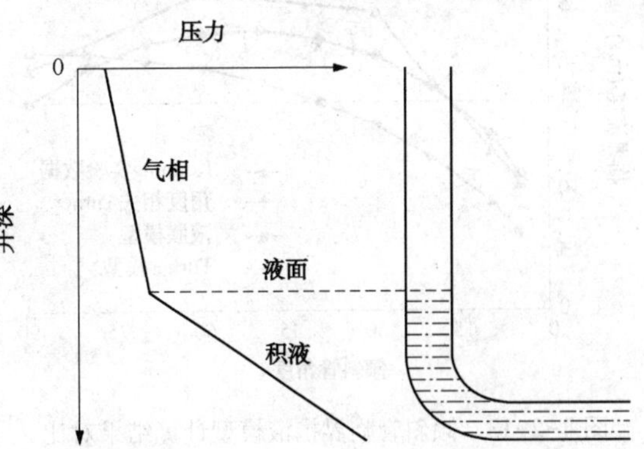

图 4-2-10　压力测试法识别水平井积液

（五）临界携液气量判断法

实际生产中发现，当气井产气量低于某临界值时，井底将开始积液，该临界值为确保水平井不发生积液的最小产气量，称为临界携液气量。

针对直井临界携液理论模型有 Turner（1969）、Coleman（1991）、Nosseir（1997）、李闽（2001）、王毅忠（2007）、Zhou（2009）。针对水平气井，由于随着角度的改变井筒内气液两相流流型发生变化，液体主要以液滴和液膜两种形式出现，因此出现了液滴与液膜两种水平井临界携液理论。液滴模型认为气井不发生积液的最低条件是井筒中的最大液滴能连续向上运动，如图 4-2-11 所示；而液膜模型认为气井不积液的最低条件为液膜沿管壁上升，如图 4-2-12 所示。

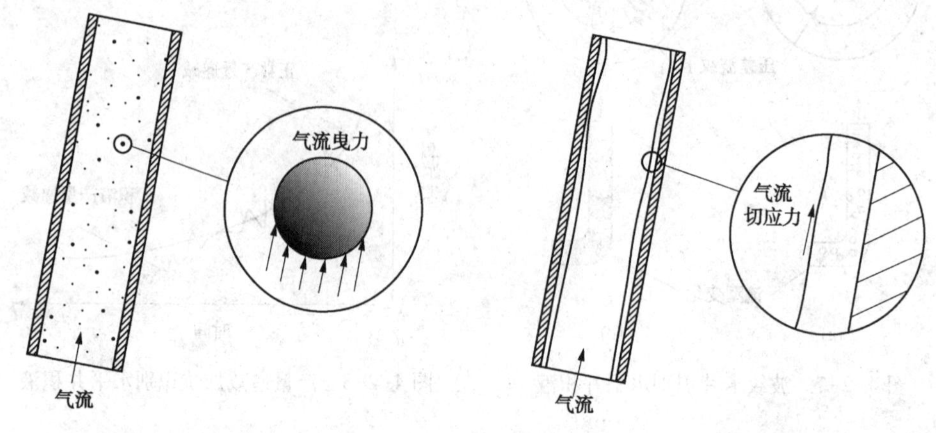

图 4-2-11　倾斜管液滴模型　　图 4-2-12　倾斜管液膜模型

2010 年，肖高棉等利用荷兰 Eindhoven 科技大学倾斜管连续携液实验数据对液滴、液膜模型进行了验证，如图 4-2-13 所示。结果表明，临界携液流速随管斜角的增大，先增加后减小，管斜角 $\theta=50°$ 位置临界携液流速最大，携液最为困难，而考虑角度修正的液滴模型能较好的预测不同管斜角下的临界携液流速。

西南石油大学水平井多相流实验也发现了倾斜段携液困难的现象，当水平井开始积液时，倾斜段液膜最厚，滑脱最严重，如图 4-2-14 所示。因此水平井管斜角 50°位置应作为水平井最小临界携液气量的计算条件，同时也作为水平井排水采气的重点井段。

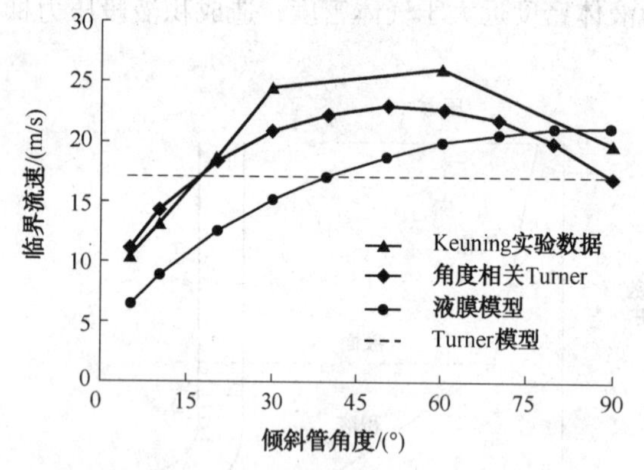

图 4-2-13　倾斜管临界携液模型计算结果对比

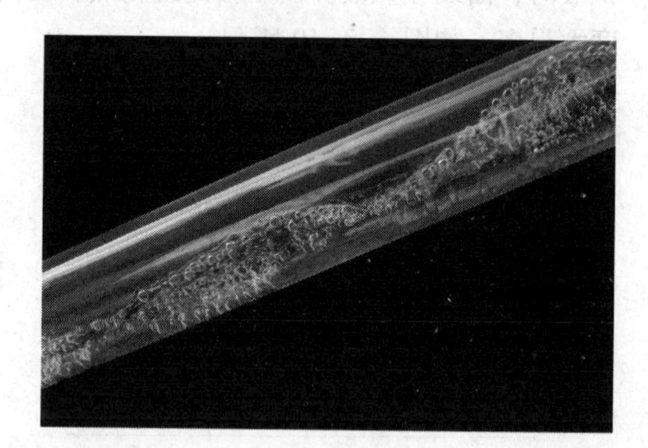

图 4-2-14　水平井倾斜段气液两相流实验现象（西南石油大学多相流实验装置）

考虑角度修正的液滴模型是根据垂直井液滴模型修正得到。Turner 假设液滴为圆球状，临界韦伯数取 30，曳力系数取 0.44，通过液滴受力平衡得到液滴携液模型，并上调了 20%的安全系数。Belfroid 等人结合 Fiedler 模型对其进行角度修正后得到水平井临界携液流速为

$$v_{cr}=6.6\left[\frac{\sigma_L(\rho_L-\rho_g)}{\rho_g^2}\right]^{0.25}\frac{[\sin(1.7\theta)]^{0.38}}{0.74} \tag{4-2-36}$$

$$\rho_{g}=3.4844\times10^{3}\frac{\gamma_{g}p}{ZT} \tag{4-2-37}$$

式中 ρ_g——天然气密度，kg/m³；

γ_g——天然气相对密度；

p——压力，MPa；

T——温度，K；

Z——气体偏差系数。

2013年，甄士龙等则认为对于致密砂岩气藏水平井，基于Turner圆球体假设的液滴修正模型计算结果偏大，采用李闽椭球体假设的液滴修正模型更符合实际情况，其不同管斜角下的临界携液流速为

$$v_{cr}=2.5\left[\frac{\sigma_{L}(\rho_{L}-\rho_{g})}{\rho_{g}^{2}}\right]^{0.25}\frac{[\sin(1.7\theta)]^{0.38}}{0.74} \tag{4-2-38}$$

水平井临界携液气量为

$$q_{cr}=2.5\times10^{-4}\frac{Apv_{cr}}{ZT} \tag{4-2-39}$$

式中 q_{cr}——气井临界携液流量，10^4m³/d；

A——油管横截面积，m²。

目前关于水平井倾斜段携液最难的观点已达成共识，但是关于水平井携液机理尚存争议，不同模型预测的水平井临界携液气量差异较大，在进行临界携液流量预测时，应根据同类气藏测试的临界携液气量数据对各模型进行评价优选。

第三节 水平井排水采气工艺

水平井生产进入中后期，多数气井产量递减加快，井底积液加重，合理的排水采气工艺有利于延长水平井的生产期，提高气藏采收率。

一、水平井排水采气工艺类型

针对产水气藏，合理选择排水采气工艺是保证水平井长效生产至关重要的手段。水平井由于受井眼轨迹、井内管串结构、高临界携液流速的影响，水平井排水采气的难度明显高于常规直井。目前国内形成的优选管柱、气举、泡排、机抽、电潜泵、射流泵、柱塞气举、球塞气举等各类排水采气工艺(表4-3-1)，其中大多数机械排水采气工艺不适用于水平井，而需要寻求经济有效的排水工艺。在一系列改进优化传统排水采气工艺和开发新型水平井排水采气工艺基础上，形成了不同的水平井排水采气工艺类别。

表4-3-1 主要排液采气工艺的特点

对比项目＼举升方法	优选管柱	泡排	气举	柱塞	抽油机（钢杆）	电潜泵	射流泵	气举-泡排
目前最大排液量/(m³/d)	100	120	500	50	70	700	500	>400
目前最大井深/m	4591	5092	4910	3929	4421	4752	3500	>3500
斜井、水平井	适宜	适宜	适宜	受限	受限	适宜	适宜	适宜
地面及环境条件	适宜	适宜	适宜	适宜	一般适宜	需高压电	适宜	适宜

续表

对比项目 \ 举升方法		优选管柱	泡排	气举	柱塞	抽油机（钢杆）	电潜泵	射流泵	气举-泡排
开采条件	高气液比	很适宜	很适宜	很适宜	很适宜	较适宜	一般适宜	一般适宜	很适宜
	含砂	适宜	适宜	适宜	受限	一般适宜	一般适宜	很适宜	适宜
	结垢	化防较好	适宜	化防较好	较差	化防较差	化防较好	化防较好	化防较好
	腐蚀	缓蚀适宜	缓蚀适宜	适宜	适宜	较差	较差	适宜	缓蚀适宜
设计难易		简单	简单	较易	较易	较易	较易	较复杂	较易
维修管理		很方便	方便	方便	方便	较方便	较方便	较方便	方便
投资成本		低	低	较低	较低	较低	较高	较高	较低
运转效率		好	好	好	较低	一般	较高	较低	一般
灵活性		制度可调	制度可调	可调	可调	可调	变频可调	喷嘴可调	可调
免修期		长	长	长		受限	受限	受限	长

（一）水平井泡沫排水采气

泡排由于成本低、施工简单、见效快，目前仍是致密砂岩气藏水平井主要的稳产手段。但是由于水平井积液段较长，注入的泡排剂容易浮于液面以上而难以与积液充分混合，影响泡排效果，因此需要从起泡剂的稳定性、加注方式及外观尺寸等方面进行改进。以新场气田为例，对多种起泡剂的起泡时间、稳泡时间、携液量进行室内评价实验，优选出了 UT-11C、UT-6、SP-7、XH-4 四种稳定性好、携液能力强的起泡剂；随后对加药方式进行优化，采用油管投注固体泡排棒替代环空加注液体泡排剂，以保证药剂能够落入积液段深部，与积液充分混合；为确保泡排棒顺利通过水平井倾斜段而不遇卡，还对泡排棒的外形尺寸进行了优化，如图 4-3-1 所示，确定了水平井泡排棒的极限尺寸为 Φ30mm×1. 24m、Φ40mm×1. 032m。实际应用表明，这种优化提高了泡排在水平井中的应用效果。

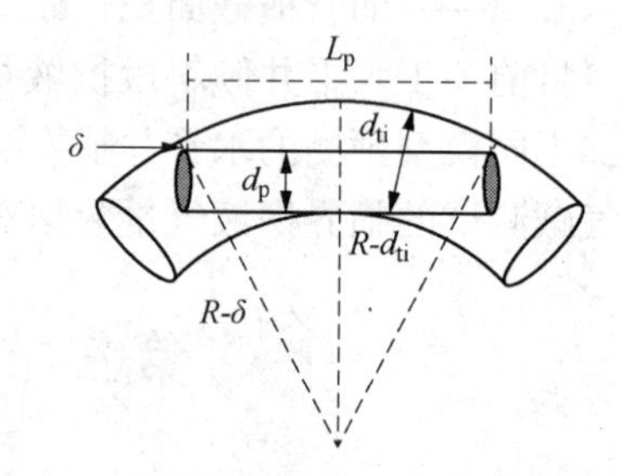

图 4-3-1　棒状药剂极限外形尺寸示意

（二）水平井气举排水采气

气举适用于高气液比直井、斜井、丛式井、水平井以及小井眼井的排水采气，在含砂及含腐蚀性介质的气井条件下，较其他人工举升方式更具优势。气举在水平井中的设计方法与直井类似，将水平井井深与积液深度按垂深折算，再按直井管流压降计算方法设计气举。一般步骤为：① 按井斜角确定水平井垂深和油管垂深；② 计算水平井的压力分布，并将其转换成当量垂深下的压力分布；③ 采用常规方法设计气举启动压力、注气压力、注气量等参数。

目前各大气田主要将气举用于大水量、水淹水平井的强排复产。例如川西气田 2013 年开展了 56 口水平井的车载气举作业，共计作业 320 井次，累计增产天然气 1774×$10^4$$m^3$。尽管如此，水平井气举也存在一定局限性，由于水平段存在多封隔器，气举往往只能排除 A 靶点以上积液，当地层压力较低时，气举可能将积液压回水平段，影响气举效果。

（三）水平井速度管柱排水采气

当连续油管用于气井排水采气时称为速度管柱。速度管柱由于具有良好的挠性和连续起下特点，在水平井排水采气方面具有独特优势。一方面它能进入水平井倾斜段、水平段，提高积液段的气流速度，增加带液能力，避免因生产管柱过大而造成携液困难的问题；另一方面，它可以实现不压井作业，避免常规更换小管柱作业中压井液对地层的伤害，同时减小起出原有管柱造成油管断脱等复杂事故的风险。速度管柱排水采气工艺已在新场气田、苏里格气田、大牛地气田等开展了先导性试验。

（四）水平井毛细管加注排水采气

水平井毛细管加注排水采气工艺在国外最先开发了同心毛细管技术，由一个同心毛细管滚筒、一台吊车和一套不压井装置组成。同心毛细管盘绕在滚筒上，泡排剂通过同心毛细管的井下单向阀注入井底，与积液作用形成泡沫，将积液带出。

二、水平井速度管柱排水采气工艺

（一）工艺原理

在不动原有井下生产管柱的情况下，将速度管柱从原管柱内下入产层中部，利用地层自身能量将气水产物通过速度管柱或速度管柱与原有管柱之间的环形空间从井底举升至井口，从而实现排水采气。其优势体现在：

（1）减小流通面积，提高气流速度，增加气井携液能力；

（2）可下入倾斜段或水平段深处，排液效果好；

（3）施工过程不需要压井，可最大限度地简化工序，保护储层；

（4）可在速度管柱或小环空加注泡排，提高泡排效果；

（5）配合车载气举，举升效率更高。

（二）主要设备

速度管柱设备在修井、辅助排液等方面已成熟，而作为速度管柱排液时需要解决带压情况下速度管的悬挂（悬挂器）、密封、剪断（连续管底部带堵塞器）以及常规悬挂器密封胶筒寿命短的问题，其下入过程的关键是压力控制、安全控制、剪断控制等。主要设备包括井口设备（注入头、动密封、防喷器、变扣接头、操作窗、悬挂器等），井下设备（油管堵塞器）以及速度管柱作业车；其中油管堵塞器、悬挂器、操作窗是主要核心设备。

1. 油管堵塞器

油管堵塞器实物如图 4-3-2 所示，其作用为：施工作业过程中防止井筒内天然气通过速度管柱达到地面，方便地面施工作业；在油管下入过程中，防止杂质进入堵塞连续油管，半球型堵塞器可以减小油管下入阻力。

图 4-3-2　油管堵塞器实图

工作原理：密封器上有两个橡胶圈，将堵塞器打入连续油管末端，通过橡胶圈的膨胀达到密封作用；在油管下入过程中，井筒内天然气的压力作用在堵塞器的半球上，促使堵塞器密封更加严实；速度管柱作业完成后，在井口向速度管柱内打水压或注气憋压，当堵塞器上部压力大于天然气压力和堵塞器与速度管柱间的最大静摩擦力之和时，堵塞器将脱落。

2. 悬挂器

悬挂器实物如图 4-3-3 所示。其工作原理：将密封器放入悬挂器内，启动悬挂器顶丝，施力于密封器上端的斜面上，促使密封器橡胶圈膨胀，以密封速度管柱与原油管之间的间隙；将卡瓦从操作窗内下放至密封器内，再下放速度管柱，让速度管柱悬重完全作用在卡瓦上，实现悬挂，保证连续油管切断后不掉入井筒。

卡瓦

密封器　悬挂器

图 4-3-3　悬挂器实物图

3. 操作窗

操作窗实物如图 4-3-4 所示，其作用为：在下入速度管柱且密封器完全密封后，通过操作窗将卡瓦下入到悬挂器内。

工作原理：将操作窗安装在悬挂器上方，利用液压控制管线控制操作窗上的两根液压丝杆的起降，从而控制操作窗的开启；当下油管且悬挂器完全密封后，通过防喷器的泄压口泄掉密封器上方的压力，打开操作窗，放入油管卡瓦。

操作窗闭合

操作窗开启

放入卡瓦

图 4-3-4　操作窗实物图

(三)设计方法

速度管柱排水采气设计关键是管径的选择，需要考虑以下三点：连续携液、抗冲蚀、与原井内油管配套。其中水平井的连续携液气量采用本章第二节中的方法进行预测，水平井的抗冲蚀气量采用第三章的方法进行预测，下面介绍与原井内油管配套的速度管柱选择原则和施工工序。

1. 与井内原生产管柱的匹配关系

国内大多数致密气藏普遍采用的是 Φ73mm 油管和 Φ88.9mm 油管生产，内径分别为 62mm 和 76mm，为确保速度管柱能够顺利下放，速度管柱与原油管尺寸的匹配关系如表 4-3-2所示。

表 4-3-2　速度管柱与原生产管柱的匹配关系

原油管内径/mm	76				62			
速度管柱外径/mm	73	50.8	44.5	38.1	73	50.8	44.5	38.1
油管间隙/mm	3	25.2	32.5	37.9	−11	11.2	17.5	23.9
可否下放	否	可行	可行	可行	否	基本可行	可行	可行

2. 钢级选择

国产速度管柱从钢级上分，主要有 CT70、CT80、CT90、CT100 等，应选择与下入深度相适应的钢级，要求抗拉安全系数达到 1.4 以上。

3. 施工工序

根据速度管柱安装和恢复示意图（图 4-3-5、图 4-3-6），速度管柱施工工序如表 4-3-3 所示。

表 4-3-3　速度管柱排水采气工艺施工工序

施工工序	具体操作
施工准备	提前勘查井场道路，清除路障，协调井场周围群众关系；准备 4 块大于 $1m^3$ 的水泥预制块及所有必备的设备、工具
埋地锚	距离井口 8m 远周围均匀布挖地锚坑 4 个，埋好水泥预制块
通井	用模拟通井规通井至设计下深
拆井口	由图 4-3-5 所示，将生产流程改为套管生产，关闭 1# 闸阀并进行验漏；拆掉 4# 闸阀及以上的闸阀和四通，放置在旁边合适位置备用
设备搬迁和安装	将速度管柱作业机和配套设备运送至井场，安装就位，做好施工前准备
安装悬挂器	a. 要求所有用来更换井口的工具或其他设备必须安全，按规定使用防爆工具； b. 将悬挂器和操作窗整体吊起，平稳安装在井口 1# 闸阀上并垫好钢圈，上紧螺栓； c. 打开操作窗放入防磨套，检查“O”圈，关闭操作窗； d. 在悬挂器的三通上安装一只闸阀(10# 闸阀)，并关闭闸阀
安装变扣接头	将变扣接头安装在操作窗上，垫好钢圈上紧螺栓
安装封井器	a. 在操作窗上安装封井器，检查“O”圈； b. 安装封井器所有液压管线，检查并清洗快速接头； c. 启动液压系统调试封井器的开关性能，使各闸板处在最大的开启状态

续表

施工工序	具体操作
安装注入头	a. 先在井口安装支撑架，把注入头放在安装架上； b. 将导向器安装在注入头上，导向器应对准注入头链条的中心线； c. 再将速度管柱端头内孔用锉刀锉平，焊缝后插入堵塞器，然后把速度管柱插入注入头，压紧压轮； d. 安装注入头上所有的液压管线，使速度管柱下行到注入头下面伸出约 50cm； e. 将动密封安装在注入头的下面，保证速度管柱在动密封内运动灵活； f. 检查井口上各部位，保证密封
下入速度管柱	启动速度管柱作业机将速度管柱下入至设计下深
坐封悬挂器	a. 将悬挂器上的 4 个顶丝顶紧； b. 通过考克放掉操作窗内的压力，打开操作窗； c. 取出防磨套，放入配件箱； d. 将卡瓦放入悬挂器内，卡紧速度管柱； e. 用注入头下放速度管柱，使速度管柱的重量全部落在卡瓦上； f. 在悬挂器以上 20cm 的地方，用切管刀切断速度管柱
拆卸注入头、防喷器、变扣接头和操作窗	a. 将注入头和动密封用吊车吊起，拆开动密封的快速接头，把注入头和动密封整体安装在速度管柱作业车上； b. 将防喷器用吊车吊起，拆开防喷器的快速接头，把防喷器安装在速度管柱作业车上； c. 将操作窗上的变扣接头螺栓拆掉，放入配件箱； d. 将操作窗整体拆开，放入配件箱
安装固定器、变径法兰和装采气树	a. 将固定器卡在悬挂器靠近卡瓦的地方，应牢固可靠； b. 将变径法兰安装在悬挂器上，垫好钢圈上紧螺栓； c. 在悬挂器上部安装原 4# 闸阀及上部采气树，垫好钢圈上紧螺栓
打掉堵塞器	在 8# 闸阀的旁边连接氮气车，利用氮气车打掉速度管柱底部的堵塞器
恢复井口及试压	

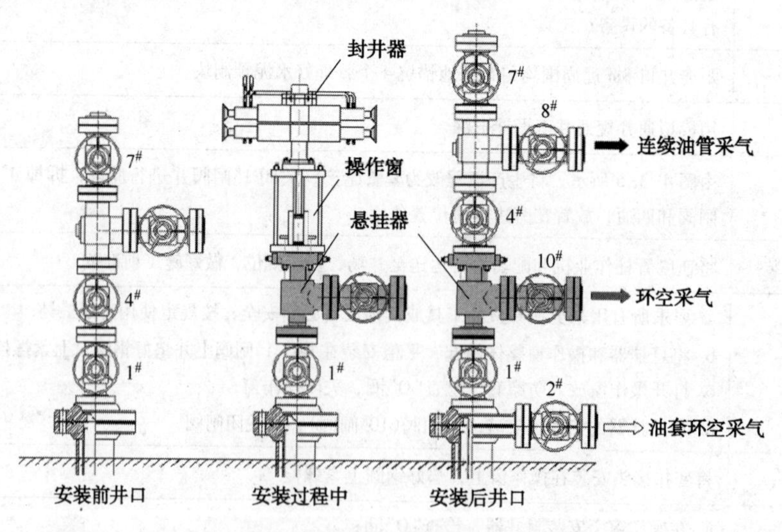

图 4-3-5　速度管柱安装及采气示意图

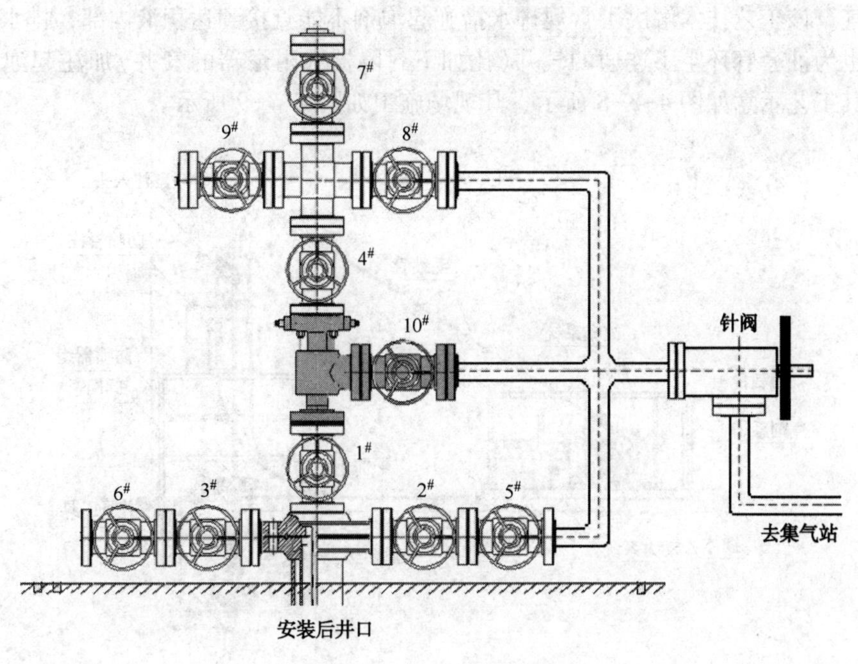

图 4-3-6　井口恢复示意图

(四)应用实例

速度管柱排水采气工艺在新场气田、苏里格气田应用中都取得了较好的效果。新场气田沙溪庙组气藏 XS21-14H 井完钻井深 2969m，造斜点深 1955m，A 靶点深 2371m，投产初期气产量 $2.2\times10^4m^3/d$，由于产水较多，气产量一度降至 $0.6\times10^4m^3/d$；为了提高排液效果，在 Φ88.9mm 油管内下入 Φ38.1mm、CT70 材质速度管柱，下深 2391m；工艺措施后产量提高到 $1.4\times10^4m^3/d$，增产效果明显，如图 4-3-7 所示。自 2013 年以来，新场气田已累计实施 7 口井，单井产量增加 0.1×10^4 ~ $0.5\times10^4m^3/d$，产水增加 0.5 ~ $5m^3/d$，有效提高了气井产量、降低了井筒滑脱压降、控制了压力递减，油套压差稳定在 2.0MPa，达到了良好的应用效果。通过 7 口井试验，解决了带压情况下速度管柱的悬挂、密封、剪断以及常规悬挂器密封胶筒寿命短的问题，优选了 CT70 型、Φ38.1mm 速度管柱作为生产管柱，为气田推广应用奠定了基础。

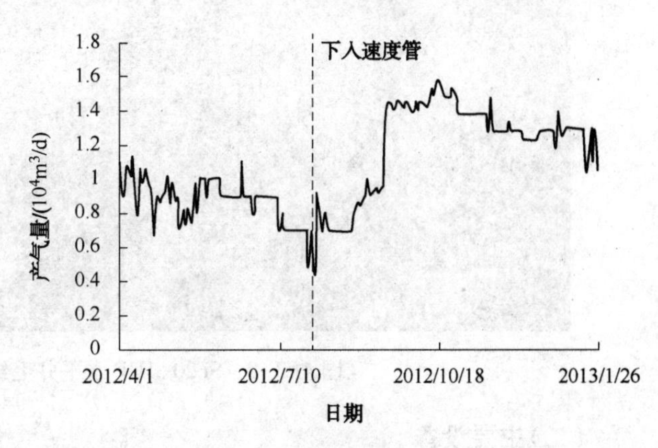

图 4-3-7　XS21-14H 井速度管柱施工前后生产曲线对比

三、水平井毛细管加注排水采气

(一)工艺原理

水平井毛细管加注泡沫排水采气工艺是通过专用设备将毛细管下入井下生产管中，由地面注剂泵将化学剂经毛细管注入井内，井下积液产生泡沫后被天然气流携带出井筒，从而实现排水采气。该工艺技术解决了常规排水措施起泡剂不能直接到达积液内部，排水效果较差的问题，也为油套管环空不连通的气井(比如下封隔器和阻尼器的气井)加注起泡剂提供了新方法。其工艺示意如图4-3-8所示、其现场施工如图4-3-9所示。

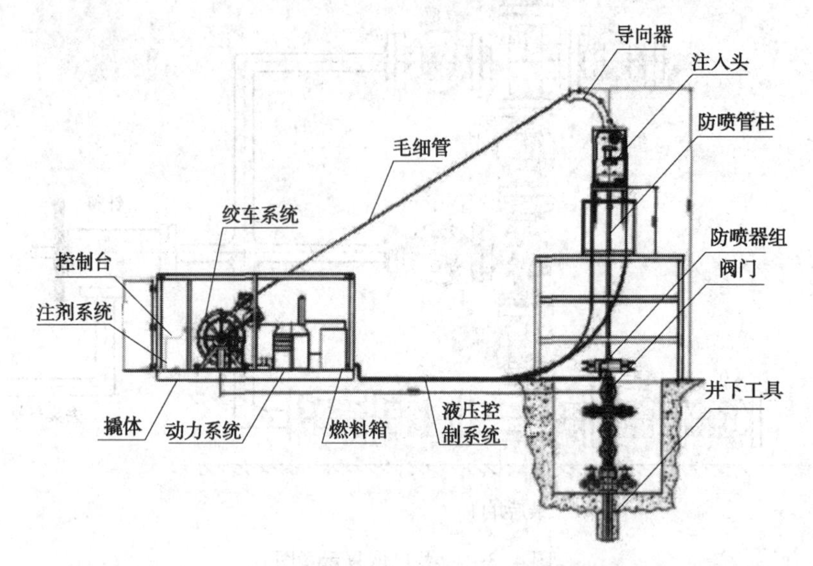

图4-3-8　毛细管加注工艺原理

图4-3-9　SF20-1HF水平井毛细管泡排施工现场

(二)主要设备

毛细管排水采气作业设备主要由注剂系统、防喷系统、盘管绞车、注入头组成。

1. 注剂系统

由电机驱动单缸柱塞泵、旋转接头、毛细管、井下工具串组成。主要作用是下毛细管时井下工具串牵引管子下行，防止上顶力，旋转接头实现旋转密封，毛细管下至目的层后，通过该系统向井内注入化学剂。要求注剂泵额定压力高于地层压力，注剂排量能够满足后期药剂注入量。注剂系统如图4-3-10所示。

图 4-3-10 注剂系统

2. 防喷系统

由主壳体、三个相向在主壳体内运动的闸板总成、拉杆、丝杠、端盖手轮等零部件组成。通过向外油室加压靠液压驱动活塞实现封井。要求防喷器额定工作压力超过地层压力，其垂直通径与井口内通径一致或略大。防喷系统如图 4-3-11 所示。

图 4-3-11 防喷系统

3. 盘管绞车

由滚筒、液压传动装置、排管装置、滚筒座、旋转接头等部件组成。通过液压传动装置驱动滚筒马达实现毛细管的下放和回收。

4. 注入头

由液压马达传动装置、驱动轴、链轮、同步齿轮体架和吊装框等构成。主要作用是承受毛细管的全部重量，控制起下速度，提供足够的推拉力起下毛细管，如图 4-3-12 所示。

(三)设计方法

1. 选井条件

(1) 产水量较大，无法连续携液的积液水平井；

(2) 产能潜力大的水平井采用毛细管排水效果更好；

(3) 产出液凝析油含量小于 50%，无结垢、结蜡、结盐和出砂历史；

(4) 无落鱼、堵塞以及井身损坏等问题。

图 4-3-12　注入头

2. 探测液面

为确定毛细管的下入深度，首先需要探测井筒中积液液面。常见液面探测方法有回声仪法和生产测井法。

(1)回声仪法

回声仪是利用声波反射原理测量气水界面的仪器。其工作原理是向井筒发射声波，声波遇到密度不同的介质(如气水界面)产生反射，根据声波往返的时间及其在介质中(水或气)的传播速度计算得到气水界面位置。其装置实物如图 4-3-13 所示。

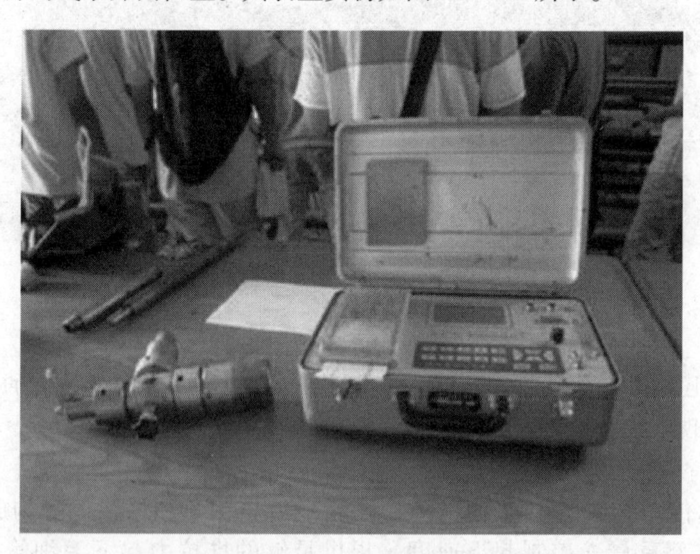

图 4-3-13　回声仪实物图

该工艺的优点是施工简单，作业成本低，无需下入井下仪器，安全性高；缺点是井筒中雾状液滴的存在可能造成气水界面不清晰，管串变径、堵塞等可能影响探测结果的准确性。

(2)生产测井法

生产动态测井是在井内稳定流动和关井条件下测量流体密度、黏度、压力和流动速度等表征流体动态特性参数的方法，然后经资料分析确定相态、流型，经过校正推算出流体流量，确定井下流动剖面，监视油气在井下的变化，并确定气水界面。

3. 确定毛细管下入深度

通常认为毛细管下入越深越好，至水平段指部附近最佳。但实验发现，斜井段液膜最厚，携液最困难，滑脱最严重，压力损耗最大，是影响水平井生产的最主要因素，因此毛细管下深只要能满足斜井段带液即可。对于积液严重的水平井，可先将毛细管下至积液面以下10~50m进行注剂排液，当上部积液被带出时，可进一步下放毛细管，逐级排除井筒积液，直至毛细管到达井底。

4. 确定毛细管工具串长度

工具串的长度主要取决于加重杆的长度，而加重杆的长度主要取决于井口油压对工具串的上顶力，表4-3-4为不同油压下需要的井下工具配重。

表4-3-4　不同油压所需井下工具配重

油压/MPa	3	4	5	6	7	8
配重/kg	21.8	29.1	36.4	43.6	50.9	58.1

5. 施工工序

水平井毛细管加注泡排剂施工工序如表4-3-5所示。

表4-3-5　水平井毛细管加注泡排排水采气工艺施工工序

施工工序	具体操作
通井	用稍大于毛细管注剂设备的模拟通井规通井，确保油管内完全畅通
地面调试	a. 注入头：链条润滑适当，确保起、下、刹车等控制灵活； b. 防喷器：在液压、手动情况下，防喷闸板开关灵活，密封良好； c. 注剂泵：试压、试漏，确保工作正常，启动注剂泵，向毛细管中注清水或起泡剂，直至毛细管的下井端出液
下放毛细管	a. 防喷系统密封盒适当加压，确保防喷系统无漏气。 b. 张紧力和夹紧力初始均为3MPa，随着下入深度增加，可加大张紧力与夹紧力，但不宜超过5MPa。 c. 滚筒压力控制阀打在“小”的位置，滚筒方向控制阀打在“下放”位置，速度阀调至最大，此时滚筒不会转动。 d. 注入头换向阀处于“下放”，逐渐加大注入头速度带动滚筒转动下放毛细管。开始时速度要小，试下50m观察设备运转情况。待正常后按施工工艺进行下管作业，下放速度不得超过25m/min，直至目的井深。 e. 利用注入头刹车时，必须先减速，再将换向阀扭至中位，绞车刹车仅用于静止状态。 f. 在正常起下毛细管过程中禁止使用封井器
加注泡排剂	a. 加药前仔细检查各管线、毛细管加注装置和采气树上的阀门及加注工艺中的压力表、接头、管线、机泵是否清洁、畅通，确保加药系统无泄漏。 b. 由第三章的方法初定泡排剂加药浓度、用量，并根据压力、气量变化不断调整优化加注量和加注深度。 c. 为防止排液期间携带的砂粒堵塞工具，停注期间，上提毛细管至液面以上。 d. 为确保毛细管始终起下灵活，每5天将毛细管起下1次，每次上提100m，下放100m。 e. 现场技术人员务必真实、准确记录井口油压、套压、产气量、产水量以及泡排剂的加注用量等数据

（四）应用实例

水平井毛细管加注排水采气工艺在北美地区已安装 9500 套，其中 85%用于排水采气，当使用毛细管加注技术后都成功实现了稳定、连续生产，增产效果十分明显。水平井毛细管加注排水采气工艺在我国起步较晚，目前还没有大规模推广应用，但自行研制的毛细管排水采气系统可下入到井深 4400m 左右，设备国产化率已达到 100%；目前已经在新场气田、长庆油田、蜀南气矿等成功进行了试验。

新场气田自 2013 年以来开展了 6 口水平井的毛细管加注排水采气试验，增加气产量 $2.18\times10^4m^3/d$，增产效果显著。以沙溪庙组气藏 XS23-5H 井为例，完钻井深 3421m，造斜点深 2180m，A 靶点深 2664m，措施前平均气产量 $0.8\times10^4m^3/d$；工艺施工注剂深度在 2481m，每天注剂 1 次，药剂采用 SP-7，配比 1∶5，措施后气产量提高至 $1.3\times10^4m^3/d$，10 天内累计增产天然气 $21.11\times10^4m^3$，图 4-3-14、图 4-3-15 为 XS23-5H 井毛细管泡排前后波纹卡片、压力变化图。此外，XS21-10H 钻井井深 2992m，造斜点深 1805m，A 靶点深 2407m；实施毛细管加注泡排工艺，注剂深度在 2360m，每天注剂 2 次，药剂采用 SP-7，配比 1∶2；措施后气产量由施工前的 $0.42\times10^4m^3/d$ 增加至 $0.91\times10^4m^3/d$，产水由 $1.5m^3/d$ 增加至 $1.86m^3/d$，油套压差减小了 1.01MPa。该项工艺虽能起到一定的排水采气增产效果，但是毛细管在进入造斜段和水平段时容易移动受阻、弯曲变形，而且此工艺设备较昂贵、作业费用较高，目前尚未推广应用。

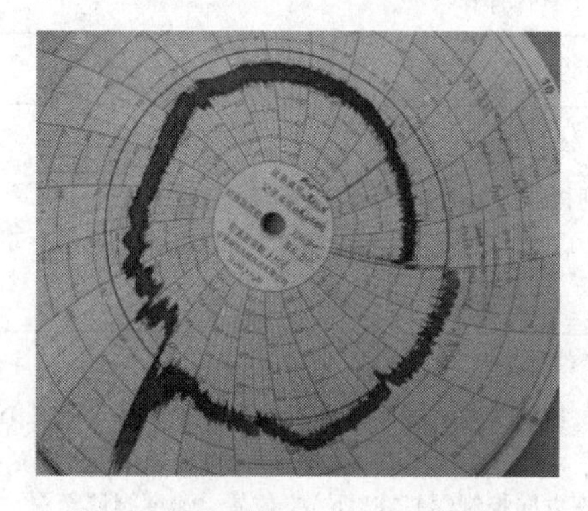

图 4-3-14　XS23-5H 井毛细管泡排前后双波纹卡片

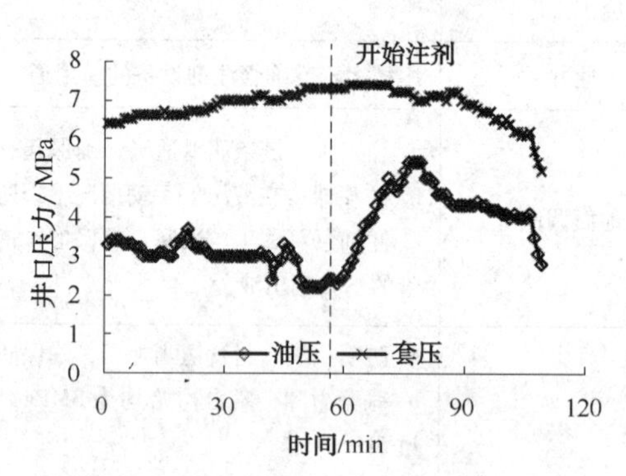

图 4-3-15　XS23-5H 井毛细管泡排前后油套压变化情况

四、水平井排水采气发展趋势

随着水平井钻完井技术在各气田的广泛应用，水平井排水采气工艺逐渐成为气田开发增产稳产的重要措施手段。由于水平井井身结构限制及大多数机械排水采气工艺的局限，传统排水采气工艺在水平井中的应用效果受限，而新型排水采气工艺受施工成本控制难以大面积推广。因此，水平井排水采气工艺亟待理论研究和工艺创新的不断深入发展，才能适应当下的需求。根据水平井排水采气工艺现状及难题，其发展方向应主要从以下几方面入手：

（1）加强水平井管流特征及积液动态特征理论研究，充分认识水平井井筒流型、压降和携液规律，明确水平井垂直、倾斜、水平段的流型和携液机理，为排水采气工艺设计和优选提供理论基础。

（2）实现钻井—完井—储层改造—试采—后期排水采气一体化联作配套工艺，从钻井设计源头就综合考虑各个作业环节，为后期排水采气工艺实施创造良好的井筒条件，如钻井过程中避免水平段形成高低起伏的蛇形，完井改造过程中提供水平井井筒全通径等。

(3) 加强有水气藏整体气水分布规律研究，着眼于整个气藏水的产出规律研究，将水平井单井排水采气与气藏整体排水采气相结合，最大化提高气藏采收率。

(4) 改进、发展、创新水平井排水采气工艺，在传统排水采气工艺技术优缺点研究基础上，可采用组合工艺研制高效、低成本排水采气工艺新方法。

第五章　井下节流

井下节流技术巧妙地将地面油嘴移植至井下，利用地热对节流后的天然气进行加热，既达到了防治水合物的目的，同时也降低了成本。掌握井下节流技术后，结合井下节流技术的适应条件和主要技术参数，成功地将其应用到气田开发的实践中去，可以最大限度地减少井筒和地面管线水合物形成的概率，地面可减少水套炉，简化流程，同时也减少了燃气量。井下节流技术的推广，为致密砂岩气藏的低成本开发打开了新思路。

第一节　井下节流工艺

一、工艺原理

井下节流技术就是在井下某一深度油管内坐放一定规格的节流器，通过节流器中放置的节流嘴实现井筒中节流降压，将压能转变成动能，提高流体流动速度，使节流后的流体始终保持临界流动状态，减少井口压力波动对井底的影响，并充分利用地热能量，防止水合物的生成。

该工艺利用天然气的压缩及膨胀性能，当气体流经节流嘴时，气体从突然缩小的截面通过，由于局部阻力较大，摩擦耗能将使气体有明显的压力降低，这也就是通常所说的节流现象。天然气节流是一个降压降温过程。当天然气从气层出来时，其平均压力一般都是几十兆帕，经过井下节流后压力可降为几个兆帕，此时温度也随之降低，但是由于地热的作用，温度逐渐回升，使节流后气流温度能恢复到节流前温度，防止了水合物的形成(如图 5-1-1 所

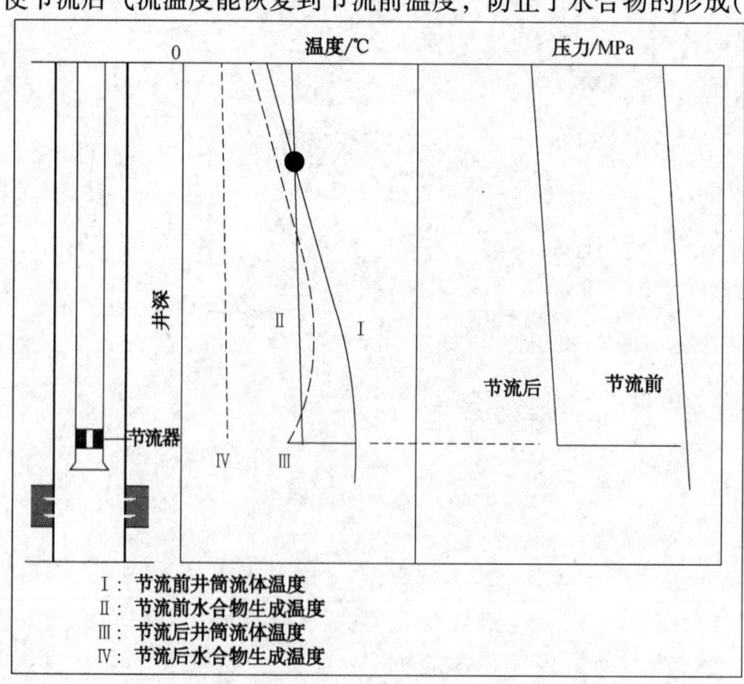

图 5-1-1　井下节流前后井筒温度、压力剖面图

示)，从井口出去的天然气可直接外输，无需地面节流和加热。井下节流工艺和常规地面节流相比，省去了用于地面节流的流程以及加热用的水套炉，大大节约了投入成本，可真正实现节能降耗、降本增效的目的。

井下节流工艺流程非常简单，天然气在井下经节流后进入地面输气流程或就近进入附近的集气站计量外输，井口保护器在节流失效或管线泄漏时起切断保护作用(图 5-1-2)。

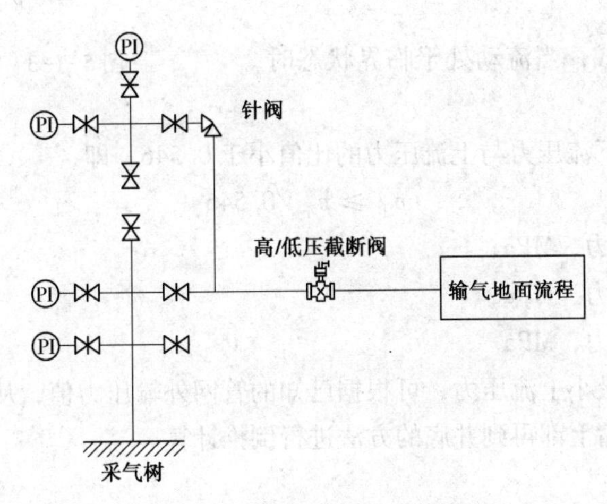

图 5-1-2　井下节流工艺流程图

二、工艺选井

选井是井下节流工艺设计前需充分评价的一个环节，通过对区块中的测试井、生产井进行适应性评价，筛选出适合井下节流施工的井。主要考虑如下因素：

(一) 井身结构

实施井下节流井的井斜角不宜过大，过大的井斜角导致节流器无法正常下入到设计深度并可能导致坐封不严，且给后期维护也造成很大难度。目前井下节流用于大斜度井的情况并不多，对比分析节流器在直井段和斜井段的受力可以看出，在坐放和打捞过程中，由于受力方向和分力的不同，斜井段节流器的施工作业较直井段更加困难。因此，选井时要求井口至节流器坐封段的井斜角小于 30°，但随着节流器的不断改进与完善，工具对井斜的适应能力也在不断提升。

(二) 生产管柱

为确保节流器能顺利投放和坐封，选井时要求生产管柱内通径保持一致，管柱如有缩径，极易使节流器遇卡而无法通过或提前坐封。此外，对于组合式生产管柱，应综合考虑管柱结构及设计下深，合理选取相应规格的节流器。

(三) 生产动态

1. 压力确定

界定压力时应综合考虑：①气井生成水合物的临界压力；②气井刚好达到临界流速。

(1) 水合物临界点

水合物的生成主要受压力、温度和气质组分的影响，不同气藏、不同井况的水合物形成条件也不同。在给定的气质组分条件下，通过评价井筒和地面管线内压力和温度的分布情况，可了解系统内是否具备水合物形成条件，假设以井口压力作为观察点，则必定存在一个临界点，使得系统刚好没有水合物生成，如果井口压力小于该临界值，则无需井下节流也不会生成水合物。因此，在选井时至少要求井口压力高于此临界值，才考虑是否进行井下节流。见图5-1-3。

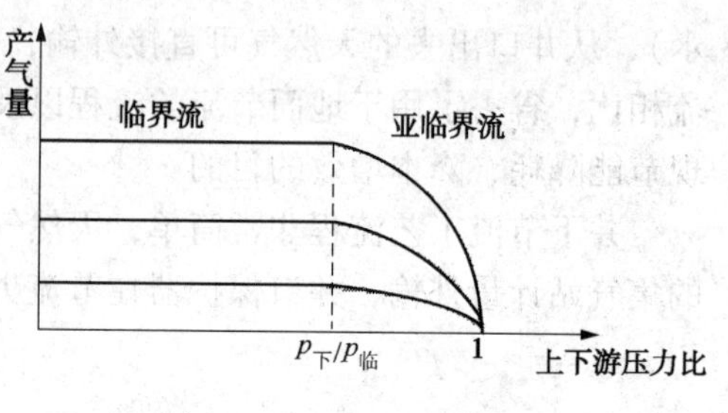

图5-1-3　嘴流动态曲线

（2）临界流速点

根据临界流速公式，当流动处于临界状态时，$p_下 / p_临 = 0.546$

井下节流时应使下流压力与上流压力的比值小于0.546，即，

$$p_上 \geqslant p_下 / 0.546$$

式中　$p_上$——上流压力，MPa；

$p_下$——下流压力，MPa；

$p_临$——临界压力，MPa。

为准确判断所需最小上流压力，可根据已知的管网外输压力值，从地面到井口，井口再到节流嘴上部、节流嘴上部再到井底的方法进行倒推计算。

2. 气水比

产水对井筒流动规律有较大的影响，水的存在改变了井筒的流态，由原先的气体单相流变为气水两相流，而气水两相在油管内流动可表现为不同的流态，根据水相在流动气体中分布状态的不同可以分为：环雾流、过渡流和段塞流。水相的存在改变了整个井筒流动系统的压力及温度剖面，使得气体经过节流嘴的流动变得不稳定。

王志彬等人在实验室模拟了不同气水比条件下的流态，得出了井下节流适应的气水比值，研究表明：

（1）当气水比为568m^3/m^3时，嘴前流型为段塞流，水段塞不能及时流过孔眼，嘴子入口处水滑落严重，孔眼的过流能力极不稳定。产水量、产气量、嘴前压力及嘴后压力较大幅度波动。

（2）当气水比为1634m^3/m^3时，嘴前流型为过渡流时，水在嘴前回落减缓，嘴流的稳定性较好。产气量、产水量、嘴前压力、嘴后压力波动幅度大大降低。

（3）当气水比为2037m^3/m^3时，嘴前流型为环雾流，水以液滴的形式均匀分散在气相中，流动所需生产压差较均匀，嘴子的过流能力表现出较好的稳定性。

从整个实验过程可以看出，随着气水比增加，嘴流的稳定性逐渐变好，当气水比增加到1800m^3/m^3时，嘴流稳定性几乎保持一致，说明流型已从段塞流过渡到环雾流。因此有水气井井下节流技术适用的气水比条件应高于1800m^3/m^3，同时，嘴径不应设计太小。

三、工具优选

（一）节流器分类

从国内井下节流工艺的实施情况来看，目前使用的节流器有两种，即活动式井下节流器和固定式井下节流器。

（1）活动式节流器。在完井管柱下入后，采用钢丝作业将井下节流器下入油管中，然后通过钢丝上提进行节流器坐封，节流器便通过卡瓦固定于油管壁，依靠胶皮筒进行密封。工具维护时采用钢丝上提节流器，使其解封，起出节流器后进行维护。

(2) 固定式节流器。这种节流器要求在管柱中预先连接一工作筒，并与管柱共同组下到预先设计位置，工作筒的位置应按设计要求能保证节流后不形成水合物。投产前将节流器通过钢丝作业下入到工作筒内，节流器与工作筒之间实现卡定、密封，达到节流目的。在后期需进行节流器维护时，采用钢丝作业起出节流器，维护后再下到工作筒内。

(二) 结构原理

活动式节流器主要由打捞头、卡瓦、胶皮筒、节流嘴及弹簧组成。打捞头与打捞工具对接，实现工具的投捞。在坐封前，上提中心杆，卡瓦张开悬挂油管壁，同时胶皮筒被挤压膨胀，实现初次密封，开井后在井下压力的作用下胶皮筒进一步被挤压，实现二次密封，确保密封效果；通过撞击剪断销钉，卡瓦、胶皮筒回收实现解封。其结构如图 5-1-4 所示，表 5-1-1给出了活动式节流器的主要参数指标。

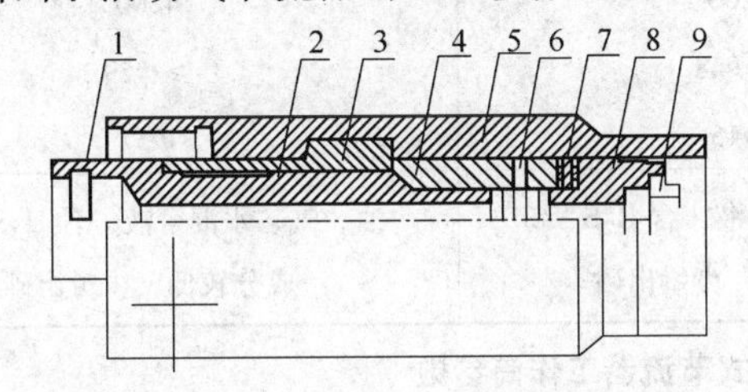

1—锁块轴；2—定位环；3—锁块；4—锁块体；5—工作筒；6—验座销钉；7—密封环；8—节流嘴；9—压帽

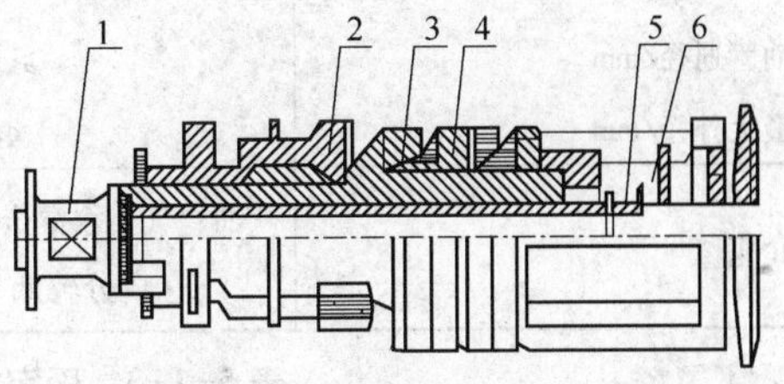

1—打捞头；2—卡瓦；3—上胶筒；4—下胶筒 5—节流嘴；6—弹簧

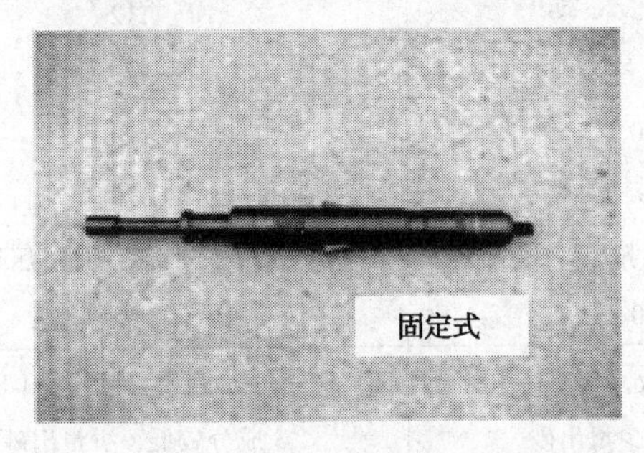

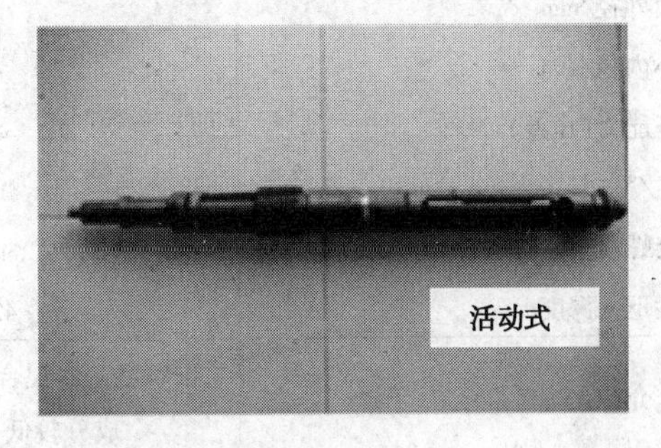

图 5-1-4 固定式与活动式井下节流器结构图与实物图

固定式节流器由工作筒和节流嘴两部分组成。节流器通过节流嘴的 O 形卡簧卡住工作筒的台阶实现固定，上下两组密封圈实现密封；解封时，通过专用打捞工具抓住打捞颈上提，卡簧回收实现解封；流体接触面采用新型纳米陶瓷材料，抗冲蚀能力强。其结构及实物如图 5-1-4 所示，主要结构参数如表 5-1-2~表 5-1-3 所示。

表 5-1-1 活动式节流器主要技术指标

节流器参数	卡瓦式节流器(Φ60.3mm 油管)	卡瓦式节流器(Φ73mm 油管)
节流嘴内通径/mm	Φ1.5~8.0	Φ1.5~8.0
节流压差/MPa	≤35	≤35
最小流量/($10^4 m^3/d$)	>0.1	>0.1
最大下入深度/m	4200	4200

续表

节流器参数	卡瓦式节流器(Φ60.3mm 油管)	卡瓦式节流器(Φ73mm 油管)
适用油管通径/mm	≥Φ48	≥Φ59
本体最大外径/mm	Φ46	Φ57
工作介质	油、气、水混合液，含 H_2S、Cl^- 成分较低，少量出砂	油、气、水混合液，含 H_2S、Cl^- 成分较低，少量出砂

表 5-1-2　固井式节流嘴参数

节流器参数	凸轮锁定节流器(Φ73mm 油管)	凸轮锁定节流器(Φ73mm 油管)
节流咀内通径/mm	Φ1.5~8.0	Φ1.5~8.0
节流压差/MPa	≤35	≤35
最小流量/(10^4m^3/d)	>0.1	>0.1
最大下入深度/m	4200	4200
适用油管通径/mm	≥Φ48	≥Φ59
本体最大外径/mm	Φ46	Φ57
工作介质	油、气、水混合液，含 H_2S、Cl^- 成分较低，少量出砂	油、气、水混合液，含 H_2S、Cl^- 成分较低，少量出砂

表 5-1-3　固定式节流器工作筒参数

节流器参数	凸轮锁定节流器(Φ73mm 油管)	凸轮锁定节流器(Φ73mm 油管)
最大外径/mm	104	112
最小内径/mm	43	50
承压能力(压差)/MPa	≤50	≤50
耐温/℃	120	120
连接螺纹	Φ73mm 平式油管扣(可压裂型)	Φ73mm 平式油管扣(可压裂型)
最大下入深度/m	4200	4200
工作介质	油、气、水混合液，含 H_2S、Cl^- 成分较低，少量出砂	油、气、水混合液，含 H_2S、Cl^- 成分较低，少量出砂
连接管柱内径要求/mm	>Φ59	>Φ59

(三) 工具选择

两种类型的节流器各有优缺点：

(1) 固定式节流器外径小，与油管间隙大，便于投捞，但需要预置工作筒，无法改变节流位置，工艺灵活性较差。

(2) 活动式井下节流工艺灵活性强，可以在油管内任意位置节流，不受工作筒的限制，可根据井的生产情况，随时调整下深，但由于节流器外径大，与油管间歇小，增加了打捞时的阻力。

在具体选择时，应根据气井的不同生产阶段、自身井况等加以考虑：

1. 根据气井的生产阶段选择

对于老井，若选择固定式，则需起出井内管柱，因此一般不予考虑。对于新井，若选用固定式，可在完井管柱上预置工作筒。而活动式则不受限，新井或老井均可选择使用。

2. 根据井斜选择

井下节流器通过钢丝作业进行投放及打捞，在考虑节流器坐封可靠性的同时，同样需要考虑钢丝作业的有效井斜，在钢丝作业能够顺利下入的情况下，需考虑打捞的难易程度。

根据不同节流器的井斜适应能力以及钢丝的作业能力，分别推荐如下：

(1) 井斜在30°以内，推荐使用活动式。活动式依靠剪断销钉解封，解封力大，大斜度井中较难操作，推荐作业井斜在30°内。

(2) 井斜在40°以内，推荐使用固定式。固定式由于其特有的台阶斜面结构，所需解封力小，仅需克服卡簧力，对井斜的适应能力相对较强。

3. 根据产能预测选择

预测气井产能较高且具备节流器下入条件时可选择固定式，若不能很好地判断气井产能，为了避免投资风险，可在压裂测试结束后，根据气井生产情况决定是否下入活动式井下节流器。

由于工艺的灵活性，活动式井下节流器是目前应用最广泛的节流器。

四、参数设计

(一) 节流前后温度压力剖面计算

1. 节流前井筒压力温度计算

正确地预测气井井筒温度、压力分布，有利于进行井下节流气井的生产系统动态分析和生产设施的优化设计。目前国内外计算井筒压力温度的模型较多，但是很多模型只考虑井筒平均温度或地温梯度，与实际井筒情况误差较大，而井下节流设计对井筒温度的计算要求有较高的精度，因此在计算时采用压力与温度耦合的模型，考虑井筒压力与温度之间的相互影响，较为真实地反映井筒压力及温度的剖面，其计算模型可参考第二章多层合采生产系统分析方法中的管流模型。

2. 井下节流嘴压降温降计算

天然气流过井下节流嘴时，因为过流截面突然收缩，其流速会迅速增大，造成局部阻力增大，使其压力显著下降，节流前后的压力与其流量的关系为：

$$Q_{sc} = \frac{40.8 p_1 d^2}{\sqrt{\gamma_g T_1 Z_1}} \cdot \sqrt{\left(\frac{k}{k-1}\right)\left[\left(\frac{p_2}{p_1}\right)^{\frac{2}{k}} - \left(\frac{p_2}{p_1}\right)^{\frac{k+1}{k}}\right]} \tag{5-1-1}$$

式中 p_1, p_2——天然气节流前、后的压力，Pa；

Q_{sc}——气体体积流量(标况)，m^3/d；

d——节流嘴直径，mm；

k——气体绝热指数；

T_1——节流前的温度，K；

Z_1——节流前气体的偏差系数；

γ_g——天然气相对密度。

在已知天然气的流量、节流前的温度 T_1 和压力 p_1 时，由式(5-1-1)变形后进行迭代可确定节流后的压力 p_2，压降 $\Delta p = p_2 - p_1$。

对于单位质量气体稳定流动，能量守恒方程为：

$$\left(h_1 + \frac{1}{2}v_1^2 + gz_1 + q\right) - \left(h_2 + \frac{1}{2}v_2^2 + gz_2 + w_s\right) = 0 \tag{5-1-2}$$

式中　h_2, h_1——节流前后气体的比焓，J/kg；

v_1, v_2——节流前后气体的流速，m/s；

z_1, z_2——节流前后气体的位置，m；

q——气体与周围环境的热交换，J/kg；

g——重力加速度，m/s^2；

w_s——气体做的功，J/kg；

对于天然气流过井下节流嘴的情况，可以作如下假设：①气体的动能变化相对于焓值较小，可以忽略；②由于节流嘴长度很小，节流前后的位能差近似为零；③天然气通过节流孔眼时流速很高，来不及进行热交换，q 等于零；④忽略气体作的轴功，式(5-1-2)可简化为：

$$h_1 = h_2 \tag{5-1-3}$$

上式意指绝热节流前后焓值相等。节流过程并非等焓过程，节流前后存在前降后升的焓变。

根据热力学理论，焓是气体的状态函数。因此，焓具有如下两个特点：

(1) 如果气体由状态1(p_1, T_1)变到2(p_2, T_2)，其焓变仅和状态1、状态2有关，而与气体的变化过程无关；

(2) 如果已知天然气组分及其温度和压力，就可以计算出天然气的焓值；反之，如果已知天然气组分及其焓值和压力，就可以计算出天然气的温度。

根据以上焓的特点，可以采用以下思路计算天然气的节流温降。

(1) 根据节流前天然气的温度、压力计算节流前天然气的焓。因为节流前后的焓相等，计算出了节流前天然气的焓也即求出了节流后天然气的焓。

(2) 根据节流后的压力和焓值，反求节流后天然气的温度。

在给定条件下物质的焓可表示为该温度下理想气体的焓 h_0 与等温焓差($h - h_0$)之和。等温焓差的热力学方程为：

$$h - h_0 = \int_0^V \left[T\left(\frac{\partial p}{\partial T}\right)_V - p \right] \mathrm{d}V + RT(Z - 1) \tag{5-1-4}$$

天然气状态方程的压力形式为：

$$\left(\frac{\partial P}{\partial T}\right)_V = \frac{R}{V - b} - \frac{\dfrac{\partial a}{\partial T}}{V(V + b) + b(V - b)} \tag{5-1-5}$$

将式(5-1-3)、式(5-1-5)代入式(5-1-4)，可导出等温焓差公式如下：

$$\frac{h - h_0}{RT} = \frac{T\dfrac{\partial a}{\partial T} - a(T)}{RT2\sqrt{2}b} \ln \frac{Z + 2.414B}{Z - 0.414B} + (Z - 1) \tag{5-1-6}$$

式中：

$$T\frac{\partial a}{\partial T} = -\sum_{i=1}^{n}\sum_{j=1}^{n} x_i x_j m_j (\alpha_i a_i a_j T_{rj})^{0.5}(1 - K_{ij})$$

$$B = \frac{bP}{RT} \tag{5-1-7}$$

组分 i 的理想气体的焓可表示为温度的5次方程：

$$h_{0i} = 1000(B_{0i} + B_{1i}T + B_{2i}T^2 + B_{3i}T^3 + B_{4i}T^4 + B_{5i}T^5) \tag{5-1-8}$$

$$h_0 = \sum_{i=1}^{n} h_{0i} \tag{5-1-9}$$

式中，$B_{0i} \sim B_{5i}$ 为理想气体的焓常数。

由给定温度条件下等温焓差和理想气体的焓，该条件下混合物的焓值为：

$$h = 1000(h - h_0) / M + h_0 \tag{5-1-10}$$

$$M = \sum_{i=1}^{n} zM_i \tag{5-1-11}$$

$$h = (1 - e)\, h_l + eh_v \tag{5-1-12}$$

式中 M——气体平均分子量，kg/kmol；

M_i——组分 i 的气体平均分子量，kg/kmol；

h_l——液相的焓，J/kg；

h_v——气相的焓，J/kg；

e——天然气气相的摩尔分率；

x_i——组分 i 的液相摩尔分数；

y_i——组分 i 的气相摩尔分数。

已知天然气组成、节流前温度和压力，可求出节流前天然气的焓值 h_1。根据相平衡计算可求得节流后天然气的气相摩尔分率 e、各组分的液相摩尔分数 x_i 及气相摩尔分数 y_i。假设节流后的温度初值 T_0，可求得节流后混合物的焓 h_2，然后调整 T_0 使 h_1、h_2 相等，通过如此迭代方法便可求出天然气节流后的温度。

3. 节流后温度压力剖面计算

通过节流前压力温度模型与节流嘴压降温降模型的结合，可实现节流后井筒压力温度的计算，基本步骤为：

(1) 给定井下节流器基本参数(下深、嘴径)和井底温度；

(2) 根据试井解释得到的二项式产能方程和配产要求确定井底流压；

(3) 调用气井节流前压力温度模型计算从井底到井下节流器入口处的压力和温度分布；

(4) 当计算到井下节流器下入深度位置时，调用井下节流压降温降模型，计算节流压降和温降，从而得到节流器出口压力、温度；

(5) 再次调用节流前压力温度模型，以节流器出口压力、温度为初值计算到井口，便可得到井下节流压力温度分布；

(6) 在求取井筒压力、温度分布的基础上，可进行水合物生成情况预测。

(二) 节流参数计算

1. 绝热膨胀过程中状态参数的关系

气体作等熵膨胀时，温度与压力有如下关系：

$$\frac{T_2}{T_1} = \left(\frac{p_2}{p_1}\right)_{\mathrm{K}}^{Z_1(K-1)/K} \tag{5-1-13}$$

用摄氏温度单位上式可写为：

$$T_2 = (T_1 + 273)\, \beta_{\mathrm{k}}^{Z_1(K-1)/K} - 273 \tag{5-1-14}$$

节流嘴入口温度(T_1)受井筒流动温度的控制。而流动温度梯度必须由生产测井得到。但是在某些情况下，气井缺少温度测量数据，为了找出节流嘴进、出口温度与节流嘴所在深度的关系，有必要引用地温梯度来做一些近似的定量判断。

图 5-1-5 表示气井有无井下节流的温度梯度曲线与地温梯度的关系。

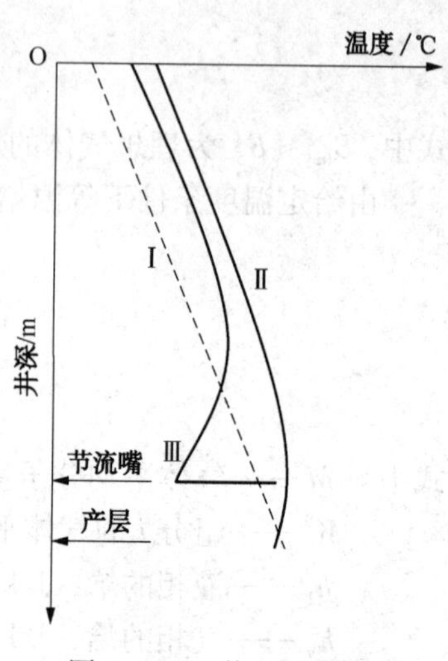

图 5-1-5 井下节流的温度梯度示意图

曲线Ⅰ表示沿井筒的地温梯度曲线；曲线Ⅱ表示无井下节流的流动温度曲线；曲线Ⅲ表示有井下节流的流动温度曲线。

假定由地温增率(M_0)折算到节流嘴所在深度(L_0)的地热温度近似等于节流嘴入口处的流体温度(T_1)，用摄氏温度单位表示为：

$$T_1 = T_0 + L_0/M_0 \tag{5-1-15}$$

式中 T_0——地面平均温度,℃；

M_0——地温增率，m/℃。

将式(5-1-15)代入式(5-1-14)得到如下估算公式：

当有井温数据时：

$$T_2 = (T_{wf} + 273)\beta_k^{Z_1(K-1)/K} - 273 \tag{5-1-16}$$

当无井温数据时：

$$T_2 = (T_0 + L_0/M_0 + 273)\beta_k^{Z_1(K-1)/K} - 273 \tag{5-1-17}$$

式中 T_{wf}——节流嘴所在深度处的流动温度,℃；

L_0——节流嘴所在深度，m。

2. 最小下入深度确定

气井放置井下节流嘴的时候必须避免在节流嘴的下流生成水合物。预测水合物要考虑的因素：节流嘴下流压力 p_2；节流嘴下流温度 T_2、天然气的相对密度 γ_g、酸性气体 H_2S 或 CO_2等。

预测方法：估算下流压力

$$p_2 = \beta_k p_1 = [2/(k-1)]^{K/(K-1)} p_1 \tag{5-1-18}$$

下流温度(T_2)必须高于水合物温度 T_h，即 $T_2 \geqslant T_h$。

水合物形成温度 T_h 由天然气水合物生产条件的关系曲线查得或由相关经验公式计算得到。

令 $T_2 \geqslant T_h$，并代入式(5-1-17)，则

$$T_h \leqslant (T_0 + L_{min}/M_0 + 273)\beta_k^{Z_1(K-1)/K} - 273 \tag{5-1-19}$$

式中 L_{min}——不生成水合物的节流嘴最小下入深度，m。

由式(5-1-19)可得节流嘴最小下入深度的估算公式：

当有井温数据时，已知节流嘴所在深度处的平均温度梯度为 G_T，

$$L_{min} \geqslant G_T[(T_h + 273)\cdot\beta_k^{-Z_1(K-1)/K} - (T_0 + 273)] \tag{5-1-20}$$

当无井温数据时，

$$L_{min} \geqslant M_0[(T_h + 273)\cdot\beta_k^{-Z_1(K-1)/K} - (T_0 + 273)] \tag{5-1-21}$$

3. 合理嘴径的确定

为了满足气井产量的要求，必须根据气井配产，采用临界状态原理确定节流器的油嘴直径。在临界流动状态下，油嘴下流压力的波动不会影响上流，即油嘴以后管线和分离器等设备的压力波动不会影响油嘴前地层的流动，使通过油嘴的气体流量达到最大值。达到临界流速时气井产气量的计算公式为：

（1）气体单相流

$$Q_{max}=\frac{4.066\times10^{3}p_1d^2}{\sqrt{\gamma_g T_1 Z_1}}\cdot\sqrt{\left(\frac{k}{k-1}\right)\left[\left(\frac{2}{k+1}\right)^{\frac{2}{k-1}}-\left(\frac{2}{k+1}\right)^{\frac{k+1}{k-1}}\right]} \tag{5-1-22}$$

式中 Q_{max}——标准状态下通过油嘴的体积流量，m^3/d；

d——油嘴直径，mm；

γ_g——天然气相对密度。

由式(5-1-22)可得井下节流嘴直径的计算公式为：

$$d=\sqrt[4]{\frac{6.04\times10^{-8}\gamma_g T_1 Z_1 Q_{max}^2}{\sqrt{\left(\frac{k}{k-1}\right)\left[\left(\frac{2}{k+1}\right)^{\frac{2}{k-1}}-\left(\frac{2}{k+1}\right)^{\frac{k+1}{k-1}}\right]}p_1^2}} \tag{5-1-23}$$

（2）气、水两相流

$$d=\sqrt{0.3325\frac{Q_w}{\sqrt{1.75p_1}}+6.67\times10^{-3}\frac{Q_g}{p_1}} \tag{5-1-24}$$

式中 Q_w——日产水量，m^3/d；

Q_g——日产气量，$10^4m^3/d$；

d——节流嘴直径，mm；

p_1——上流压力，MPa。

（三）节点分析

以上讨论了井下节流参数的设计方法，一旦确定了节流嘴的位置，那么影响产能的因素就是节流嘴的直径。

例 已知某气井的参数：井中部深度 $H=1618$m，油管尺寸为 62mm（内径），产层温度 320K，天然气相对密度 0.6，地层压力 16.5MPa，井口压力 3.1MPa，节流嘴下入深度为 1200m。试分析节流嘴直径对气井产能的影响。

解：分析节流嘴直径对气井产能影响的步骤如下：

（1）取井下节流嘴为解节点。则流入部分为地层外边界至节流嘴，总压力损失不包括节流嘴本身的压力损失；流出部分包括从井口到节流嘴，总压力损失也不包括节流嘴本身的压力损失；节流嘴本身有压力损失。

（2）计算流入动态曲线。假设一系列产量，对每个产量，根据地层压力和产能方程，计算井底压力；由井底压力和单相气体垂直管流计算节流嘴处压力，即流入节点压力，见表5-1-4。

表 5-1-4 取节流嘴为解节点时的流入和流出动态数据

产量/($10^4m^3/d$)	0	0.2	0.4	0.6	0.8	1	1.2	1.4
流入节点压力/MPa	16.42	16.09	15.76	15.42	15.07	14.71	14.03	13.96
流出节点压力/MPa	3.36	3.37	3.37	3.37	3.38	3.38	3.38	3.39
压差/MPa	13.06	12.72	12.39	12.05	11.69	11.33	10.65	10.57

（3）计算流出动态曲线。假设一系列产量，对每个产量，由井口压力和单相气体垂直管流计算方法计算节流嘴处压力，该压力就是流出节点压力，结果列于表 5-1-4。

（4）计算节流嘴压降与产量的关系曲线。对不同的节流嘴直径，假设一系列产量，对每个产量，计算节流嘴的压力损失，结果见表 5-1-4。

（5）求解不同节流嘴直径下的协调点。

（6）将节流嘴直径与产量的关系作图，如图 5-1-6 所示。

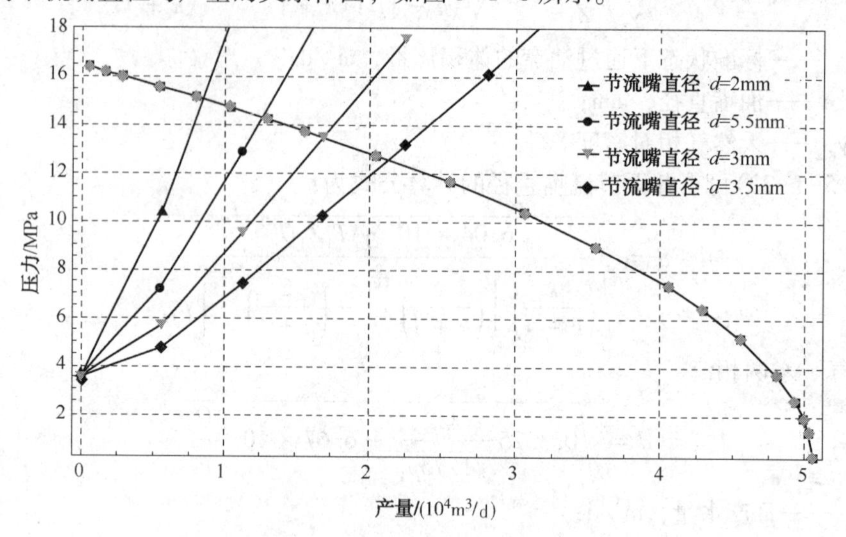

图 5-1-6　节流嘴直径敏感参数分析

节流嘴直径增加，气井产量增大。因此，利用节流嘴可以控制气井产量。

第二节　新场气田井下节流技术应用

一、技术发展

新场气田发现于 1990 年，主力气藏为沙溪庙组气藏，1994 年投入规模开发，是中石化西南油气分公司最重要的生产天然气基地。新场气田自 2006 年开始引进井下节流工艺，经过多年的技术攻关，井下节流工艺处于不断完善及推广阶段，工具在材质及结构上也不断得到改进，除提高了井斜的适应能力外，也大大提高了密封及抗冲蚀能力，极大促进了新场气田井下节流工艺的推广应用。

2006~2008 年期间，开展了活动式井下节流现场试验，由于新场气田定向井居多，出现了节流器在斜井段坐封不严易失效、卡瓦卡挂力不够导致工具上移等现象，且打捞难度大，统计的投捞成功率仅 25%，因此 2009~2010 年开始试验固定式井下节流工艺，固定式节流嘴尺寸小、投捞灵活，井斜适应能力强，但由于工作筒内通径小，台阶处易沉砂，导致多口井的节流嘴未投放成功。2010 年以后，在前期经验总结基础上，针对第一代活动式节流器井斜适应能力差的问题，对卡瓦系统、密封系统、弹簧系统以及投捞工具进行了改进，改进后的活动式井下节流器(图 5-2-1)，其卡瓦强度更强、密封性能更好，且长度也更短，节流器的投捞成功率由 25%提高到 90%以上，使得第二代活动式节流器在定向井中的适应性得到了增强，并逐步推广应用。

图 5-2-1　改进后的活动式井下节流器

二、应用效果

截至2013年底，新场气田致密砂岩气藏应用井下节流60多口井，多数井的井斜在20°以上，其中井斜最大的为36.6°，井下节流工艺在定向井逐步推广，效果显著。

（一）利用地热，防止了气井堵塞，生产更加平稳

井下节流将地面节流转移至井下，充分利用地热对节流后的低温天然气进行加热，防止水合物生成。根据已实施的气井生产情况表明，气井在冬季没有发生冰堵，各项生产参数运行平稳，极大地消除了安全隐患，提高了气井生产效率。

此外，由于井下节流后气井流速增加，有利于气井排液，同时实现气井连续排液，双波纹卡片表现为差压平稳，静、差压均表现为圆盘形状，生产变平稳(图5-2-2)。

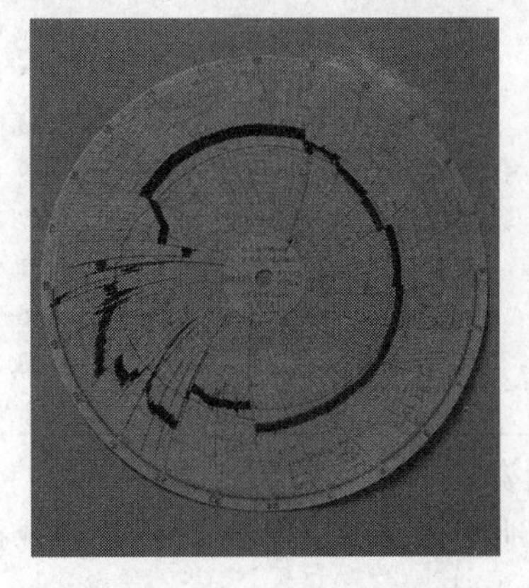

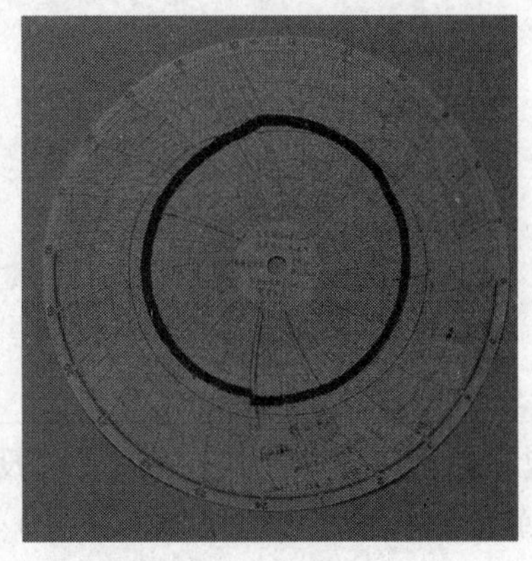

图5-2-2　CX452井节流前后生产情况对比(双波纹卡片图)

（二）防止产层激动，确保平稳采气，提高了单位压降采气量

实施井下节流后，由于节流油嘴前后的高压气流达到了临界流状态，地面的压力波(管网压力波动、地面操作等)均不会传递到储层，防止了产层激动，有效地保护了储层，压力和产气量也变得更稳定了，确保了平稳采气(图5-2-3)；同时由于套压下降速度减缓，单位压降下的产气量得到了提高。

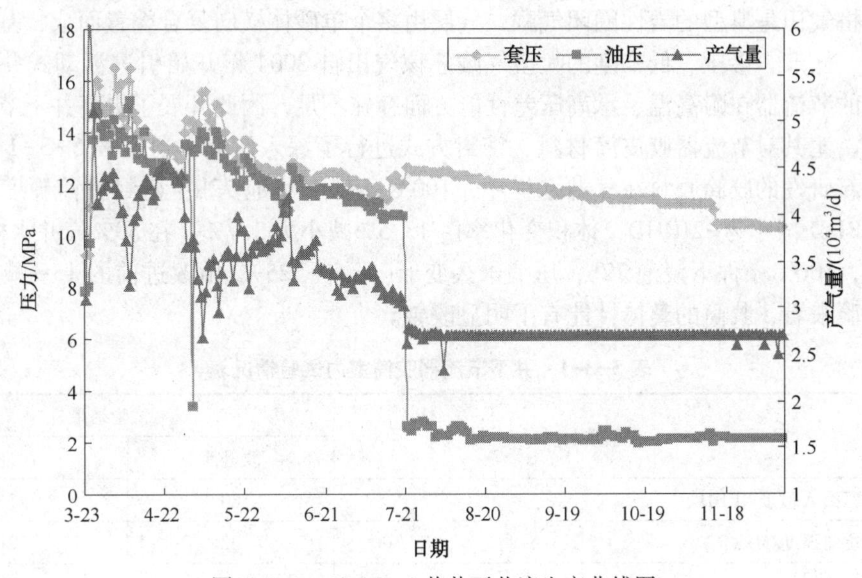

图5-2-3　CX450-1井井下节流生产曲线图

统计数据表明（表 5-2-1），各井实施井下节流工艺前平均单位套压降的产气量为 76.44×10^4m^3/MPa，实施井下节流工艺后，平均单位套压降为 149.35×10^4m^3/MPa，实施井下节流后单位套压降下产气量提高近 2 倍。

表 5-2-1　井下节流入前后单位套压降产气量对比

井　号	单位压降产气量/（10^4m^3/MPa）		
	井下节流前	井下节流后	节流后比节流前增加量
CX452	69.26	175.72	106.46
CX483	134.41	157.36	22.95
JS27	36.10	131.6	95.50
CX450-1	43.98	148.65	104.67
MP43	22.1184	177.15	155.03
MS5	33.42	186.89	153.47
MP49	79	109	29.8
MP51	98	115	17.2
MP51D-1	97.5	119.5	21.9
MP55D	75	102	26.7
MJ102	152	220	68.3
平均	76.44	149.35	72.91

（三）简化了地面集输流程，节省了工程投资

采用井下节流技术后，利用地热，取消了地面加热单元，达到了节能减排目的。已在 60 多口井推广应用，节约建站和采气费用 3000 万元。

目前定向井井下节流工艺正由井组向着气田化模式发展，同时地面配套数字化，逐步实现气田数字一体化发展模式。

第三节　苏里格气田井下节流技术应用

一、技术发展

苏里格气田是典型的岩性圈闭气藏，气层由多个单砂体横向复合叠置而成，基本属于低孔、低渗、低产、渗压、低丰度的大型气藏。该气田自 2004 年开始引进活动式井下节流工艺，早期的节流器在耐高温、承高压差性能方面存在不足，因此开展了提高井下节流器整体性能研究，尤其对节流器胶皮筒材料、密封方式进行了深入研究。通过表 5-3-1 的试验结果来看，新研发的胶筒胶料在气井水样中，100℃条件下浸泡 72h：密封胶筒硬度变化由改进的-20IRHD 减小为-2IRHD；体积变化率由 13.5%减小为 3.7%。在 50%气井水样+50%甲醇介质中，100℃条件下浸泡 72h，压缩永久变形（压缩了 25%）由改进前的 15%减小为 9%。从室内试验来看，胶筒的整体性能有了明显改善。

表 5-3-1　井下节流器胶筒室内试验情况表

序号	试验项目	试验结果	
		改进前	改进后
1	邵氏 A 硬度/IRHD	80	76
2	拉伸强度/MPa	22	21
3	拉断伸长率/%	410	320

续表

序号	试验项目	试验结果	
		改进前	改进后
4	压缩永久变形(B行式样)(100℃，72h压缩率25%)/%	59	29
5	热空气老化(100℃，72h) 邵氏A硬度/IRHD 拉伸强度/MPa 拉断伸长率/%	 80 23 410	 78 24 330
6	气体水样(100℃，72h) 邵氏A硬度变化/IRHD 体积变化率/%	 -20 13.5	 -2 3.7
7	50%气井水样+50%甲醇(100℃，72h) 压缩永久变形(压缩率25%)/%	 15	 9

在研制新型橡胶材料基础上，重新设计胶筒结构，改变胶筒的应力特征，另外通过减少密封环节、改变密封方式等技术攻关，解决了大压差节流、高温条件下使用寿命短的难题，提高了井下节流器整体性能，一次坐封成功率达到了97.1%。

此外，在对卡瓦式井下节流器改进完善的同时，作为后备技术保障，研制了固定式井下节流器，由工作筒和芯子两大部分组成。新井下完井生产管柱时，在设计位置安装工作筒，芯子投放打捞采用钢丝作业。芯子依靠锁块卡入工作筒实现定位，采用密封圈密封，性能可靠。

目前苏里格气田已应用井下节流工艺上千口井，井下节流技术规模化应用取得显著成效，形成苏里格气田特有的中低压集气模式，使苏里格气田规模开发取得了突破性进展。

二、应用效果

井下节流技术与地面节流相比具有以下优点：大幅度降低了地面管线运行压力；有效防止了水合物的形成，提高了开井时率；气井开井和生产无需井口加热炉；有利于防止地层激动和井间干扰，在较大范围内实现地面压力系统自动调配。

(一) 大幅度降低地面管线运行压力，简化优化了地面流程

苏里格气田通过井下节流技术的应用大幅度降低了井口及地面管线运行压力，节流前后的平均油压由20.116MPa降为约2.83MPa，为节流前平均油压的14.04%。在这个压力下，完全可以直接采用中低压管线集气流程，避免采用高压生产造成管线不必要的浪费。

(二) 有效防止了水合物形成，提高了气井开井时率

采用井下节流降压后，降低了水合物形成的初始温度，防止了水合物的形成，提高了气井开井时率。统计16口井的生产对比资料表明，平均开井时率由88.5%上升到99.5%。

井下节流前井口油压为14~23MPa，此时水合物形成温度大于21℃。苏里格气田气井井口气流温度为0~18℃，井筒及地面管线易生成水合物堵塞而造成关井，影响气井开井时率。

井下节流后井口油压为2~5MPa，对应的水合物形成温度为3.4~12.9℃，大大降低了水合物形成条件，有效地防止了水合物的形成。如果上压缩机生产，节流后井口油压小于1.3MPa，此时水合物形成温度小于1.5℃，而冻土层下的地温为2~3℃，可基本消除水合物的形成。

(三) 提高气流携液能力

由最小携液流量公式，计算了未节流和节流器投放1800m处气井临界携液流量，如图

5-3-1所示。可以看出，由于采用井下节流技术后，井下节流器气嘴以上的气流压力大大降低，使得气井最小携液流量大大减小。因而，井下节流技术提高了气流的携液能力。

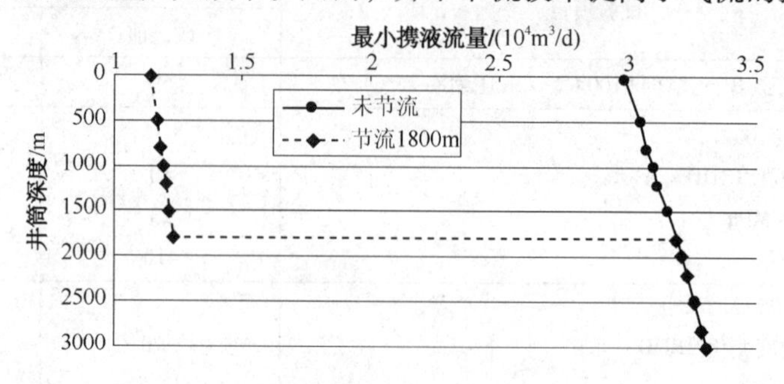

图 5-3-1　不同井筒深度气井临界携液流量图

（四）有利于防止井间干扰，实现地面压力系统自动调配

苏里格气田部分井采用井间串联的集气方式(图 5-3-2)，采用井下节流技术后，由于气嘴工作在临界流状态，下游压力的波动不会影响到地层本身压力，而井口油压的变化不会影响其他井的正常生产。

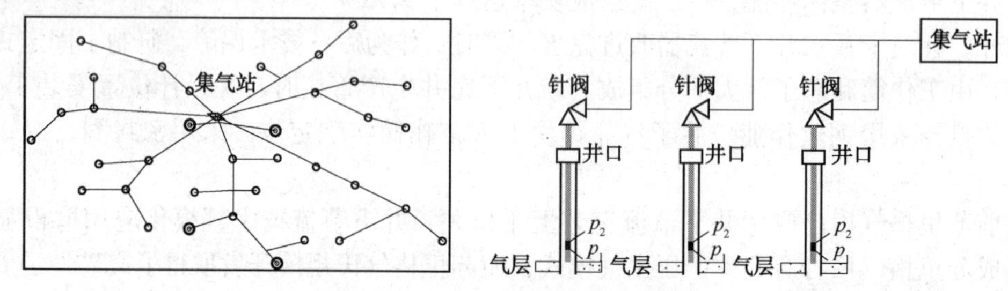

图 5-3-2　苏里格气田气井串联集气方式

应用井下节流技术后，在处于临界流动状态下，井口油压可在较大压力范围内实现地面压力系统自动调配而不影响气井产量(图 5-3-3)。在冬季采用压缩机生产尽量降低地面集输管线压力从而防止水合物形成，在夏季停用压缩机生产，节约生产成本。

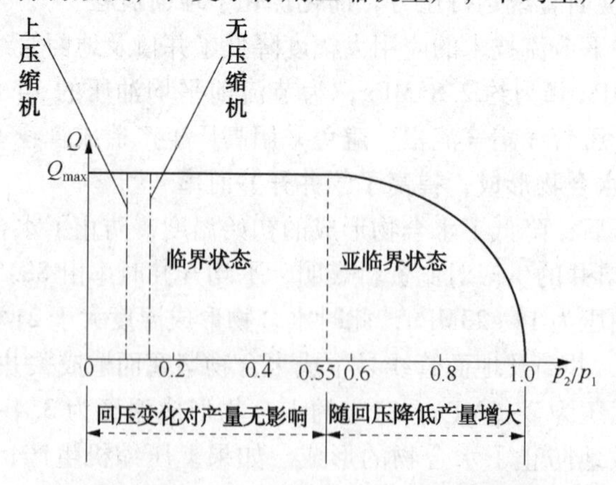

图 5-3-3　实现地面压力自动调配原理

第六章　低压采气

致密砂岩气藏一般采用衰竭式开发方式。到了开发后期，气井井口压力接近管输压力时，往往需要采取一些工艺措施，来进一步降低气藏废弃压力，提高最终采收率。气藏进入低压阶段，常采用的工艺有：高低压分输工艺、增压开采工艺和负压采气工艺。其中增压开采工艺主要有压缩机增压（含整体、分区）和天然气喷射器增压；负压采气工艺应用相关设备，将气井井口压力降为负压来实施采气。

第一节　低压气井高低压分输

一、工艺技术原理

气井生产系统可分为三部分：气体通过气层孔隙介质或裂缝流入井底，气体通过井筒的管柱流至井口，气体通过地面集输管线至输、配气站。增大每一部分的生产压差，都有助于提高气井产量。

高低压分输技术是针对气田开发后期各气井压力高低不同和输气干线输压不同而采用的一项气田提高采收率的措施。该技术运用很广泛，基本上与石油天然气利用同步，对于致密纵向多层开发气藏，应用尤其广泛。一个气田，在滚动勘探开发过程中，由于气藏、气井投产先后不一，气藏地质特征差异等，会造成高低压系统并存的现象：即当先投产的气藏进入后期低压开采阶段时，后投产的气藏还处于高压开采阶段。如果高低压气井同时进入一套管网系统进行天然气集输，势必会造成高压气降压，以保证低压气顺利外输，造成外输能量浪费。因此，开发生产和集输管网压力需求的矛盾，使高低压分输技术应运而生。

采用高压、低压两套管网，使低压气进入低压集输管网，通过降低地面集输管线压力，从而使气井生产系统内能形成一定的生产压差来保证气井正常生产，以达到降低低压气井废弃压力，提高采收率的目的；高压气井进入高压管网，有效解除高压气井对低压气井生产的抑制，同时降低高压气井的节流降压程度，充分利用高压气井的压力资源。每套压力级别的管网系统独立管网压力运行，但各套管网有相交点，可根据实际需求统一调配和运营管理，从而达到降低低压气井废弃压力，提高采收率的目的。

二、工艺设计方法

在高低压分输技术设计过程中，需要根据气田的开发实际情况，利用相关优化软件对气田、气井、集输站场、管网进行优化建模，得到不同的高低压分输方案。通过综合考虑技术经济等特征指标，可分别采用改进层次分析法和逼近理想解排序法，对备选方案进行优选，最终确定最优方案。

（一）改进层次分析法

1. 建立层次结构图

设计采用特征指标，对方案进行技术经济评价。构造层次结构见图6-1-1。

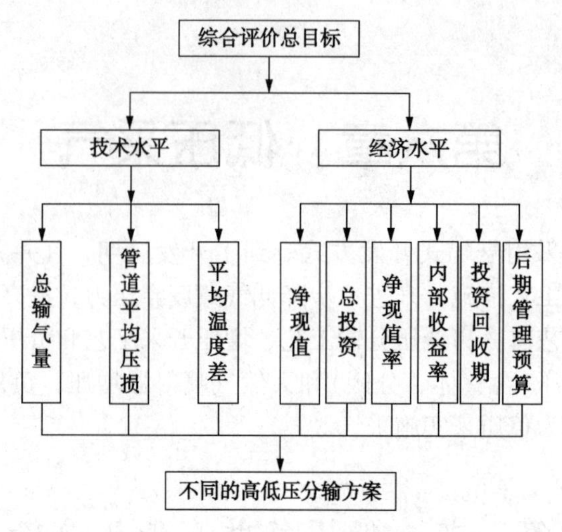

图 6-1-1　层次分析机构模型图

2. 构造判断矩阵

各指标按重要性大小排列顺序为：财务内部收益率>总投资>总输气量>财务净现值>投资回收期>管线平均压损>财务净现值率>后期管理估算>温度变化差。

采用三标度层次分析法为各个特征指标确定权重，设总输气量、财务净现值、财务内部收益率、财务净现值率、管线平均压损、总投资、投资回收期、后期管理估算、温度差分别为 t_1、t_2、…、t_i 为第 i 个特征指标，构成权重矩阵为 $A=a_{ij}$（其中特征指标 t_i 比 t_j 大则为 2，相等则为 1，小则为 0.5）。

$$A=\begin{bmatrix} 1 & 2 & 0.5 & 2 & 2 & 0.5 & 2 & 2 & 2 \\ 0.5 & 1 & 0.5 & 2 & 2 & 0.5 & 2 & 2 & 2 \\ 2 & 2 & 1 & 2 & 2 & 2 & 2 & 2 & 2 \\ 0.5 & 0.5 & 0.5 & 1 & 0.5 & 0.5 & 0.5 & 2 & 2 \\ 0.5 & 0.5 & 0.5 & 2 & 1 & 0.5 & 0.5 & 2 & 2 \\ 2 & 2 & 0.5 & 2 & 2 & 1 & 2 & 2 & 2 \\ 0.5 & 0.5 & 0.5 & 2 & 2 & 0.5 & 1 & 2 & 2 \\ 0.5 & 0.5 & 0.5 & 0.5 & 0.5 & 0.5 & 0.5 & 1 & 2 \\ 0.5 & 0.5 & 0.5 & 0.5 & 0.5 & 0.5 & 0.5 & 0.5 & 1 \end{bmatrix} \tag{6-1-1}$$

3. 求特征值和特征向量

求出最大特征值和其对应特征向量。最大特征值为 $\lambda_{\max}=9.5074$，其对应的特征向量为权重。一致性指标为(9.5074−9)/(9−1)=0.0634，根据层次分析一致性表查得，维数为 9 的一致性指标为 1.45，所以 0.0634/1.45=0.0437<0.1，认为判断矩阵一致性可以接受。其权重 W_i 为 $\lambda_{\max}$ 对应的特征向量，将权重化为和为 1 的标准权重，即 $W_i=W_i/\sum_{j=1}^{n} w_i$ 数据如表 6-1-1 所示。

表 6-1-1 特征指标的标准权重

总输气量	财务净现值	财务内部收益率	财务净现值率	管线平均压损	总投资	投资回收期	后期管理估算	温度差
0.1399	0.1199	0.1903	0.0755	0.0881	0.1632	0.1028	0.0648	0.0555

4. 计算综合指标

（1）将原始数据无量纲规范化处理，即得规范决策矩阵表。标准化处理采用 $C_{ij}=y_{ij}/\sqrt{\sum_{i=1}^{m}y_{ij}^2}$ 标准化处理后得到矩阵 C。

（2）构成加权规范矩阵 $X=\{X_{ij}\}$。设由层次分析法得到的权重为 $W=(w_1, w_2, \cdots, w_n)$ 由于管线平均压损、总投资、投资回收期、后期管理预算、平均温度差属于成本型属性，值越小越好，故在其权重前添加负号，所得到综合指标公式为

$$v_i=w_1c_{i1}+w_2c_{i2}+w_3c_{i3}+w_4c_{i4}-w_5c_{i5}-w_6c_{i6}-w_7c_{i7}-w_8c_{i8}-w_9c_{i9}w_n \quad (6-1-2)$$

综合指标越大，表示到差理想方案与到理想方案的距离之比越大，方案越好。

（二）逼近理想解排序法（TOPSIS 法）

1. 逼近理想解排序法基本原理

理想点解 x^*（理想方案）是一个方案集 X 中并不存在的虚拟最佳方案，它的每个特征值都是决策方案中该特征指标的最优值。负理想解 x^0（差理想方案）是一个方案集 X 中并不存在的虚拟的最差方案，它的每个特征值都是决策方案中该特征指标的最差值。在 n 维空间中，将方案集 X 中的各个备选方案 x_i 与负理想方案 x^* 和理想方案 x^0 的距离进行比较，既靠近理想方案又远离负理想方案的方案，是方案集 X 中的最佳方案。将到负理想解的距离与到理想解的距离之比作为综合指标，综合指标越大，说明方案越好，按综合指标大小排出方案集 X 中个备选方案的优劣序。

2. 逼近理想法的算法步骤

（1）将原始数据无量纲标准规范化处理，即得到决策矩阵（方法同层次分析法）。

（2）构成加权规范矩阵 $X=\{x_{ij}\}$，通过多个专家对各个特征指标进行打分，求出各个特征指标的权重平均值，权重为

$$W=(w_1, w_2, \cdots, w_n)^T=(0.14; 0.12; 0.19; 0.08; 0.09; 0.16; 0.10; 0.06; 0.05)^T \quad (6-1-3)$$

则 $X_{ij}=W_j\times C_{ij}$，$i=1、\cdots、m$；$j=1、\cdots、n$，即得到 X。

（3）确定理想方案 x^* 和负理想方案 x^0 第 j 个属性值为 x_j^* 和 x_j^0

$$\text{理想解 } x_j^*=\begin{cases}\max\limits_i x_{ij} & \text{第 } j \text{ 个属性为效益型属性（值越大越好）}\\ \min\limits_i x_{ij} & \text{第 } j \text{ 个属性为成本型属性（值越小越好）}\end{cases}$$

$$\text{负理想解 } x_j^0=\begin{cases}\max\limits_i x_{ij} & \text{第 } j \text{ 个属性为成本型属性（值越小越好）}\\ \min\limits_i x_{ij} & \text{第 } j \text{ 个属性为效益型属性（值越大越好）}\end{cases}$$

由于管线平均压损、总投资、投资回收期、后期管理预算、平均温度差属于成本型，可计算出理想方案和负理想方案的特征值。

（4）计算各个方案到理想方案和到负理想方案的距离。

备选方案 X_{ij} 到理想方案的距离

$$d_i^* = \sqrt{\sum_{j=1}^{n}(x_{ij} - x_j^*)^2},\ i = 1,\ \cdots,\ m$$

备选方案 X_{ij} 到负理想方案的距离

$$d_i^0 = \sqrt{\sum_{j=1}^{n}(x_{ij} - x_j^0)^2},\ i = 1,\ \cdots,\ m$$

（5）计算各方案的排队指标值(即综合评价指数) $C_i^* = d_i^0/d_i^*$

各方案的综合指标，按 C_i^* 由大到小排列方案的有列次序。根据其原理，综合指标越大，表示到差理想方案与到理想方案的距离之比越大，方案越好。

三、高低压分输技术应用

高低压分输技术在川西气田应用广泛。以新场气田为例，气田为多气藏复合性气田，在开发初期，采用了不同井深、不同层位的气井同井场合采的方式，不同层位气井进入同一地面集输系统进行生产。蓬莱镇组气藏原始地层压力低，储层渗透性差($0.2\times10^{-3}\sim1.2\times10^{-3}\mu m^2$),生产中表现出地层压降速度快、单井产能低、稳产期短、递减率大的特征；气井一般生产 3~4 年后，井口压力逐步降至集输管网运行压力水平。沙溪庙组气藏投入规模开发时间晚，埋藏较深，原始地层压力较高。在实际生产中，随着蓬莱镇组气藏气井井口压力逐渐与气田内集输管网运行压力持平，蓬莱镇组气藏气井与沙溪庙组气藏气井之间的生产矛盾日益突出，气田内部结构单一的集输管网已逐渐不适应气田生产的需要，集输管网不适应已影响到了气田正常生产。

为解决上述集输矛盾，2000 年以来，在新场气田分阶段逐步采用高低压分输技术。各集气站内视实际情况，将原地面集输流程分为高低压分输流程，并根据气井生产情况和用户用气情况，将低压系统运行压力确定为 1.2~1.6MPa，高压系统运行压力确定为 1.6~4.0MPa，分别向不同压力需求的用户输送天然气。在新场气田内部，从井场至管网形成配套的高、低压地面集输系统。高、低压地面集输系统内低压干线长约 51.2 km，高压干线长约 45.0 km，有 87 口气井进入低压系统生产，95 口气井进入高压系统生产。工程总投资约 1500 万元。

在新场气田内动用高低压分输技术后，24 口停产井通过低压集输系统生产，增大了气井的生产压差，通过结合放喷排液、泡排剂助排，恢复了气井正常生产。蓬莱镇组浅层气藏气井进入低压集输系统后，大多数低压气井从高压管网中分离出来，有效解除了高压气井对低压气井正常生产的制约，气井生产趋于稳定：蓬一气藏低压气井的年递减率从 1998 年的 30%分别降至 1999 年的 13%和 2000 年的 8.8%。高低压分输系统实施后，87 口井进入低压管网气井生产，扣除气井自然递减因素影响，历年累计增产达到 $0.4\times10^8 m^3$，年增产天然气近 $0.1\times10^8 m^3$，增产效果十分明显。有效地降低了气藏的废弃压力(从 1.8MPa 降至 1.2MPa)，提高气田采收率 2.02 个百分点。

第二节　低压气井增压开采

增压开采是致密砂岩气藏开采后期提高采收率的重要技术手段之一。

一、工艺技术原理

（一）增压开采目的

一是提高输气管道的起点输送压力以及弥补管内流体流动中的阻力损失。

二是满足集输管网对输送压力的需求，包括对低压产气区的天然气增压和气田开发后期的天然气增压。

三是满足天然气用户对供气压力的特殊要求。若天然气中有较高的轻烃含量，从经济角度考虑可进行天然气轻烃回收。轻烃回收一般采用膨胀制冷方式，如果天然气自身的压力不能满足制冷的需要时，则需要对天然气进行增压，增压可以在凝液回收前或回收后进行，同时满足膨胀制冷回收天然气凝液的工艺和压力这两方面的要求。

（二）增压方法

气田天然气增压主要有机械增压法和高、低压气压能传递增压法。

机械增压通过压缩机进行，气体压缩机的种类很多，如往复式、离心式、螺杆式等。

在原动机驱动下压缩机通过转子或活塞运动将机械能转换成天然气的压能，达到增压目的。

高、低压气压能传递增压法所使用的设备是喷射器，高压天然气以很高速度流经喷射器，并以很高的速度喷出时，天然气的动压增加而静压降低，将喷嘴前的低压气带入高压气流，使低压气增压。这部分内容将在本章第四节中专门介绍。

二、气田增压站工艺设计

增压站包括干线进站区、过滤分离区、压缩机组区、空冷器区、压缩空气区、排污区、放空区、辅助区。辅助区包括综合值班室、消防、变配电室等设施。

（一）增压站设计基础资料

增压站设计基础资料主要包括：①天然气的气质条件、处理量和压缩比；②气田内部集输现状及远景规划资料；③气象条件及工程地质资料；④水文地质资料；⑤建站地区的交通运输情况以及工矿企业、农田水利现状及远景规划等。

（二）气田增压站站址选择

（1）站址应在气田地面建设总体规划所确定的建站区域内选择。

（2）站址应根据气田采集的生产特点，结合拟选择站址的地形、地质、气象、水源、交通运输、安全环保和生活福利等因素，进行技术经济综合分析比较确定。

（3）站址位置应能满足生产要求，有利于生产，方便生活，并应考虑生产发展需要。

（4）站址位置应节约用地，少站耕地，尽量利用荒地。

（5）站址位置应避开山洪、滑坡等不良工程地质地段及其他不宜设站的地方。

（6）气田增压站外部区域布置防火间距应符合现行国家标准《石油天然气工程设计防火规范》(GB 50183)规定。

（三）气田增压站工艺流程及辅助系统

增压站工艺流程设计应根据气田采气集输系统工艺要求，满足增压站最基本的工艺流程，即分离、加压和冷却。为了适应压缩机的启动、停车、正常操作等生产上的要求以及事故停车的可能性，工艺流程还必须考虑天然气的循环，天然气调压、计量、安全保护、放空等。此外，还应包括为了保证机组正常运转必不可少的辅助系统，包括燃料气系统、自控系统、净化系统、润滑系统、启动系统等。

增压站由调压、分离、增压、燃料及启动、放空五个基本单元组成，如图 6-2-1 所示，各单元的具体设置要求与天然气气质、压缩机机型和生产流程有关。各单元的具体设置要求与天然气气质、压缩机机型和生产流程有关。如果燃料用天然气含有硫化氢时，燃料气及启动单元需设脱硫设施。天然气中可能含有二氧化碳，二氧化碳含量若不小于50%，压缩机采用标准材料；二氧化碳若大于50%，压缩机应采用特殊材料。

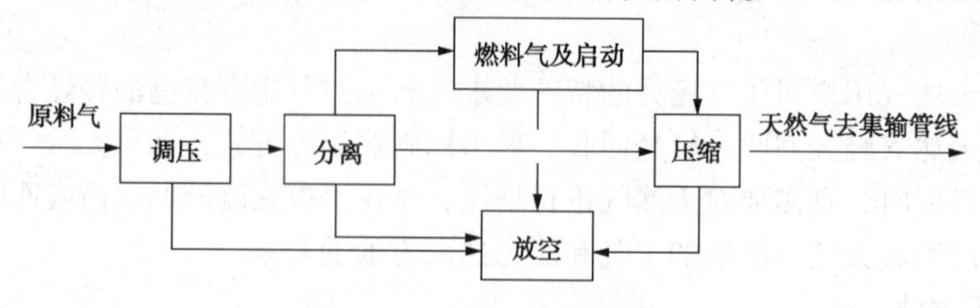

图6-2-1　增压站单元组成

三、增压开采应用

增压开采技术目前在川西、川南、川西北、长庆靖边气田、大牛地气田等矿区均得到广泛运用，并取得了良好经济效益，成为气田高效开发至关重要的措施之一。以川西新场气田蓬莱镇组气藏为例，该气藏由于埋深浅、储层较致密，地层压力低，开采过程中压降很快，气藏已经逐步进入低压低产阶段，部分低压的气井因受集输管线压力的影响而不能正常生产。为保证低压气井正常生产，对此类气井进行了增压开采。

（一）增压开采时机

根据气井压力递减规律，采用 Arps 方法或指数递减规律对气井井口压力进行预测，预测气井井口压力达到低压管网最低压力的时间，即为增压开采时机。

根据新场气田内部集输管网运行特点，以及各低渗区块开发现状，在标定井区自然开采量及增压开采增加量时，以下三个条件为约束条件：根据气田低压管网的运行情况，确定自然开采低压管网最低运行压力为0.75MPa；根据增压机组的运行情况，确定增压的最低吸入压力为0.3MPa；根据目前的天然气价格及开采成本，确定自然开采单井以$0.05\times10^4 m^3/d$为报废产量，增压开采单井以$0.075\times10^4 m^3/d$为报废产量。

（二）增压开采应用效果

1. 增压开采规模

增压站规模的确定，主要根据气井的生产状况确定，综合考虑已经进入增压机组的增压产量和新进入增压机组的气井产量两部分产量总和，确保增压机组处理量能够满足生产需求。通过蓬莱镇组气藏某区块中的两个井区增压开采模拟计算和两井区气井产量压力分布特征，确定增压开采装机容量分别为$15\times10^4 m^3/d$和$30\times10^4 m^3/d$。

2. 增压机和驱动机选择

新场气田致密气藏低压井井口压力在0.8~1.4MPa之间，增压初期压缩比较低，气藏增压开采末期，井口压力低于0.3MPa，要满足气藏天然气增压后能进入集输管网，其压缩比约在2~6之间，该增压井区采用往复式压缩机组是较适宜的，同时为了压缩机的重复有效利用，选用了整体撬装式压缩机。

往复式压缩机按所配动力可为电动机驱动及燃气发动机驱动。一般燃气发动机及变速电动机均能满足要求，但因连续调节转速的交流电动机价格高昂且运行经济条件差，同时由于井区内天然气气质好，不含H_2S等腐蚀性气体，气井不产地层水，选用燃气发动机可直接利用天然气作燃料，机组运行经济可靠，各增压站均选用天然气发动机驱动。

根据以上选择结果，新场气田采用往复式压缩机，动力均为天然气。

3. 实际应用效果

新场气田从 2000 年开始对蓬莱镇组和沙溪庙组气藏进行分区分步增压开采，截至 2014 年底，建成增压站 12 座，对大部分井口油压小于 1MPa 的低压气井进行了增压开采，增压气井数超过 300 口，增压井比例约为同类气藏气井 90%，平均年增产天然气超过 $3000\times10^4m^3$。根据自然开采条件下可获天然气产量和增压开采可获天然气产量计算，实施增压后该区块可提高采收率 8%~11%。

其中，新场气田 CX161 井区自 2001 年开始实施增压开采，目前气田西部井区的 40 口蓬莱镇组低压气井已经全部实施增压开采。井区综合递减率明显降低，月递减率由原来的 2. 72%下降为增压开采后的 1. 99%。井区到增压期末整个井区的采收率将提高 9. 42%。预测表明，新场气田蓬莱镇组自然开采平均废弃地层压力为 3. 08MPa，增压后单井废弃地层压力平均为 1. 75MPa，增压降低气藏废弃压力 1. 33MPa 后，提高气井动态储量采出程度 7. 08%，单井增加可采储量 $180\times10^4m^3$。

通过在新场气田致密气藏实施整体增压开采，提高了气藏的可采储量，降低了废弃压力，有效提高可采气藏采收率，最大限度提高气藏的开发效益。

第三节　低压气井负压采气

负压采气可以加快开采速度和提高最终采出程度，国内外很多气田已经使用或是正在探究使用该工艺阶段。国外的 Warren 石油公司、北方天然气公司、LongStar 公司所属的 Ranger 油田，国内苏里格气田等都开始采用负压集气工艺，大大提高了气井产率。

一、工艺原理及适用性

（一）负压采气原理

所谓“负压”，就是低于常压(即常说的一个大气压)的气体压力状态。负压采气技术是在传统的增压采气基础上发展起来的一门新的采气技术。它是当气井井口压力为负压(低于大气压)时采用的采气技术。

该项技术通过一定的工艺设备措施，将气井井口压力由大于或等于大气压降为负压(即低于大气压)来实施采气。应用该项技术，可以加快开采速度和提高气田最终采出程度，使有限的能源得到充分利用。

（二）负压采气适用条件

负压采气工艺是指在井口压力为负压状态下采气。为了运行的安全和高效性，它对气井有一些特殊的要求：

（1）必须是低压气井(井口压力低于集输干线压力)。

（2）必须有良好的完井，气井的垮塌和水窜，都将增加工艺的运行成本。

（3）剩余储量要较为可观，以保证投资的回收和适当的利润收入或较好的社会效益为前提。

（4）最好是无水气田或无水气井，如有气田水，必须同时上排水工艺，方能实施负压采气工艺技术。

（5）地层渗透性要好，应具有可抽性。

负压采气的实质就是在低于大气压下对气井进行抽放。根据国外资料介绍，决定负压采气的先决因素是产层的透气性，透气性好，则抽放效果好，表 6-3-1 为国内外评价产层透气性的可抽放指标。

国内外评价产层透气性的可抽放性指标为渗透率大于 $0.25\times10^{-3}\mu m^2$ 可以抽放。

表 6-3-1　评价产层透气性的可抽放指标

抽放指标 / 难易程度	地层渗透性系数/$[m^2/(MPa^2 \cdot d)]$	换算成渗透率/$10^{-3}\mu m^2$	百米钻孔涌出量/(m^3/min)
可以抽放	>0.1	$>2.5\times10^{-1}$	>0.3
勉强抽放	0.1~0.001	2.5×10^{-1}~2.5×10^{-3}	0.3~0.1
难以抽放	0.001	$<2.5\times10^{-3}$	<0.1

前苏联《煤矿瓦斯抽放细则》规定地面垂直钻孔法中建议负压值为 0.03~0.027MPa，我国阳泉 4 矿地面瓦斯抽放负压为 0.0267~0.4MPa。国内抽放甲烷浓度以 50%为佳，合理流速建议为 11~12m/s。

综上所述，国内致密气藏的特征参数大多数能满足甚至优越于国外实施负压采气工艺钻孔井的指标，对国内低渗透、低压力、低产量气井实施负压采气工艺技术是可行的。

（三）技术难点

1. 负压采气储层和气井选择难度大

根据负压采气选井技术要求，有效开展该工艺需要结合开发地质学、地质统计学、现代气藏工程理论、气藏数值模拟技术、低渗透气藏开发理论、经济评价等手段，研究气田实施负压开采技术的可行性，开展技术经济可行性论证，给出实施开发的具体技术要求（图 6-3-1）。

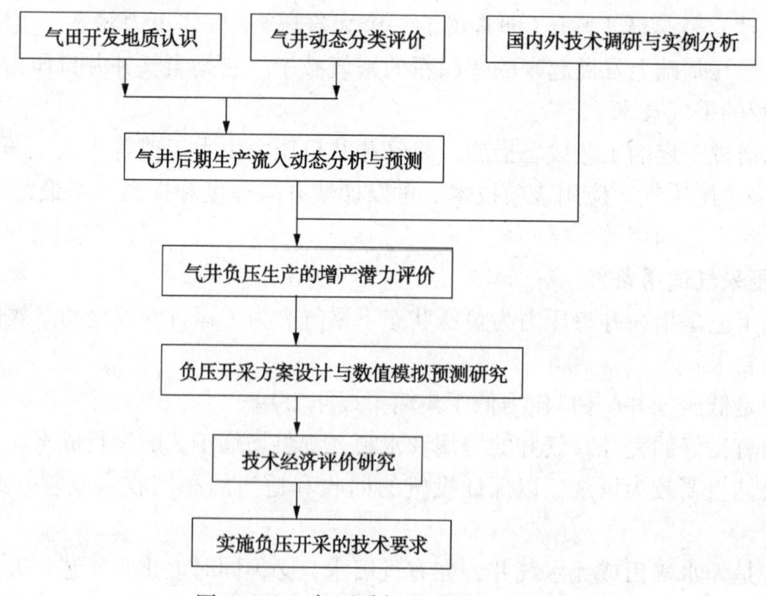

图 6-3-1　负压采气项目技术路线图

2. 负压采气投资风险大

负压采气采用的设备非常昂贵，增加的气量又是未知数，因此为了获取良好的经济效益，减少投资风险，必须进行技术经济评价。美国各石油公司低压气滚动开发所需的压缩机和预处理设备，前期常采用租借方式得到，以后就技术经济评价结果和开发前景决定是否购置。对于整装开发的低压气田，常采用橇装设备，设备来源一部分购置，一部分租借[7]。

二、负压采气工艺设计

（一）工艺流程设计

负压采气工艺流程(图6-3-2)：首先应尽量采用油套管合采工艺，以最大限度降低井口装置对气流的压力损失。从气井油套管出来的天然气由真空泵抽吸泵入分离器，将天然气中所带凝析水、真空泵部分循环水及少量固体微粒分离干净，然后通过缓冲稳压罐进入压缩机增压、计量装置，输入集气干线。

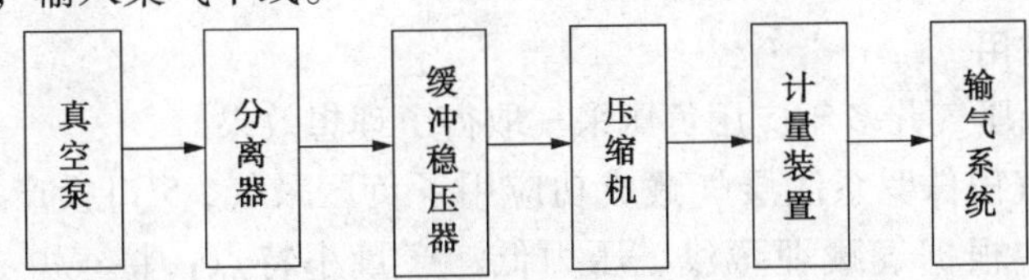

图6-3-2　负压采气工艺流程

（二）流程设备配置及作用

(1) 真空泵：用作使气井井口的压力降到负压，实现负压采气；

(2) 压缩机：用作将真空泵输出的0.1MPa的天然气增压达集输气干线的压力，以便输给用户；

(3) 稳压罐：用作真空泵和压缩机串联匹配时自动控制反应时间的调节；

(4) 分离器：用作分离天然气中的液体和固体杂质；

(5) 计量装置：用作对工艺采气的计量；

(6) 自动控制系统：用于对真空泵和压缩机串联匹配的自动控制和全套工艺设备运行数据的采集处理以及运行的安全自动保护。

由于低压天然气气井分布较为分散，大多水源、电源缺乏，故建议真空泵、压缩机采用天然气发动机驱动，所有附属设备的动力均由驱动真空泵和压缩机的天然气发动机来提供真空泵、压缩机运行参数采集及两机匹配的自动控制和生产照明、部分动力用电均由天然气发动机附轴驱动的小发电机提供。

冷却系统用闭式循环冷却。天然气发动机与真空泵、天然气发动机与压缩机采用一个组合式冷却器，该冷却器冷却它们的循环水和被它们输送的天然气；循环水泵和冷却器的风扇均由天然气发动机来驱动。

所有设备实现撬装化，结构紧凑。搬运、安装方便。对于含硫的低压气井，采用此项工艺，还应备有干法脱硫器，为天然气发动机提供净化后的燃料。

（三）方案设计步骤

1. 低压气井负压采气依据论证

根据气井地质状态，计算出剩余储量、无阻流量以及该状态下井口的压力，判明气井有无气田水，分析气井天然气性质数据；选择适合实施该工艺的气井；查清现有采气工艺状况和生产情况；调查水电讯现状。

2. 工艺参教的确定和管线设备的设计选择

（1）确定合理的井口负压和排气量（即生产规模）。

（2）据干线最大工作压力和生产规模、天然气性质选择真空泵和压缩机。选配适当的燃气发动机与真空泵和压缩机配套，并进行撬装设计，搞好真空泵和压缩机的串联匹配。

（3）自动控制方案设计。

（4）计量装置选用。

（5）据现场环境状况选择合理的设计温度。进行工艺配备集输管、分离器、稳压罐设计。其强度设计时按集输干线最大工作压力来计算。而通径或容积按各自在负压采气工作状态的压力和允许流速计算。

（6）设备基础设计。

（7）环保和消防设计。

三、负压采气应用

川西气田一些低压气井多年应用负压采气取得了理想效果

2006年三大湾气田侏罗系浅层气藏成功应用了负压采气，5口投产井单井气产量0.1×10^4~0.3×10^4 m^3/d。根据气藏埋藏浅、压力低、产量小特点，将气井抽放负压值设定为0.005~0.018MPa，合理流速选择值设定为6.9~5.1m/s，到2007年6月保证了1200个用户安全供气一年半。

2011年成都气田洛带区块文安站进行负压采气试验。试验分两个阶段，第一阶段是对L37井进行单井负压采气，第二阶段是对L37井、L1井合并进行负压采气。试验结果表明：①利用负压采气工艺，可以提高采气速度，单井产量提高2倍以上。②进气压力可以大幅度降低（试验期间最低已达0.016MPa），在外输管网压力0.4MPa的情况下，可以有效盘活低于管输压力的假“死”井，采出其剩余储量，提高单井采收率。③通过负压采气工艺，有利于激动地层，疏通地层中、井筒周边可能存在的堵塞情况。L37井在试验后的第二天，关井压力比以前上升了0.1MPa以上，且在试验结束后，产量较负压采气试验前上升了约40%。④负压采气工艺不仅适用于低于管输压力的假死井，而且对于一些低产井和边远井，将大幅度提高开采速度，缩短建井周期，节约人工、管理成本。

第四节　低压气井天然气喷射器开采

由于致密砂岩气藏一般为多产层系统，根据在同一气藏，同一集气站既有高压气井又有低压气井这一特点，为更好地发挥高压气井的能量，提高低压气井的生产能力，使之满足输气设备要求；同时，为了节约能源，减少设备，提高效益，提出使用天然气喷射器，利用高压气层的能量来输送低压气层天然气的方案，利用高压井的压力能提高低压气的压力，使之达到输送压力，可节省低压天然气增压所需的能量。

一、工艺原理及适用性

天然气喷射器是射流泵的一种。若工作流体是不可压缩的液体则称为射流泵；若工作流体是可压缩的气体，则称为喷射器，被吸流体可以是气体、液体或固体颗粒，分别称为气体喷射器、气液喷射器和气力输送喷射器。显然，低渗气井的工作流体和被吸流体都是天然气，属于气体喷射器。用于不同场合下，又有不同的名称，例如引射器、抽气器等，用于天然气增压的称为增压喉等。

(一) 工艺主要设备

天然气喷射器由高压、低压、混合三部分组成。高压部分有高压进口管、喷嘴；低压部分有低压进口管、低压室；混合部分有混合室、扩大管等(图 6-4-1)。

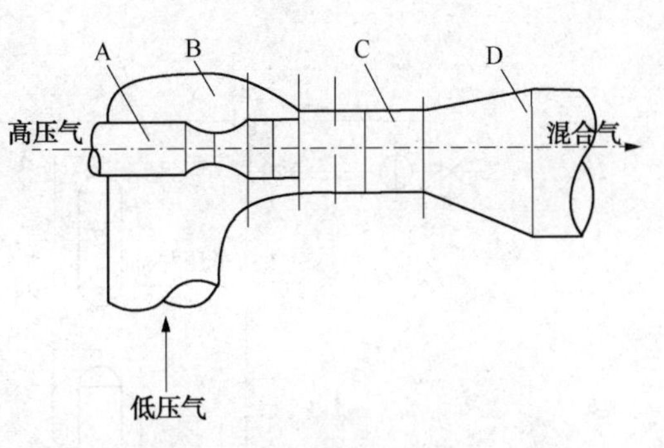

图 6-4-1 喷射器示意图

A—工作喷嘴；B—接受室；C—混合室；D—扩压室

(二) 工艺原理

喷射器的原理是将工作流体气流的焓转变为动能加速被引射的第二种气流，在喷射器中两种气体充分混合，其密度、速度、温度达到均匀，气流动能又转变为焓。最终利用高压气体引射低压气体，使低压气体压力升高而达到输送的目的。

当高压天然气在喷嘴前以高速通过喷嘴喷出时，在混合室中，由于气流速度大大增加，使压力显著降低形成一个低压区，使低压气井的天然气在压力差作用下被吸入混合室。然后，低压天然气被高速流动天然气携带到扩散管中，在扩散管内，高压天然气的部分动能传递给被输送的低压气，使低压气动能增加。同时，由于扩散管的管径不断增大，使混合气流速度减慢，把动能转换为压能，混合气压力提高，达到增压的目的。

(三) 工艺适用条件

从喷射器的结构和工作原理可以看出，利用喷射器开采低压气不需外加能源，结构简单、易加工、成本低，喷嘴可更换调节，操作使用方便。由于喷射器内无转动部件，工作可靠，安装维护方便，密封性较好，有利于输送像天然气这类易爆、易燃或有毒气体。另外除了可作为气体输送机械使用，还可兼作传质和化学混合反应设备。各种有压能源都可作为喷射器的工作动力，直接加以利用，不需增加很多辅助设备，因此它具有较高的综合效益。

但是由于两股气体混合时产生较大能量损失的缘故，能量传递效率稍低。必须同时有高压气井或气源和低压气井站才有条件应用。根据实际情况，可采用一口高压井带一口低压井，一口高压井带两口低压井，两口高压井带一口低压井等形式(图 6-4-2~图 6-4-4)。

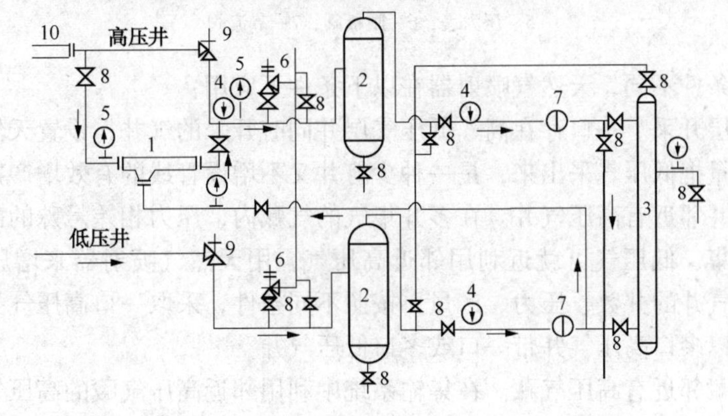

图 6-4-2 一口高压井引射一口低压井的工艺流程图

1—喷射器；2—分离器；3—汇气管；4—温度计；5—压力表；
6—安全阀；7—孔板节流装置；8—闸板阀；9—节流器；10—换热器

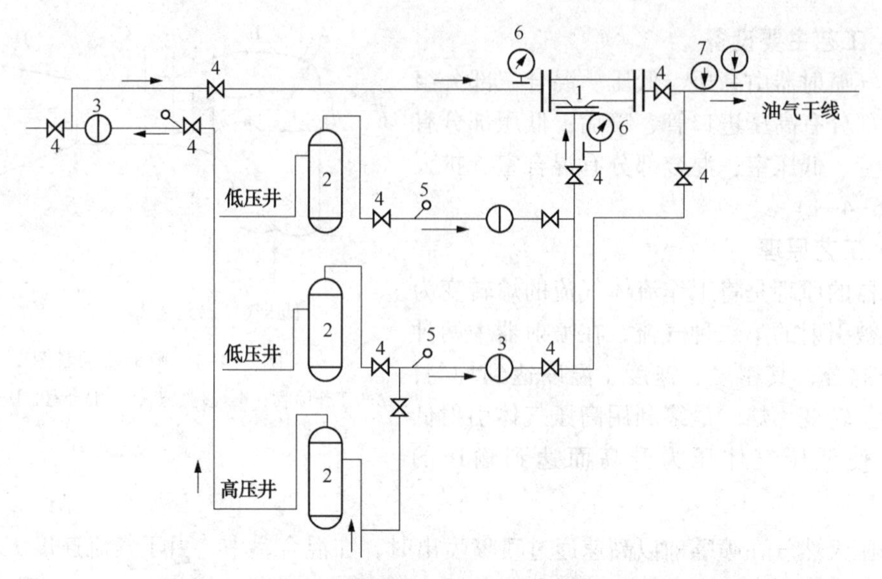

图 6-4-3　一口高压井引射两口低压井的工艺流程图

1—喷射器；2—分离器；3—孔板节流装置；4—闸板阀；

5—热电感温度计；6—压力表；7—玻璃温度计

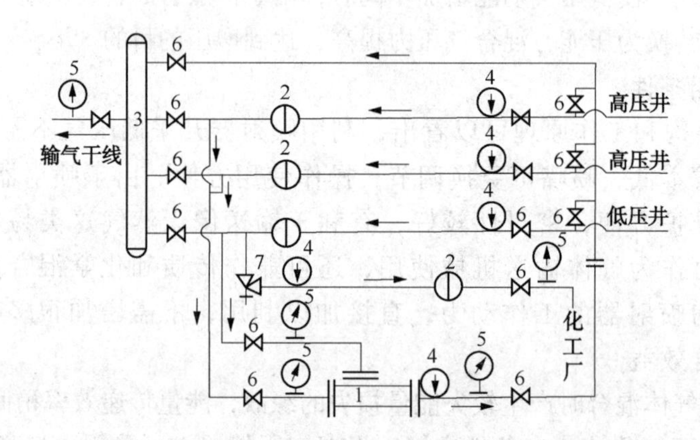

图 6-4-4　两口高压井引射一口低压井的工艺流程图

1—喷射器；2—孔板节流装置；3—汇气管；4—温度计；

5—压力表；6—闸板阀；7—节流阀

由于各气田条件不同，天然气喷射器在以下条件下应用：

（1）一井多层开采。一口存在高、低压气层并同时开采的气井，设置天然气喷射器，利用高压气层的能量把低压气采出来，是一种少打井又不增设管线的有效增产措施。

（2）低压气井邻近有高压气井。在多井集气的气藏内，压力相差悬殊的高低压气，常在同一集气站内汇集，低压气可就近利用邻近高压气，用天然气喷射器来增压，以带出低压气。根据高低压气井的井数、压力、产量，按照不同条件，采取一口高压气井带一口或多口低压气井；也可以多口高压气井带一口或多口低压气井。

（3）低压气藏邻近有高压气藏。在集输系统中利用邻近高压气藏的高压气用天然气喷射器来增压带出低压气藏的气。

（4）低压气井邻近有高、中压输气干线。输气干线压力比较高时，可通过天然气喷射器把低压气井的气增压后纳入配气管网中去。

二、天然气喷射器设计

天然气是由不同组分组成的混合气体，但其主要成分为甲烷，川西新场气田的天然气中甲烷占96%以上。在下面的设计计算中，把天然气看成是纯甲烷(CH_4)气体，这样计算影响不会很大，误差较小。

假设有压力 p_1，温度 T_1，流量 Q_1 的高压气层，引射压力 p_0，温度 T_0 的低压气层，天然气输送压力为 p_m 。气体喷射器由喷管、混合室和扩压管组成(图 6-4-5)。

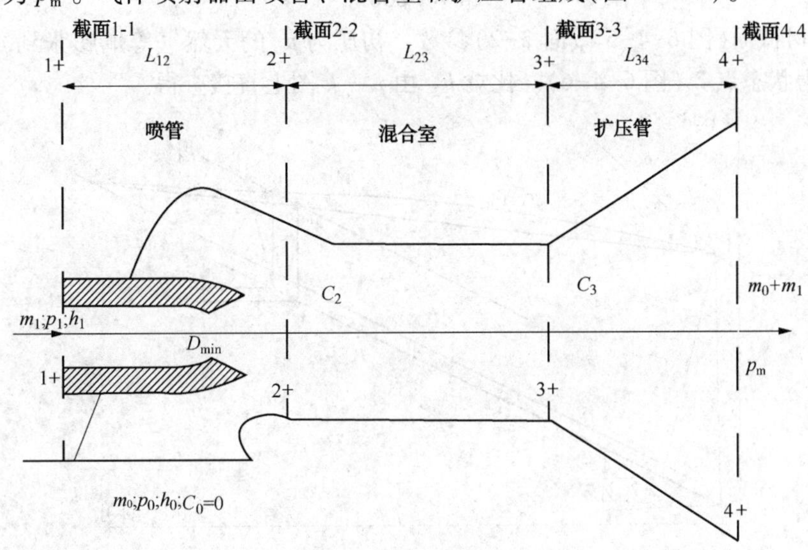

图 6-4-5　气体喷射器示意图

图中符号说明如下：

m_1——高压天然气质量流量，kg/s；

p_1——高压天然气进入喷管前压力，MPa；

h_1——高压天然气进入喷管前比焓，kJ/kg；

m_0——低压被吸天然气质量流量，kg/s；

p_0——低压被吸天然气压力，MPa；

h_0——低压被吸天然气比焓，kJ/kg；

C_0——低压被吸天然气入口处速度，m/s；

C_2——喷管出口处速度，m/s；

C_3——扩压器入口处速度，m/s；

p_m——喷射器出口压力，MPa。

(一) 确定喷管外形

被吸射天然气压力为 p_0，喷管出口压力 p_2 应比 p_0 小些，现取 $p_2 = 0.95p_0$。

甲烷的绝热指数为 $k = \dfrac{C_p}{C_v} = 1.3$，此时临界压力比 $\beta = 0.546$。

如果 $\beta > \dfrac{p_2}{p_1}$，出口速度为超音速，选择缩放的拉伐尔喷管(图 6-4-5)，有一个最小截面，直径为 D_{min}。

如果临界压力比 $\beta < \dfrac{p_2}{p_1}$，则出口速度应为亚音速，应选择渐缩喷管。

（二）喷管各截面的参数

喷管入口截面（图 6-4-5 截面 1-1）参数为：p_1，T_1，Q_1，由 $p-h$ 图可查得 h_1、v_1，标准状态下甲烷的密度为 $Q_1=0.7168\text{kg/m}^3$。

入口质量流量：

$$m_1=\frac{Q_1p_1}{24\times3600}\quad \text{kg/s} \tag{6-4-1}$$

喷管出口截面（图 6-4-5 截面 2-2）参数：初压为 p_1 的天然气等熵膨胀到 p_2，在 $h-s$ 焓-熵图上为状态点 $2s$（图 6-4-6）。比焓 h_{2s} 由 $p-h$ 图上直接查得。

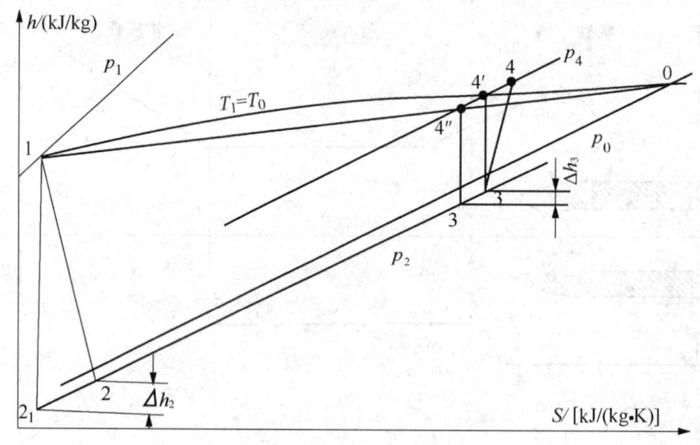

图 6-4-6　喷射器中天然气的状态变化

取喷管速度系数 $\varphi_1=0.95$，则喷管出口速度为：

$$C_2=\varphi_1\sqrt{2(h_1-h_{2s})}\quad \text{m/s} \tag{6-4-2}$$

喷管中能量损失为：

$$\Delta h_2=h_2-h_{2s}=(1-\varphi_1^2)(h_1-h_{2s}) \tag{6-4-3}$$

喷管出口焓为：$h_2=h_{2s}+\Delta h_1$，由 p_2、h_2 和 $p-h$ 图得到 T_2、v_2。

被引射天然气参数：p_0，T_0，由 $p-h$ 图得到 h_0。

（三）理想情况下扩压管内天然气参数

在理想的可逆情况下，扩压管出口截面（图 6-4-5 截面 4-4）的状态点 4^* 应在 $h-s$ 图（图 6-4-6）中连接状态 0 与 1 的直线上，并且还在混合后压力线 $p_m=p_4$ 上，由此可在 $p-h$ 图上查得 h_4^*；在理想情况下，扩压管内为等熵过程，因而也可在 $p-h$ 图上查得理想情况下扩压管入口状态点 3^* 的参数：h_3^*、T_3^*、v_3^*。也就是混合室出口状态点。

（四）混合室内天然气状态参数

假设混合室内没有压力变化（即使有压力变化也并入扩压管内计算），但混合室内由于两股天然气的混合，焓增和熵增必须考虑，也即考虑能量损失 Δh。

$$\Delta h_3=h_3-h_3^*=(1-\varphi_2^2)(h_3^*-h_2) \tag{6-4-4}$$

式中，φ_2 为混合室速度系数，取 $\varphi_2=0.925$。

把 φ_2、h_3^*、h_2 值代入式（6-4-4），得到：$h_3=h_3^*+\Delta h_3$

由 $p-h$ 图可得 T_3 和 v_3。

混合室出口音速：$a_3=\sqrt{kRT_3}$ m/s

（五）实际情况下扩压管天然气参数

状态点 3 为考虑混合室不可逆情况下混合室出口状态，也就是扩压器入口状态。如果扩压管内为可逆增压(等熵)，则扩压管出口状态点应为 4′(图 6-4-6)，比焓可由 $p-h$ 图查得 $h4'$。

实际上扩压管内不是可逆增压过程，而是不等熵的熵增过程，即扩压管出口状态点不是 4′而是 4(图 6-4-6)，即有：

$$\eta_D(h_4 - h_3) = h_{4'} - h_3 \tag{6-4-5}$$

式中，η_D 为扩压管效率，一般取 $\eta_D = 0.70$。

$$h_4 = h_3 + \frac{h_{4'} - h_3}{\eta_D}$$

由 p_4 和 h_4，可在 $p-h$ 图上查到 T_4 和 v_4。

$$C_3 = \sqrt{\frac{2}{\eta_D}(h_{4'} - h_3)} = \sqrt{2(h_4 - h_3)} \tag{6-4-6}$$

（六）引射系数和被引射天然气流量

理论引射系数为：

$$\mu_i = \frac{h_1 - h_4^*}{h_4^* - h_0} \tag{6-4-7}$$

实际引射系数：

$$\mu_r = \sqrt{\eta_{ss}\eta_D(1 + \mu_r)} - 1 \tag{6-4-8}$$

式中 η_{ss} 为喷管效率，$\eta_{ss} = \varphi_1^2$

$$\mu_r = \frac{m_0}{m_1} = \frac{Q_0}{Q_1} \tag{6-4-9}$$

那么，引射的质量流量和体积流量分别为：

$$m_0 = \mu_r m_1 \quad \text{kg/s}$$

$$Q_0 = \mu_r Q_1 \quad \text{Nm}^3\text{/d}$$

（七）拉伐尔喷管尺寸计算

出口截面(图 6-4-5 截面 2-2)截面积：

$$A_2 = \frac{m_1 v_2}{C_2} \quad \text{cm}^2 \tag{6-4-10}$$

直径：$D_2 = 2\sqrt{\frac{A_2}{\pi}}$ cm

喉部截面($t-t$ 截面)：

截面积：

$$A_t = \frac{m_1}{\sqrt{\frac{2k}{k+1}\left(\frac{2}{k+1}\right)^{\frac{2}{k-1}}\frac{p_1}{v_1}}} \quad \text{cm}^2 \tag{6-4-11}$$

直径：$D_t = D_{min} = 2\sqrt{\frac{A_t}{\pi}}$ cm

（八）混合室和扩压管尺寸

混合室和扩压管天然气质量流量：

$$m = m_1 + m_0 \quad \text{kg/s}$$

混合室截面积：

$$A_3 = \frac{mv_3}{C_3} \quad \text{cm}^2$$

混合室直径：

$$D_3 = 2\sqrt{\frac{A_3}{\pi}} \quad \text{cm}$$

扩压管出口截面：

$$A_4 = \frac{mv_4}{C_4} \quad \text{cm}^2$$

扩压管出口直径：

$$D_4 = 2\sqrt{\frac{A_4}{\pi}} \quad \text{cm}$$

（九）各段长度和有关尺寸

喷管部分：喷管出口段长度 L_{2t}（图 6-4-7）：

$$L_{2t} = \frac{D_2 - D_{\min}}{2\text{tg}\,\frac{\alpha}{2}} \quad \text{cm}$$

喷管入口段长度 L_{1t}（图 6-4-7）：

$$L_{1t} = 6D_{\min} \quad \text{cm}$$

喷管入口直径 D_1：

$$D_1 = 3D_{\min} \quad \text{cm}$$

喷管入口流速 C_1：

$$C_1 = \frac{m_1 v_1}{A_1} \quad \text{m/s}$$

喷管全长为：

$$L_{12} = L_{1t} + L_{2t} \quad \text{cm}$$

混合室部分：

混合室长度：

$$L_{23} = 10D_3 \quad \text{cm}$$

扩压管部分：

扩压管长度

$$L_{34} = 7(D_4 - D_3) \quad \text{cm}$$

喷射器全长(图 6-4-5)：

$$L = L_{12} + L_{23} + L_{34}$$

三、天然气喷射器现场应用

（一）新场气田应用

新场气田于 1995 年开始实施高低压同采喷射工艺，利用喷射器把高压气井的压能转化

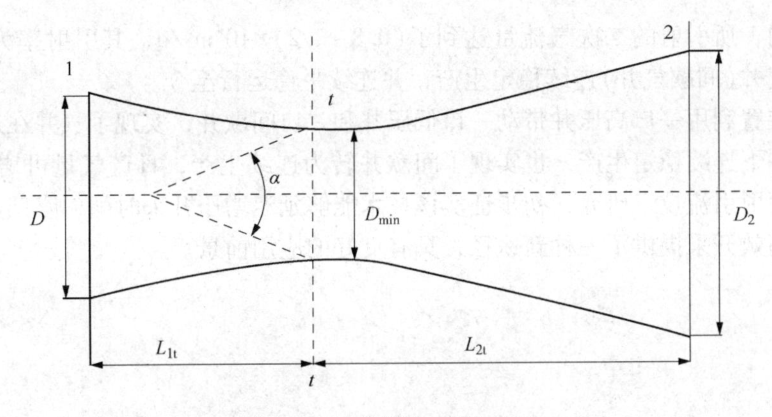

图 6-4-7 喷管尺寸符号表示

为动能，携带低压气井天然气，降低低压气井输气压力，从而达到增大生产压差、提高采气速度、降低废弃压力的目的。

高压气井 CX132 井与低压气井 Q2 井、CX236 井实施同采喷射试验，平均增产天然气 $0.2\times10^4m^3/d$；高压气井 CX129 井与低压气井 Q3 井同采喷射，平均增产天然气 $0.2\times10^4m^3/d$。

（二）四川其他气田应用

四川其他气田先后在高压和低压气井和管道中开进行了喷射器采气工艺的试验和应用，均见到明显的效果，表 6-4-1 为应用情况。

通过应用，喷射器增压能力达到 2~4 倍；喷射器不外加能源是加速开采低压气，增加气井产量的有效工艺。牟 6 井等 5 口低压井应用喷射器增压开采近 1 年半，增产天然气 $291.9\times10^4m^3$；喷射器工艺简单、设备小、投资少、见效快；喷射器适应性强，应用范围广。

表 6-4-1 应用天然气喷射器开采低压气一览表

高压气体						低压气体						混合气压力/MPa
井号	压力/MPa	流量/($10^4m^3/d$)	温度/℃	H_2S/(mg/m^3)	相对密度	井号	压力/MPa	流量/($10^4m^3/d$)	温度/℃	H_2S/(mg/m^3)	相对密度	
九阳输气干线	0.8	10	20	微	0.58	阳 43 井	0.2	3	40	256	0.572	0.5
鹿 4 井	10	10	20	0	0.562	鹿 4 井	2	5	18	53	0.57	4.5
董 4 井	10	20	25	微	0.568	董 4 井	2	6	50	406	0.565	3.5
纳 59 井	10	10	20	384	0.572	纳 59 井	1	3	18	0	0.604	3
寺 25 井	10	7	20	109	0.566	寺 25 井	1	2.5	18	0	0.566	3
寺 47 井	6	5	20	27	0.567	寺 47 井	1	2	18	32	0.568	3
水 2 井	10	6	20	0	0.561	水 2 井	2	3	20	0	0.601	5
丹 7 井	10	8	20	35	0.562	丹 7 井	2	4	20	69	0.581	4.5

（三）靖边气田应用

长庆油田研制开发的天然气喷射装置，2007 年 12 月开始在靖边气田 X 站成功开展了现场试验，现场试验表明：在一次气进气压力为 10~15MPa、二次气进气压力为 2.5~5.5MPa

的参数范围内，所引射的二次气流量达到了(0.8~2.2)$\times10^4$$m^3$/d，其引射率为14%~55%，实现了低压气井(间歇气井)连续稳定生产，并连续平稳运行至今。

该喷射装置利用一口高压井带动一口低压井和一口间歇井，实现了气井在进站压力低于系统压力条件下连续稳定生产，也实现了间歇井转为连续生产，日产气量可增加1倍左右。通过天然气喷射引流技术研究，初步证实该技术能够延迟增压开采时间，降低生产成本，为低压气井的高效开采提供了一种新途径，具有良好的应用前景。

第七章　防堵防腐防垢

致密砂岩储层地质特点决定了其污染机理与常规储层存在一定的差异，由于基质的低孔、低渗性，外来液相、固相的侵入更易堵塞孔喉而影响渗流条件发生堵塞；同时致密砂岩气层具有很高的毛细管压力，气层亲水性强，气层一旦与水基工作液接触将快速形成水相圈闭造成水锁伤害，即使在负压条件下也无法完全避免；加之有的致密砂岩气藏气井水产量大、氯含量高、井筒温度高，井筒导致气井腐蚀、结垢情况严重。新场气田超深层须二气藏，部分气井地层水产量 $100m^3/d$，氯根含量 $10^5mg/L$，井筒温度 120～140℃，防堵、防腐、防垢技术必然贯穿新场气田的整个开发过程。

第一节　防堵解堵

气井防堵是指气井尚未堵塞或未堵死之前进行的作业，包括正常生产期间和气井出现异常时防堵。气井堵塞主要有井筒内的水合物堵塞、井底堵塞、储层内的水锁伤害、固体杂质或乳化、结垢物等的堵塞。通过对气井污染机理及堵塞征兆研究，掌握了解防堵最佳手段，可利用化学、物理及机械方法进行采气管柱防堵解堵作业，确保气井正常生产。

一、堵塞机理

当高黏物质在采气管柱内的流动摩擦阻力过大时，这些物质会停止流动并粘附在管壁上形成堵塞。有时候这种堵塞不能完全堵死气流通道，然而在粘附点流通通道缩小部位产生的节流效应会诱使水合物形成和蜡质析出，直至完全堵死气流；或者有后续物质补充而堵死气流通道(图 7-1-1)。因此，采气管线堵塞机理可归纳为粘附作用及其诱发的节流效应。粘附作用是引发采气管柱堵塞的必要条件，节流效应往往在粘附堆积产生后发生，当节流点温度下降较大时就会形成结晶水合物，加重堵塞，同时会加快天然气中 C_{16}以上高碳成分析出。

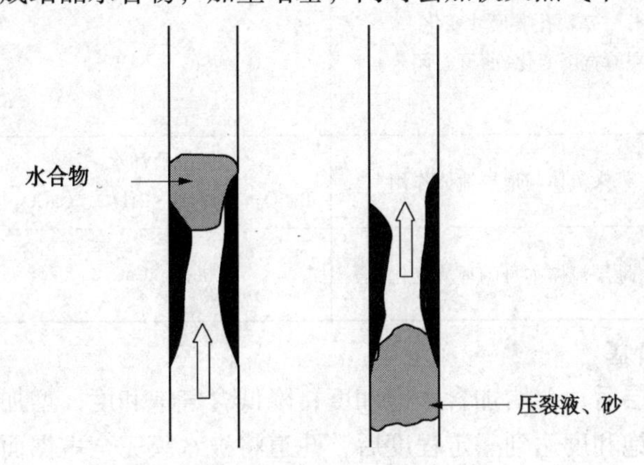

图 7-1-1　采气管柱堵塞过程示意图

致密砂岩储层内部因为孔喉小，流体与岩石作用后将明显降低孔喉和裂缝的有效尺寸，所以伤害比常规储层更为显著。如川西气田致密砂岩储层堵塞伤害机理就可归纳为以下几类

（表 7-1-1）。

表 7-1-1　川西气田致密砂岩储层堵塞伤害机理

伤害类型	伤害现象	伤害原因	作业环节
液相圈闭 （液锁）	水相饱和度增加	毛细管渗透（正压差） 自吸作用 置换性漏失	钻井 固井 射孔 压裂、酸化 修井 生产
	油相饱和度增加	毛细管渗透 凝析作用	钻井 开采过程中流压过低
固体相堵塞	颗粒在基质中沉淀	—	
	颗粒在裂缝内沉淀	缝内冲填 缝内泥饼	钻井 固井 完井（裸眼井） 压裂、酸化 压井 修井、洗井
水合物堵塞	井筒冰堵	烃组分与液态水形成 冰雪状物质	生产
黏土矿物堵塞	外来流体与岩石作用	碱敏 水敏 盐敏 酸敏 速敏	钻井 固井 完井 酸化、压裂 压井 修井、洗井 生产
	地层流体与岩石作用	速敏	
应力敏感	基块孔喉尺寸变化 裂缝宽度变化（张开、闭合）	—	正压差钻井（井漏） 欠平衡钻井 长封固段固井 射孔 生产
乳化、结垢	外来流体与地层流体作用	无机盐和水 $BaSO_4$、$CaSO_4 \cdot 2H_2O$、$CaCO_3$	钻井 固井 压井 修井、洗井 生产
	地层流体本身的环境变化	无机盐、$CaCO_3$	

（一）液相圈闭堵塞

外来液相渗入气层后，会增加含水饱和度，降低含气饱和度，增加气流阻力，导致气相渗透率降低；当含水饱和度达到一定程度后，孔道将被水膜完全占据而出现孔道的堵塞现象（图 7-1-2）。根据产生毛管阻力的方式，可分为水锁伤害和贾敏伤害。水锁伤害是由于非润湿相驱替而造成的毛细管阻力，从而导致气相渗透率降低。贾敏伤害是由于非润湿液滴对润湿相流体流动产生附加阻力，从而导致气相渗透率降低。影响它们的伤害因素有外来液相侵入量和气层孔喉半径。其中水锁伤害是致密砂岩气藏液相圈闭伤害最主要影响因素。采用川西致密砂岩岩芯进行室内模拟实验可以看出(图 7-1-3)，随着岩样含水饱和度的增加，岩样的渗透率急剧下降，当含水饱和度达到60%~70%时，岩样渗透率基本降为零，反映出了致密砂岩储层液相圈闭伤害的严重性。

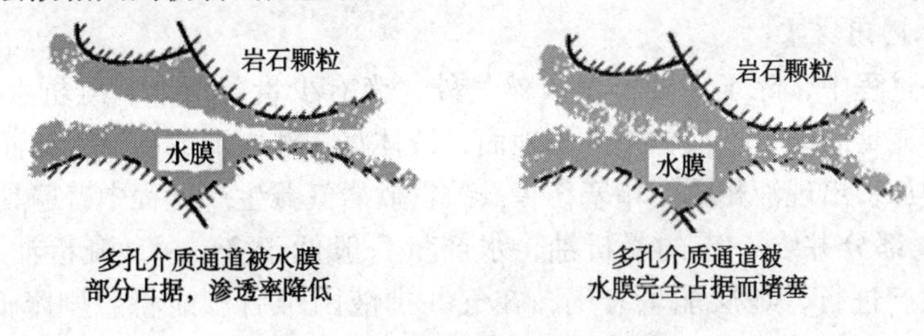

图 7-1-2　液相圈闭伤害示意图

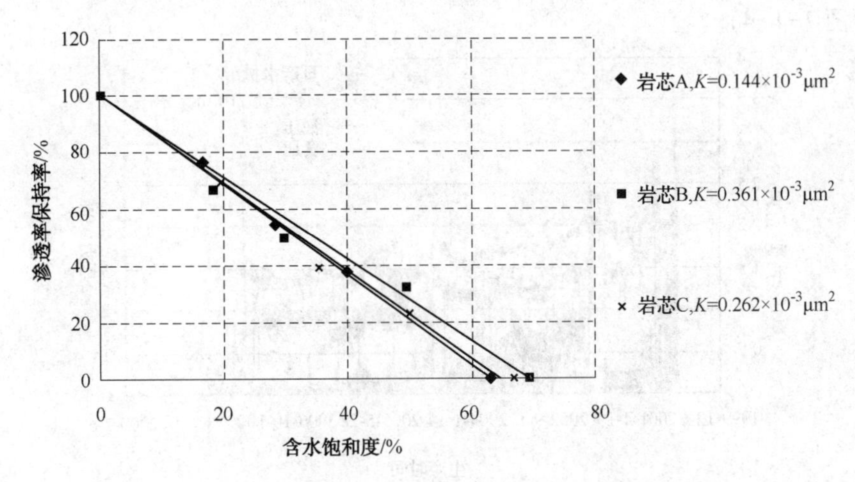

图 7-1-3　岩样渗透率随含水饱和度的变化关系

根据液相来源，将气井液相圈闭堵塞分为三类：①钻井液、修井液堵塞；②压裂液堵塞；③地层流体堵塞。

1. 钻井液、修井液圈闭堵塞

钻井液、修井液堵塞发生的原因是在钻井或修井过程中，由于井筒液柱压力大于目的储层压力，钻井、修井液挤入储层造成的液相圈闭堵塞。该类堵塞在致密砂岩气藏中较为普遍。气井甚至在投产后数年，仍能观察到泥浆随着天然气的产出。而污染的程度则与储层的物性及泥浆漏失量密切相关，总的来说，由于储层的致密，较常规地层更易出现降产及停产现象。DS-2 井为典型致密砂岩气藏气井，渗透率 $0.035\times10^{-3}\mu m^2$，孔隙度 9%左右，压裂改造后天然气绝对无阻流量 $22.3\times10^4m^3/d$，后因修井过程中漏失泥浆 $13m^3$，复产后测试天然气绝对无阻流量 $6\times10^4m^3/d$，仅为污染前的 26%，储层伤害明显。JS-9 井，井深 2700m，渗透率为 $0.08\times10^{-3}\sim0.43\times10^{-3}\mu m^2$，孔隙度 8%~13%，短期修井后测试产能由 $2.19\times10^4m^3/d$降为 $0.118\times10^4m^3/d$，降低幅度明显，表现出了明显的修井液圈闭堵塞伤害。

2. 压裂液圈闭堵塞

储层改造技术是致密砂岩气藏改善渗流条件、提高产能的重要技术手段。以新场气田为例，1999 年以后投入开发的 1000 余口井均为射孔完井，除钻遇天然裂缝而获工业产能外，均需进行水力加砂压裂以获工业产能。在施工过程中，大量的压裂液沿裂缝壁面渗滤到储层中，因其黏度高，注入量高达 $150\sim500m^3$，进入地层可达数十米甚至更远，而返排率一般为20%~60%，残存在地层中的液量大，使储层的原始含水饱和度增加，流动阻力加大。因此压裂液对储层和气井的影响是十分巨大的，它是气井堵塞和造成污染的主要物质，影响气井可达数年之久。

3. 地层流体圈闭堵塞

气井在开采过程中，除了主要产出天然气外，尚有少量凝析油、凝析水以及少量地层水。若气井没有充足的能量把液体举升出地面，液体将在井中形成积液，从而近井地层的含水饱和度大幅增加，出现液相圈闭堵塞伤害。致密砂岩气藏生产过程中普遍具有少量地层水(束缚水)产出，部分井含一定的凝析油，水产量一般低于2m³/d，凝析油含量一般低于25g/m³，随着生产进行，地层能量衰竭，在气井携液困难后产能将急剧降低，甚至停产，其主要原因是当井底积液无法正常排出时，近井地层的含水饱和度增加，从而加剧了孔道的堵塞现象(图7-1-4)。

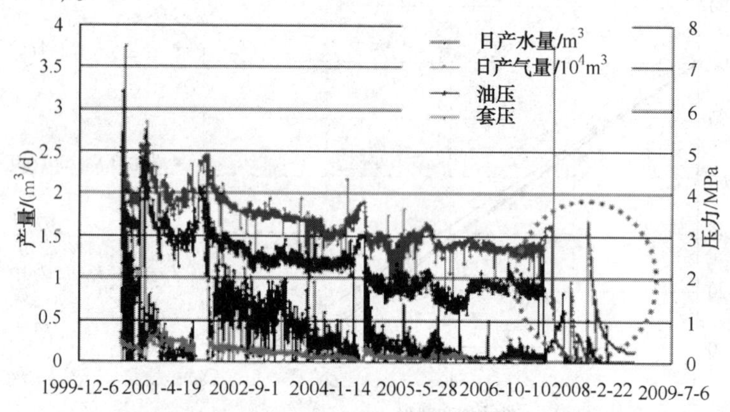

图7-1-4　L36-1井生产曲线图

(二) 固体相侵入堵塞

储层伤害的各种颗粒可划分为三类：从外部进入井眼的外来颗粒、地层孔隙中存在的自生颗粒、各种作用在孔隙空间生成的后生颗粒。入井流体常含有两类固相颗粒：一类是为达到其性能要求而加入的有用颗粒，如加重剂、桥堵剂、压裂砂等；另一类是岩屑和混入的杂质等固相污染物质，即有害固相。固相堵塞伤害的机理是，当固相颗粒进入地层后，会缩小地层孔道半径，甚至堵死孔喉造成储层的污染。影响外来固相颗粒对气层伤害程度的因素有：固体颗粒粒径与孔喉直径的匹配关系、固相颗粒的浓度、施工作业参数(作业压力、剪切速率、作业时间)等。

(三) 水合物堵塞伤害

天然气水合物(gas hydrates)是天然气开采、加工和运输过程中在一定温度和压力下天然气中的某些烃组分与液态水形成的冰雪状物质；密度为0.88~0.9g/cm³；一般在35℃以下就有可能形成。水合物是由NO_2、H_2S、CO_2和甲烷、乙烷、丙烷、异丁烷、正丁烷等分子在一定温度和压力条件下，与游离态水结合而形成的结晶笼状固体(clathrate hydrate)。其中水分子(主体分子)借助氢键形成主体结晶网络，晶格中的孔穴内充满轻烃或非轻烃分子(客体分子)，客体分子和主体分子之间依靠范德华力形成稳定性不同的水合物，其稳定性和结构(图7-1-5)与客体分子的大小、种类及外界条件等因素有关。水合物在外观上是白色或其他颜色的结晶物体。天然气水合物与冰有明显的相似性：①相同的组合状态的变化，都是流体转化为固体；②均属放热过程，并产生很大的热效应，0℃融冰时需 0.335kJ 的热量，0~20℃分解天然气水合物时每克水需要 0.5~0.6kJ 的热量；③结冰或形成水合物时水体积均增大，前者增大 9%，后者增大 26%~32%；④水中溶有盐时，二者相平衡温度降低，只有淡水才能转化为冰或水合物；⑤冰与水合物的密度都不大于水，含水合物层和冻结层密度都小于同类的水层；⑥含冰层与含水合物层的电导率都小于含水层；⑦含冰层和含水合物层弹性波的传播速度均大于含水层。

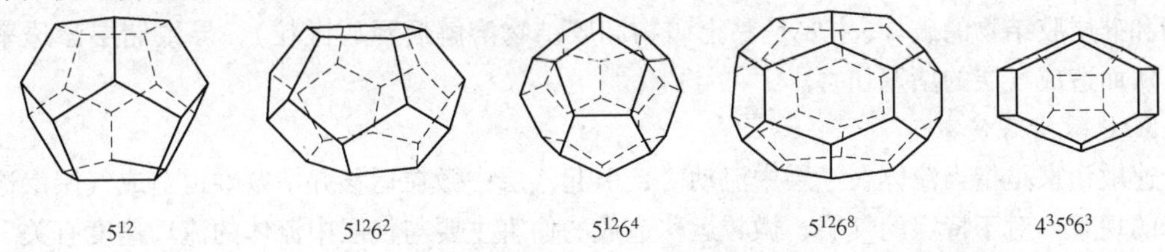

图 7-1-5　气体水合物的五种空腔结构

虽然气体水合物在很多性质上与冰类似，但是，其有一个重要特点是它不仅可以在水的正常冰点以下形成，还可以在冰点以上结晶、凝固。Solan 等人在研究中发现，水合物的结晶速度远慢于纯水结冰的速度，并且水合物中的水分子要以规则的形式和客体分子结合，所以结晶速度必然很慢。

（四）黏土堵塞伤害

黏土堵塞伤害主要指外来流体及地层流体与岩石（黏土成分）发生反应而造成储层的伤害。根据不同矿物与不同流体的反应，将敏感性矿物可分为四类（表 7-1-2）。

表 7-1-2　可能引起储层堵塞伤害的常见敏感性矿物

敏感性类型		敏感性矿物	伤害形式
水敏性和盐敏性		蒙皂石、绿/蒙混层、降解伊利石、降解绿泥石	晶格膨胀、分散运移
酸敏性	盐酸	绿泥石、绿/蒙混层、铁方解石、铁白石、赤铁矿、黄铁矿、菱铁矿等	氢氧化铁沉淀、非晶质二氧化硅沉淀、微粒运移
	氢氟酸	方解石、白云石、沸石、钙长石、各种黏土矿物等	氟化钙沉淀、非晶质二氧化硅沉淀
碱敏性	pH>12	钾长石、纳长石、斜长石、微晶石英、蛋白石、各种黏土矿物等	硅酸盐吃沉淀、硅凝胶体
速敏性		高岭石、毛发状伊利石、微晶石英、微晶长石、微晶白云母、降解伊利石	分散运移、微粒运移

1. 水敏性堵塞伤害

气层中的黏土矿物在原始地层条件下处于一定矿化度的环境中，当淡水进入地层时，某些黏土矿物就会发生膨胀、分散、运移，从而减小或堵塞地层孔隙和喉道，造成渗透率的降低。气层的这种遇淡水后渗透率降低的现象，称为水敏。

2. 盐敏性堵塞伤害

当高于地层水矿化度的工作液滤液进入气层后，可能引起黏土的收缩、失稳、脱落，当低于地层水矿化度的工作液滤液进入气层后，则可能引起黏土膨胀和分散，这些都将导致孔隙空间和喉道的缩小和堵塞，引起渗透率的下降而伤害气层。

3. 酸敏堵塞伤害

储层酸化处理后，一方面改善储层的渗透条件，另一方面又与气层中的矿物及地层流体反应产水沉淀并堵塞储层的孔道。这种酸化后导致的气层渗透率降低就是酸敏性伤害。

4. 碱敏堵塞伤害

地层水的pH值一般呈中性或弱碱性，当高pH值流体进入气层后，将造成气层中黏土矿物和硅质胶结物的破坏(主要是黏土矿物和胶结物溶解后释放微粒)，导致储层渗透率下降，从而造成气层的堵塞伤害。

5. 速敏堵塞伤害

速敏伤害是指当流体在气层中流动时，引起气层中微粒运移并堵塞喉道造成气层渗透率下降的现象。对于特定的气层，微粒运移造成的伤害主要与气层中流体的流动速度有关。

对于致密砂岩气藏而言，由于储层低孔、低渗致密，气藏对于速敏伤害并不敏感，伤害程度一般为弱到中，对于酸敏、盐敏、水敏、碱敏伤害则跟地层中含有的黏土矿物成分及含量密切相关。以新场气田沙溪庙组气藏为例，据X-衍射，配合扫描电镜、薄片观察发现黏土矿物在砂体中普遍存在。黏土矿物含量普遍为1.5%~10%，其中沙二^{2}气层黏土矿物以绿泥石为主，次为伊利石；沙二^{4}气层黏土矿物成分以伊利石为主，绿泥石、高岭石次之；遂宁组气藏则以蒙/伊混层为主，少量绿泥石；蓬莱镇组黏土矿物主要以伊利石为主，次为绿泥石，局部出现高岭石。根据以上区块岩芯敏感性实验可以看出(表7-1-3)，对于致密砂岩气藏，由于黏土矿物成分的不同、含量的不同，黏土矿物的敏感性存在较大差异，在开发过程中需要针对实际地层进行详细的敏感性伤害评价，才能有效指导后期的开发。

表7-1-3 川西气田储层敏感性实验结果表

敏感性 / 气藏	速敏	酸敏	碱敏	盐敏	水敏	主要黏土矿物
新场气田沙溪庙组	不敏感	强	中等	弱~中等	强	绿泥石、伊利石
新场气田蓬莱镇组	弱	弱~中	中等	无~弱	弱~中	伊利石
成都气田洛带区块遂宁组	弱~中	无~弱	中偏强	中偏弱	中偏弱	绿蒙混层和伊利石

(五) 应力敏感

储层岩石应力敏感性是指储层物性随地层压力变化而变化的现象。大量室内研究表明，储层岩石应力敏感性是普遍存在的，一般来说，致密砂岩气藏由于在开发过程中产生的压力降更大，储集空间原本比较致密，因此通常表现出较常规储层更强的应力敏感性(表7-1-4)。

表7-1-4 国内气藏储层应力敏感性特征

气田名称	岩芯描述	实验最大覆压/MPa	最大实验覆压时渗透率平均损失百分数/%
新场气田	$K<0.1\times10^3\mu m^2$	20	90
徐深气田	$K<0.1\times10^3\mu m^2$，裂缝性	60	75
克拉2气田	$K<0.1\times10^3\mu m^2$	50	70
迪那2气田	$K<2\times10^3\mu m^2$	65	65

对于应力敏感的机理研究，国外从 1943 年就有相关研究，国内主要从 20 世纪 90 年代开始有相关文献报道，通过多年的研究，在致密砂岩气藏应力敏感性机理方面已取得较为统一的认识：

（1）对于基岩，孔隙及孔隙喉道的收缩是应力敏感主要原因。储层渗透率大小主要受孔径的制约，孔径减小或部分孔道闭合必然导致岩石渗透率大幅度降低。地层中的岩石颗粒由于沉积过程中的压实作用而变得非常稳定，但岩石颗粒之间的胶结物则在外力作用下容易发生变形，尤其是泥质胶结物。在施工及生产过程中，当有效应力减小时，胶结物形变，孔道受压后急剧收缩导致渗透能力降低，从而表现出储层的应力敏感性较强。

（2）对于裂缝性储层，裂缝的闭合是应力敏感的直接原因。裂缝或微裂纹是沟通气井和气藏内部的直接通道，开采过程中，过大的生产压差会导致裂缝系统内压力得不到及时补充，导致储层岩石有效应力增加，裂缝开始出现开度降低甚至闭合现象。而这些闭合裂缝在有效应力恢复后仍难以恢复到原来开度，因此储层渗透率大幅降低，表现出较强应力敏感。

（六）乳化、结垢

1. 乳化物

外来流体常含有许多化学添加剂，这些添加剂进入井筒或气层后，可能与地层流体发生物理化学反应而形成黏度较高的乳状液，该液体黏度大，气井携带困难，长时间聚积影响气井产能，严重时还可能使气井完全堵塞，解堵难度大。生产中常见的乳化液主要是由于各类泡沫排水应用药剂及缓蚀药剂而产生的：泡排剂多是一些有机表面活性剂，在水质特别是含二价阳离子较多的地层水中，通过井下温度、压力作用，生成一种二价有机盐类，这种物质不溶于水，黏性强，乳化现象明显；而目前常用的缓蚀剂主要是油溶性的，其中化学组成大部分是煤油，主要起缓蚀作用的是有机胺类。这种物质易在井下高温高压条件下与地层流体结合生成一种高黏度物质而出现乳化现象。

新场气田通过对堵塞物取样分析，堵塞包括水合物堵塞、蜡堵、砂堵以及与压裂残液的混合堵塞等多种堵塞类型(图 7-1-6)，气井投产早期通常发生砂、蜡、水合物及压裂残留物的混合堵塞，净化阶段结束后，主要发生水合物、蜡堵或者二者的混合堵塞。气井含蜡、有水汽、返排不彻底为气井提供了堵塞的物质基础，是引起堵塞的内因；采气管柱内高压、低温的热力学条件，管径变化、管壁粗糙导致节流现象发生是引起堵塞的外因。

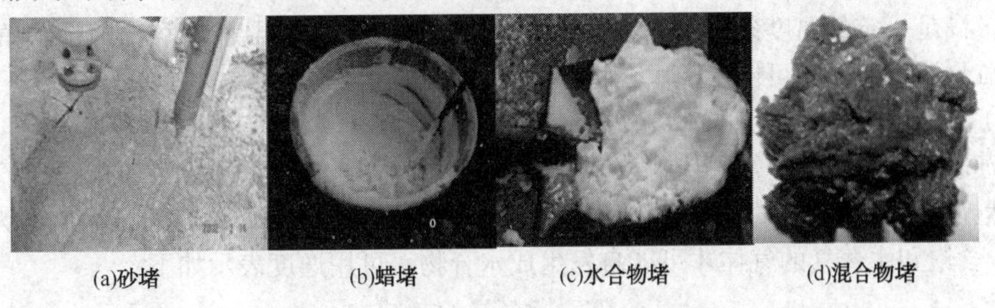

图 7-1-6　新场气田四种主要的堵塞类型

2. 结垢

随着地层水的产出，由于水的热力学不稳定性和化学不相溶性，地层流体中水相离子不配伍或无机盐过饱和超过了物质的溶解度，在井底附近很容易产生盐垢，水中成垢离子含量越高，形成垢的可能性就越大。对某一特定的垢，当超过了它在一定温度和 pH 值下的可溶性界限时，垢就沉积下来。不同水源混合或所处系统的条件改变，成垢离子发生变化并趋于达到一种新的平衡，于是就产生结垢。

二、堵塞主要影响因素

（一）储层堵塞伤害的内在因素

堵塞的内在因素是指自身原因可能引起储层堵塞伤害的潜在条件，包括气藏自身的岩石性质和气藏的内部环境，是引起储层伤害的基础，自身的岩石性质包括储渗空间特性、敏感性矿物、岩石表面性质、结构参数，它们的变化可能引起储层渗透特性的变化，从而造成储层堵塞伤害；内部环境则主要指压力和温度的变化，其变化可能引起储层的孔隙度、渗透率等物理性质的变化和流体的物性变化，最终导致渗流能力的变化，进而造成气井产能的降低。

（二）储层堵塞伤害的外在因素

任何能够引起气井产能降低的外部作业均为堵塞外因。从钻开气层开始，固井、射孔、试气、压裂和酸化改造、生产、缓蚀剂及泡排剂的加注、修井等一系列的作业过程都将对储层产生一定的堵塞伤害，如外来液体中固相颗粒堵塞气层、外来流体与岩石不配伍而发生反应从而造成伤害(水敏、盐敏、速敏，水合物聚集、药剂乳化堵塞通道等)。这些伤害既有外来流体造成的，也有工程原因造成的。对于致密砂岩气藏生产井而言，堵塞的外因主要为液相堵塞、固相堵塞污染及结垢堵塞。并且其之间常相互作用产生复合型堵塞。

三、解防堵

（一）水合物防治技术

天然气水合物易在天然气的开采、集输过程中出现，严重的水合物聚集将堵塞通道而影响正常生产或带来严重的安全风险。

1. 天然气水合物的生成条件

天然气水合物的生成除与天然气的组分、组成和游离水含量有关外，还需要一定的热力学条件，即一定的温度和压力。

从热力学观点来看，水合物的自发形成不是必须使气体被饱和，只要系统中水的蒸汽压大于水合物晶格表面的水蒸气压力就够了。天然气水合物的生成主要需要以下三个条件：

（1）满足一定的压力条件，只有当系统中气体的压力大于它的水合物分解压力时，饱和水蒸气的气体才能自发生成水合物；

（2）满足一定的温度条件，天然气形成水合物有一个临界温度，只有当系统中的温度小于这个临界温度时才有可能形成水合物；

（3）天然气中含有足够的水分，以形成空穴结构。

前苏联学者罗泽鲍姆等人认为：只有当系统中气体组分的压力大于它的水合物分解压力(在自然界，压力和温度的微小变化都会引起天然气水合物分解，此时的压力值即为分解压力)时，含饱和水蒸气的气体才可能自发生成水合物，可用逸度表示如下：

$$f_{\text{分解}}^{\text{水合物}} < f_{\text{M}}^{\text{系统}} < f_{\text{M}}^{\text{饱和}}$$

除此之外，在一定的动力学条件影响下，也可生成或加速天然气水合物的形成，如高流速、压力波动、气体扰动、H_2S 和 CO_2 等酸性气体的存在和微小水合物晶核的诱导等。

2. 天然气水合物的预测

水合物的生成需要一定的热力学条件，即一定的温度和压力。生成水合物的温度称为水化生成温度(hydrate formation temperature)。当天然气的温度低于或等于某一压力下水的露点温度时，天然气中有自由水凝析出来。自由水的出现是水合物生成的必要条件(这可能与水化品核的形成有关）。当温度低于水化生成温度，水化晶核形成、生长，逐渐形成致密的天然气水合物。

天然气水合物生成温度和压力与天然气的组成有关，有几种方法可用于预测它的生成条件。

（1）查图法

进行采气工艺工程计算时，可根据两类不同要求的生产问题，用查图法确定水合物生成条件。天然气从井底至井口，从井口至某集气站，又从某集气站到用户，管线沿程的压力和温度是逐渐降低的。如何确定沿程哪一点的压力和温度下可能生成水合物，利用图 7-1-7 最为方便；图中给出的甲烷和相对密度分别为 0.6、0.7、0.8、0.9、1.0 五种天然气预测生成水合物的压力和温度曲线。曲线上每一个点相应的温度，即该点压力条件下的水化生成温度。每条线的左边是水合物生成区，右边是非生成区。

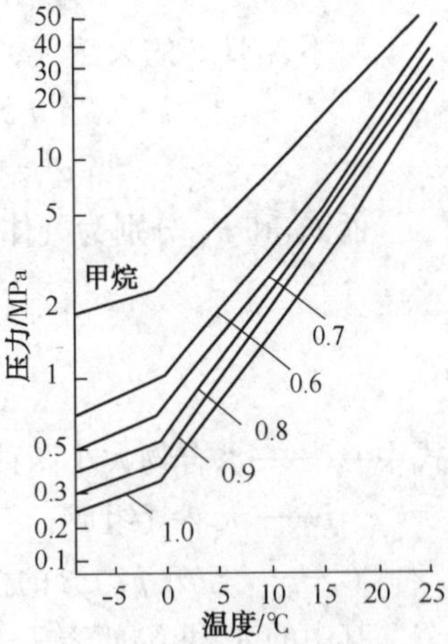

图 7-1-7　水合物的压力和温度曲线

（2）相平衡计算法

相平衡计算法的假设条件前提是：在天然气水合物的分解过程中，气体的相对密度逐渐增加，类似固体溶液。

用实验方法确定的气-固相平衡常数定义为：

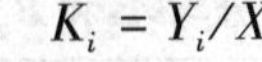

$$K_i = Y_i / X_i \tag{7-1-1}$$

式中　Y_i——组分 i 在气相中的摩尔分数；

X_i——组分 i 在固相中的摩尔分数；

K_i——组分 i 的平衡常数。

对不同的气体，Katz 等人用试验测出了不同温度和压力下的平衡常数 K 值，并绘制了相应的曲线，同时也应用相应的状态方程进行计算。对天然气混合物，生成水合物满足下式：

$$\sum_{i=1}^{n} \frac{Y_i}{K_i} = \sum_{i=1}^{n} X_i = 1 \tag{7-1-2}$$

其计算方法与多组分体系的露点计算法相类似。

（3）统计热力学算法

巴尔列尔和斯丘阿尔特根据严格的统计热力学原理，推导出了预测天然气水合物生成条件的统计热力学算法，其方程的一般形式为：

$$\ln Z - Y = 0 \tag{7-1-3}$$

其中：

$$Z = P_{H_2O}^{1(s)} / P_{H_2O}^{0(1.\ 2)} \tag{7-1-4}$$

$$Y = r_1 \ln(1 - \sum_{1}^{n} \theta_{A_1}) + r_2 \ln(1 - \sum_{1}^{n} \theta_{A_2}) \tag{7-1-5}$$

$$r_1 = \frac{n}{(1+n)m} \quad (n = 3,\ m = 5.75) \tag{7-1-6}$$

$$r_2 = \frac{n}{(1+n)m} \tag{7-1-7}$$

对于指定结构的水合物，$\ln Z$ 是温度和压力的函数。当 $p \leqslant 5\text{MPa}$ 时，压力对 $\ln Z$ 的影响非常小，$p_{H_2O}^{0(1,2)}$ 关系式可令人满意地用两个三项式方程(误差约为3.5%)来表示

$$\lg p_{H_2O}^{0.1} = -53.5901 + 22.09367\text{tg}T - 84.0985/T \quad (7-1-8)$$

$$\lg p_{H_2O}^{0.2} = -48.2255 + 20.22408\text{tg}T - 299.836/T \quad (7-1-9)$$

对不含 H_2S 的天然气，$\lg Z$ 可用下式求解：

$$当\ p > 6.9\text{MPa}\ 时，\lg Z = 8.9751 - 0.03303965T \quad (7-1-10)$$

$$当\ p < 6.9\text{MPa}\ 时，\lg Z = 3.5151705 - 0.01436065T \quad (7-1-11)$$

而 θ_{A1} 和 θ_{A2} 分别为气体A在水合物大、小空腔的填充程度，可表示为：

$$\theta_{ij} = \frac{C_{ij}p_{ij}}{1 + \sum_{i=1}^{2} C_{ij}p_{ij}} \quad (7-1-12)$$

式中 i——水合物大小两种空腔；

j——天然气组成；

C_{ij}——i 空穴 j 组分的兰格缪尔系数，$C_{ij} = \exp\ (A_{ij} - B_{ij}T)$ 。 (7-1-13)

其中的 A_{ij} 和 B_{ij} 如表7-1-6所示。

对已知组成的天然气，欲求某一压力下水合物的生成温度，可利用式(7-1-1)至式(7-1-13)，采用牛顿迭代法求解。

表7-1-6　组分与 A_{ij} 和 B_{ij} 的关系表

组　分	小空穴		大空穴	
	A_{1j}	B_{1j}	A_{2j}	B_{2j}
CH_4	6.0499	0.02844	6.2957	0.02845
C_2H_6	9.4892	0.04058	11.9410	0.4180
C_3H_8	−43.6700	0.0000	18.2760	0.04661
C_4H_{10}	−43.6700	0.0000	13.6942	0.02773
N_2	3.2485	0.02622	8.5590	0.02448
CO_2	23.0350	0.09037	25.2710	0.09781
H_2S	4.9258	0.00934	2.4030	0.00633

3. 天然气水合物的防治措施

在天然气集输系统有水合物形成时，它们将会悬在物流中，并凝聚在一起，最终形成流动堵塞物。它们也会堵塞在压力计测压孔和流量计的出入口，导致压力读数错误和计量错误。

防止天然气形成水合物可采用抑制剂注入、提高气体的流动温度和天然气脱水三种方法。脱水是消除天然气高压下形成水合物的基本条件，但要在井场设置脱水装置，工艺较复杂，投资较大，一般是天然气中心处理厂常采用的方法。对于站场，抑制剂注入和加热是比较常用的方法，新场气田目前部分井采用井下节流工艺能有效预防井筒水合物。

(1) 抑制剂注入法

抑制剂分为有机抑制剂和无机抑制剂，前者为甲醇和甘醇类化合物，后者为氯化钠、氯化钙及氯化镁等。天然气集输站场主要采用有机抑制剂，其中又以甲醇和三甘醇最为常用。三甘醇具有抑制效果较好、回收方便等优点，但需另建回收装置，投资较大且增加了新的污水、污物排放点，对安全生产和环保不利。甲醇虽然存在沸点低、损耗量大、不易回收的缺

点，但它具有抑制效果好、价格低等优势，也不需另建回收装置或增加回收处理费用，目前使用较为广泛。长庆气田早期采用60%~80%的乙二醇为主要水合物抑制剂，1994年12月开始改用甲醇作抑制剂。

（2）加热法

提高天然气节流前的温度或与集气管道平行敷设热水伴输管道，使气体流动温度保持在天然气的水露点以上，是防止水合物生成的有效办法。目前国内外常用的加热设备主要为水套加热炉和电热带。水套炉适用于热负荷波动范围较大的场合，由于用常压加热管道，因而易于操作和控制，也更安全，通常用于井口加热。电热带则常用于集输系统的辅助加热中，优点是热效率高、发热均匀、温度控制准确、可实现远控及遥控、易于实现自动化管理、管理费用低、投资少。由于在较短管道距离里难以实现大功率的热量传递，电伴热一般不用在井口节流前加热。2003年在苏里格气田S6试验区加密井采用井口加热、井口节流配以流动注醇车注醇工艺，取消注醇泵房及注醇管线以降低成本，采用井口加热炉加热以调高集气气流温度，利用井口针阀节流降低集气管线压力，从而降低水合物形成条件。

（3）井下节流工艺

井下节流工艺能有效预防井筒水合物，国内从20世纪80年代开始研究井下节流技术，经过20多年的攻关研究，已经形成了系列配套井下节流工艺技术，在苏里格、四川、鄂尔多斯致密气田得到了广泛的推广应用，有效地实现了井筒水合物的预防，提高了气井井筒的清洁度。

（二）解水锁

1. 水锁伤害预测方法

在生产过程中，若地层能量不足或外来水量过大，导致井内积液难以及时返排干净，气井表现为产量、压力较正常生产时快速下降，便可初步判定为井底存在液相圈闭。特别是在低压低产气井，当气井产量低于临界携液产量时，井底开始出现积液，近井地带含水饱和度也将迅速增加，导致气井有效渗透率降低，从而出现较为严重的水锁伤害现象。因此，气井井底积液的迅速排出是降低水锁伤害的重要技术措施。

近年来的研究发现，地层的原生水饱和度与束缚水饱和度可能相等，也可能不相等。它们的形成机理不尽相同。如果原生水饱和度低于束缚水饱和度，则油、气驱替外来水时最多只能将水饱和度降至束缚水饱和度，必然出现水锁效应。判断气藏是否易于产生水锁损害常用指标之一就是水锁损害率。设原生水饱和度为S_{wi}，束缚水饱和度为S_{wir}，它们分别对应的气体相对渗透率为K_{wi}和K_{wirr}，其水锁损害率DR为：

$$DR=(K_{wi}-K_{wirr})/K_{wi} \tag{7-1-14}$$

造成水锁效应的另一原因是对外来水或地层水侵返排缓慢，在有限时间内含水饱和度降不到束缚水饱和度的数值，从而造成水锁伤害。设此时含水饱和度为S_{wi}，对应气体相对渗透率为K_{wi}，则水锁损害率DR为

$$DR=(K_{wi}-K_{w})/K_{wi} \tag{7-1-15}$$

原生水饱和度低于束缚水饱和度造成的水锁伤害效应和外来水（或地层水）返排缓慢造成的水锁效应相比较，前者的损害率总是小于后者，但前者的损害率对一定储层为一定值，后者的损害率则总是随着时间的增加而逐渐降低，只是降低速度随储层的孔隙结构和外来水的性质及量有关。

此外，D. B. Bennion提出了一个水锁指数APT_i模型，同样用于初步判断气藏是否容易

产生水锁损害。这是一个基于气藏储层绝对渗透率和原始含水饱和度构建的方程，判断如下：

$$APT_i = 0.25\lg K_g + 2.2S_w - 0.5 \tag{7-1-16}$$

式中 APT_i——水锁指数，无量纲；

K_g——未修正的平均地层气体渗透率，$10^{-3}\mu m^2$；

S_w——地层原始含水饱和度；

0.5——对经验公式的修正值。

由式(7-1-16)可以看出，储层的渗透率和原始含水饱和度是决定水锁效应的主要因素。

$APT_i>1$，表示储层水锁效应不明显；

APT_i 值在0.8~1.0之间，表示储层有潜在的水锁效应；

$APT_i<0.8$，表示如果水基流体被驱替或自吸入储层，会出现明显的水锁效应。

2. 水锁解除工艺

根据水锁效应产生的原因分析可知，水相与储层岩石之间的黏附力过大、地层能量过低是造成水锁的两个主要因素。因此，在解除水锁方面，应重点从降低水相与储层岩石之间的黏附力以及提高地层能量两个方面来考虑。

剩余在微孔隙中的束缚水，以不连续液滴的形式被圈捕在岩石孔隙中，此时每个液滴受到两种力的作用(黏滞力和驱动力)，一般用无因次毛管数 Ne 来表征它们的比值。

$$Ne = (\Delta p / L\delta) \tag{7-1-17}$$

式中 Ne——毛管数；

δ——液相与岩石表面的黏附力；

$\Delta p/L$——被圈捕油珠通过毛细孔道所需压力梯度。

由上式可知，要提高 Ne 值，可调参数有两个：一是提高压力梯度($\Delta p/L$)；二是降低液相与岩石表面的黏附力。而现实情况是，随着气藏能量的降低，不借助外部手段，已难以到达提高压力梯度($\Delta p/L$)的目的，因此只有通过降低液相与岩石表面的黏附力来达到提高毛管数 Ne 的目的。

而液相在微孔隙中所收到的阻力可以用下面的公式计算：

$$p_c = 2\sigma \frac{\cos\theta}{R} = \sigma\left(\frac{1}{R_1} + \frac{1}{R_2}\right) \tag{7-1-18}$$

式中 p_c——毛管压力，mN；

σ——表面张力，mN；

θ——接触角；

R——孔喉半径，m；

R_1，R_2——曲率半径，m。

从这个公式可以得到，降低液相表面张力，增大液相的润湿角是减小毛细管中阻力 p_c 的必要手段。

国内外目前解除水锁技术手段主要是化学法解堵，具体来说就是利用上述的基本原理，配置出能够降低液相表面张力、增大液相在岩石表面吸附的润湿角的化学药剂，将该种药剂注入地层，改变地层中液相的吸附状态，降低气相驱替液相的黏滞阻力，达到解除水锁，增加产能的目的。

用于水锁解堵的药剂系列较多，但以表面活性剂为主要成分的药剂是解除水锁工艺的主流。其原因是表面活性剂不但可以稳定黏土，减少微粒运移；而且能够降低界面张力，大大降低孔隙中液相的流动阻力。目前这种类型的药剂已经在国内的长庆、川西、川中等多个气田得到了成功应用，是一种专门用于解除水锁的成熟工艺技术。

工艺流程如下：

（1）优选施工井。采用气井污染主要判断方法判断该井是否存在水锁污染问题，同时气井管柱情况、地面情况满足施工作业需要。

（2）药剂性能评价实验。进行药剂效能评价以及与地层、地层水配伍性评价。

（3）井筒准备。洗井，清水或加入少量泡排剂洗井；

（4）从油管或套管泵注药剂，井口适当加压，反应24~48h，使得药剂与地层接触充分。

（5）放空或直接投入生产带出反应残液。

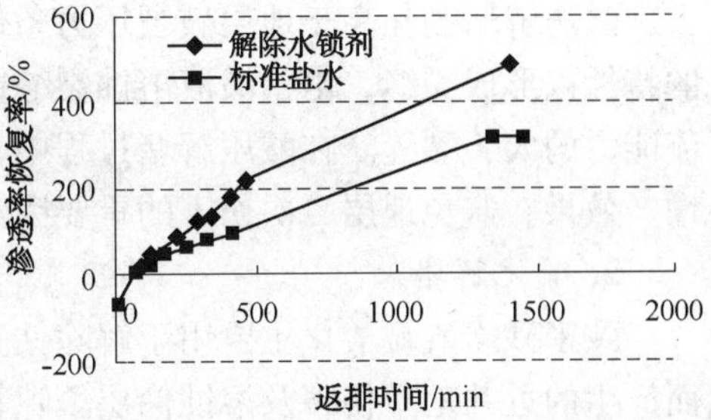

图 7-1-8　药剂性能效能评价实验

解水锁工艺在致密砂岩气藏已经逐渐得到推广应用，特别是针对气井产能较低，存在明显井底积液的气井应用较为广泛，在新场、苏里格等气田取得了成功应用。

新场气田 2012 年开始自主研发解水锁药剂，从气井的生产特征、表皮系数、产出液物理性质、气井水锁指数等方面进行水锁伤害程度判断，并在 3 口井开展现场实验，具体施工情况见表 7-1-7。现场应用表明：药剂均能按照设计进入到储层，除 CX379-1 井排液速度较慢外，其余两口井均在较短时间内完全返排，平均单井增产天然气约为 $0.03\times10^4m^3$。

表 7-1-7　新场气田解水锁工艺现场实验情况表

井号	施工时间	加注药量/m^3	关井时间/h	关井后压力恢复情况	排液情况
CX370-2	2012.4.1	1.2	45	油压 8.92MPa，套压 9.12MPa，接近平衡，且油套压上涨缓慢	两个泡排周期（约 5 天），排出 $1.4m^3$
CX379-1	2012.5.8	1.4	44	油压 5.0MPa，套压 5.6MPa，油套压上涨缓慢	13 天左右排出约 $1.5m^3$ 液体
CX618-1	2012.9.3	1.5	42	油压 10.7MPa，套压 11.7MPa，油套压上涨缓慢	4 天排出液体 $1.8m^3$

（三）井底解堵工艺技术

致密砂岩气藏生产井井底解堵工艺主要是针对生产过程中出现或可能出现的井底污染、井底堵塞等现象而实施的防堵及解堵增产措施。针对致密砂岩气藏的污染及堵塞，主要的解堵增产措施有水力压裂解堵、酸化解堵、高能气体压裂解堵、化学剂解堵等。

1. 水力压裂解堵

水力压裂解堵主要采用加砂水力压裂和酸压裂两种形式。由于砂岩储层基岩与酸反应程度低，致密砂岩气藏气井一般采用加砂水力压裂解堵方式，而在碳酸盐岩地层及其他变质岩地层，则主要以酸压裂为主。水力压裂解堵的机理是：①渗流方式得到改善，由径向渗流变为线性渗流为主；②渗流面积大大提高，增大倍数可达几十到几千倍；③产生的裂缝可能沟通远处的高渗透区或裂缝发育区。

水力压裂是在大排量、高泵压下将高黏度液体注入井筒压开地层，形成并延伸裂缝后，接着泵入混有支撑材料的携砂液，将支撑材料带入缝内，停泵返排后，破胶降解的压裂液流入井筒，支撑剂留在缝中，从而形成导流能力高的水力裂缝，以利于天然气流入井中。对于致密气藏而言，为降低水力压裂带来的二次伤害，需要做好以下工作：①压裂液及添加剂的优选；②选择合适的支撑剂；③压裂后快速返排；④压裂设计及施工。

酸压解堵则在高于地层破裂压力条件下，向地层中注入酸液，利用酸液与地层岩石反应的特性以形成裂缝，由于酸液溶蚀裂缝壁面，使得裂缝面凹凸不平，闭合后形成具有一定导流能力的人工裂缝。在酸压解堵过程中，酸液体系的合理选择及返排措施的高效是影响解堵增产效果、避免地层二次伤害的重要因素。

2. 酸化解堵

致密砂岩气藏酸化主要用于解除钻完井作业及后期生产过程中外来工作液滤失进入地层而产生的近井地带伤害及溶蚀储层填隙物增大孔隙，以期达到解堵和增产的目的。酸化解堵工艺是致密砂岩气藏解堵的主要工艺措施之一。根据目前酸液配方的不同，大致分为以下几种工艺：

（1）土酸解堵工艺技术

土酸是指氢氟酸与盐酸的混合酸，主要应用于致密砂岩气藏。该工艺的工作液一般有三种：前置液、土酸及后置液。前置液一般为<15%低浓度的盐酸液，其主要目的是将井底及井筒附近地层中含有钙离子的水驱替至远离井筒，并溶解井筒附近地层可能的碳酸盐岩，以免与氢氟酸发生反应而产生沉淀。土酸是主要作用酸，与气层中的黏土、石英砂、泥浆滤液等发生反应并溶蚀，从而解除地层污染并提高渗透率。后置液作用是将酸液完全顶入地层，同时还具有缓蚀、助排等功效。

土酸解堵投入少，施工简单，可解除近井地带泥浆污染及注水井层二次堵塞。但由于作用深度有限，对泥浆、黏土等引起的深部堵塞无能为力，解堵有效期也不长。

新场气田在1992年起开展酸化解堵，应用酸液浓度10%~15%，用酸量5~20m^3，酸蚀深度0.2~0.8m，在施工的20余口井中，有效增产的12口，解堵酸化成功率60%，有效期一般在50~100天。

（2）胶束酸解堵

将具有多种效能的酸化胶束溶剂加入土酸或盐酸中，可配成胶束酸，其具有较低的表面张力，具有渗透和溶解重质烃的能力，可同时解除有机和无机堵塞物；和地层流体配伍性好，可防治乳化堵塞；具有分散和悬浮固体颗粒的能力，有利于酸返排，减少水锁效应；能使产层保持水润湿性。适用范围：解除泥浆污染井的新投产酸化，作业污染气井酸化，新投注或转注水井增注，回注污水井的解堵酸化。不适用于钙质和绿泥石含量高的砂岩地层的酸化解堵。同时由于胶束酸施工摩阻大，施工排量受到影响，对延长酸液有效作用距离不利，这是胶束酸解堵工艺的不足之处。

川西中江气田CF563井须二气层开展了胶束酸酸化解堵施工，井深为4672~4717m和4736~4744m，有效厚度53.4m；岩性为砂岩，裂缝型储层；地层压力88MPa左右，地层温度120℃左右；胶束酸主体采用盐酸、胶束剂、缓蚀剂、铁稳定剂、助排剂配制而成；施工在排量1.1~1.5m^3/min，泵压79~84MPa下注入胶束酸58.89m^3，措施后增产天然气0.2×10^{4}m^3/d。

（3）浓缩酸解堵

以磷酸为主体（不含盐酸和氢氟酸）与多种添加剂复合配制成的油水井处理液。其与碳酸盐及腐蚀产物反应速度缓慢，不破坏油层骨架，可达到深部酸化目的；与地层流体配伍性能好，表面活性好，可预防水锁，不产生酸渣等沉淀；具有抑制黏土膨胀的能力；可避免生成 CaF_2二次沉淀，防治难溶氢氧化物二次沉淀；对设备腐蚀轻微。适应范围为：解除碳酸盐岩、腐蚀产物、水锁等所造成的气层堵塞；适用于灰质含量较高的砂岩地层酸化，用于井深、高温、钙含量较高的砂岩地层的酸化可达到使用盐酸、土酸难以取得的效果。可用于处理严重污染、地层灰质、泥质含量均较高的气井。

(4) 泡沫酸解堵

泡沫酸酸化技术是在常规酸液体系中加入起泡剂和稳泡剂，通过泡沫发生器与气体(一般多为氮气或二氧化碳气体)混合，形成以酸为连续相、气泡为分散相的泡沫体系，使得配制的酸化体系兼有泡沫流体性质和酸化能力，然后注入地层进行酸化。泡沫酸含液量低、表观黏度高，能更好地控制滤失、悬浮残渣和提高流体清洁性能；密度低、返排迅速彻底，对产层伤害小。泡沫酸通常由酸液(盐酸、土酸或其他混合酸)、气体(N_2、CO_2或天然气)、起泡剂和稳定剂构成。泡沫酸的应用起始于20世纪70年代初，在美国俄亥俄、德克萨斯、伊利诺斯、田纳西等地得到成功应用。

3. 化学剂解堵

化学解堵剂主要由有机溶剂、水溶性聚合物溶剂、黏土防膨剂、降黏剂等按一定比例混合配置而成。地层情况不同，污染类型不同，配方也不一样，具体配方需要根据实际情况进行实验制定。目前致密气藏常用的化学剂解堵工艺主要有两种：

(1) 非酸药剂解堵

非酸药剂解堵工艺具有良好的洗油、破乳能力和溶解胶质、沥青的能力，且对有机沉淀物有湿润、渗透、分散直至剥离作用，可有效防治胶质、沥青在近井地带再沉淀；能与多种作业流体配伍，可防止酸渣沉淀，黏土颗粒膨胀和运移。

工艺实施可根据污染井的生产状况、完井工艺以及堵塞情况，制定出解堵剂配方、加注方式、排液方式等的对应方案。目前常用的施工方式可分为不停产清洗法和关井浸泡法。

① 不停产清洗法

如果气井的油套能建立连通，采气管柱无封隔器，且气井生产通道并未完全堵塞时，可采用不停产清洗法进行清洗。清洗过程不需要关井，清洗液可从套管或油管注入井下，最后随地层气流从油管或套管返出地面。由于该方法在井筒中滞留时间短，与地层接触面小，因此主要应用于井下油管或套管轻微堵塞时，不适用于地层污染的解除。

② 关井浸泡法

当近井地带污染严重，油管被污染物完全堵塞，油套环空存在封隔器等工具导致油套环空无法连通时，可采用关井浸泡法。具体操作步骤是：在关井停产的情况下，由油管或套管注入药剂，使得药剂与污染解除对象直接接触，在必要时，可在井口施加一定压力，使得反应更为深入、充分，在达到预计时间后开井放喷复产。对于部分低压、低产气井，开井复产后，由于地层能力不足或产量无法满足连续携带出残液时，可采用间歇放喷、液氮助排、连续油管助排等方式来快速恢复生产。

(2) 热化学解堵

热化学解堵工艺技术是由两种工作液组成的热化学解堵剂注入产层后，靠产生的大量热能解除蜡、胶质、沥青等有机堵塞物，产生的气体能从井筒内驱替出大量液体，降低井内静水柱压力，使其小于近井部分产层的流动压力，从而提高脏物的返排能力。适用于解除有机堵塞。

热化学处理剂由发热剂、延缓剂、分散剂等组成。发热剂在延缓剂的控制下发生热化学反应：

$$NaNO_2+NH_4Cl = NaCl+N_2\uparrow+2H_2O+Q$$

$$\text{离子式：}NO_2^-+NH_4^+ = N_2\uparrow+2H_2O+Q$$

Q 为发热量，可由化学热力学数据(表 7-1-8)求得，即

$$\Delta H^{\ominus}=\sum\Delta H^{\ominus}_{f(\text{生成物})}-\sum\Delta H^{\ominus}_{f(\text{反应物})}=2\Delta H^{\ominus}_{298K}-[H_2O]-\Delta H^{\ominus}_{298K}[NH_4^+]$$

$$-\Delta H^{\ominus}_{298K}[NO_2^-]=-332.58kJ\cdot mol^{-1}$$

反应产物有氮气、高温热水和氯化钠盐水。其中盐水对大多数产层无损害，大量的氮气可以提高气井压力，并在较大压力冲击作用下冲洗气层，将堵塞物和溶解垢一起举升到地面。亚硝酸钠和氯化铵溶液混合后，通过调节延缓剂的浓度来控制反应速度，通过分散剂分散堵塞物。

施工步骤：

① 连接施工管线、地面流程及井口保养、试压；②向井下泵注亚硝酸钠液和分散液、氯化铵和延缓剂，尽量保证钠盐和铵盐按 1∶1 注入；③注入过程要连续进行，当替入总量达设计要求时关井反应；④开井诱喷，若自喷则控制井口压力放喷，若不喷则可采用氮气助排等方式排液；⑤恢复生产。

4. 振动解堵净化

振动解堵净化技术原理是通过振动波作用于气层破坏堵塞物与储层岩石之间结合力，破坏其附面层，使堵塞物产生松动，在流动压差和振动交变压差的作用下，使气液流动带出堵塞物质，疏通气流通道。同时振动作用产生的冲击流可以使某些岩层产生微裂缝或使已有的裂缝扩大，从而提高气层渗透率。目前常用的井底振动解堵净化技术有高能气体压裂解堵法、低频电脉冲解堵法、人工地震解堵法、水力振动解堵法、高压水射流解堵法、声波-超声波解堵法等。由于致密气藏具有地层物性差，易受到二次伤害，气体易燃易爆等特性，因此低频电脉冲、人工地震、高压水射流等措施难以在气井中得以实施，目前致密气藏可应用的振动解堵净化技术主要为高能气体压裂技术，声波-超声波仍处于现场试验阶段。

(1) 高能气体压裂解堵

高能气体压裂解堵是用电缆或油管将压裂弹(包括有壳弹和无壳弹，固体和液体火药)送入井下，起爆瞬间可对产层产生机械、热和化学三种作用效应，机械作用是通过高压使得地层产生为大量微裂缝，以增加近井带渗透能力；化学作用是通过高能燃爆过程而产生大量酸性气体 CO、CO_2、N_2、HCl 等，以利于解除近井污染；热力作用是由于在燃爆过程中，将产生大量高温气体，将有利于解除近井带石蜡、胶质、沥青等有机物堵塞。其中机械造缝是最主要的效应。对于致密气藏而言，高能气体作用后，裂缝将迅速闭合，不利于裂缝的有效开启，因此高能气体压裂往往与水力压裂及酸化相结合，在高能气体压裂后立即进行加砂压裂、酸压或是酸化，以进一步改善渗流通道，确保裂缝的有效性。

新场气田 CG561 井须家河组二段产层埋深 4921~4942m，原始地层压力 89MPa，储层平均孔隙度 3.28%，渗透率 $0.033\times10^{-3}\mu m^2$，射孔后在井底流压 11.66MPa 下获天然气产量 $1.41\times10^4m^3/d$；随后采用加重酸化施工，在井底流压 13.14MPa 下获天然气产量 $2.7243\times10^4m^3/d$，酸化施工起到了一定的解除近井污染的效果，提高了气井的产能。但由于储层致密、酸液用量低、有效深度小、地层压力高等诸多原因，酸化施工效果未达到理想效果，酸化后

试井解释表皮系数 S 为 1.21，地层仍存在污染。因此，决定采用高能气体压裂与酸化联作工艺技术以提高措施效果，设计施工步骤如下：

① 高能气体峰值压力设计。高能气体作用峰值压力应考虑井筒安全及地层破裂两方面需要，其设计值应大于地层破裂压力，小于套管最高抗压强度。

② 组下管串、替浆洗井。替浆洗井是将井筒中的压井液替换为活性水或是酸液，以避免高能气体压裂过程中压井液体进入地层而造成伤害。

③ 燃爆、酸化(压)施工。该井措施后在井口压力 35.5MPa 下获得天然气产能 $10.4\times10^4 m^3/d$，在井口压力 51MPa 下稳定输气 $5\times10^4 m^3/d$，储层污染得到有效解除，气井产能提高近 20 余倍。

(2) 声波-超声波解堵法

声波-超声波解堵法是通过声波-超声波发生器在近井地带产生强烈振动波，使喉道内的堵塞物松动脱落并随产液排出，以增大或恢复渗透率；同时声波能量可转化为热能对近井地带岩石进行加热，以解除蜡、胶质、沥青等有机堵塞物。该方法适用于解除无机沉淀、有机沉淀及油、垢相互混合的有机无机混合物引起的近井地带堵塞。但由于所产生的低频振动波及范围有限，因此主要适用于近井地带的污染解除。

5. 复合解堵净化

由于每种技术都有很强的针对性，而气井的污染堵塞又具有相当的复杂性，针对不同的污染物及污染程度，将两种或多种技术联合使用，成为目前井底解堵净化技术的发展趋势。高能气体压裂与酸化结合、热化学与酸化的结合、高能气体压裂与热化学解堵技术的联合等技术都获得了实际应用。复合解堵净化技术兼顾了各种技术的优点，具有实用范围更广、作用效果更强等优点。

第二节 防腐技术

一、井下腐蚀环境

气井腐蚀环境包括不同部位的压力、温度、流态及流场，这些因素又引起系统相态变化，变化过程伴有气体溶解、逸出、气泡破裂等，在流道壁面产生剪切及气蚀、机械力与电化学腐蚀协同作用；同时，流道直径变化、流向改变也会引起压力、温度、流态及流场变化，从而加剧腐蚀。

在气藏开采过程中，腐蚀性组分含量常常是变化的。特别是随开采期的延长，地层水含量往往呈增加趋势，有时也会出现硫化氢含量随开采期延长而增加的现象。不同材料相接触或连接会产生电位差，有的地层或井段会与套管形成电位差，电位差是气井腐蚀环境的重要组成部分。此外，油管、套管、采油树所处的应力状态和应力水平也是重要的腐蚀环境。常见的井下腐蚀有如下几类：

(一) 氯离子(Cl^-)腐蚀

气井油套环空介质中矿化度是一个重要腐蚀因素，KCl、NaCl、$CaCl_2$ 三种矿物质中 $CaCl_2$ 对金属的腐蚀性影响程度最大。Cl^- 会导致钢材表面保护膜致密性降低，抗腐蚀的保护性也随之下降。因此，当水中含有大量 Cl^- 时容易引起金属局部坑蚀，严重时会发生腐蚀穿孔现象。

（二）地层水腐蚀

大部分气井产出物中都不同程度地含地层水，其腐蚀的普遍性远远大于硫化氢、二氧化碳等的腐蚀。气井中含水量的多少会对腐蚀产生影响，地层水中所含的无机盐离子影响系统pH值，其可能加剧或减缓腐蚀性；地层水中可能不同程度地溶解有氯化物、硫酸盐、碳酸盐等可溶性盐类，对油管、套管及设备可能造成钢材的应力腐蚀及应力开裂；地层水中可能含有硫酸盐还原菌（简称SRB）、铁细菌、硫细菌等菌种，这些菌种潜伏在地层水和岩石中，引起或促成材料的腐蚀破坏，称为细菌腐蚀。

（三）氧腐蚀

吸氧腐蚀的阴极去极化剂是溶液中溶解的氧，随着腐蚀的进行，氧不断消耗，只有来自空气中的氧进行补充。因此，氧从空气中进入溶液并迁移到阴极表面发生还原反应，叫氧的离子化反应。金属发生氧去极化腐蚀时，多数情况下阳极过程发生金属活性溶解，腐蚀过程处于阴极控制之下。氧去极化腐蚀速度主要取决于溶解氧向电极表面的传递速度和氧在电极表面上的放电速度。在扩散控制的腐蚀过程中，由于腐蚀速度只决定于氧的扩散速度，因而在一定范围内，腐蚀电流将不受阳极极化曲线的斜率和起始电位的影响。在扩散控制的腐蚀过程中，金属中不同的阴极性杂质或微阴极数量的增加，对腐蚀速度的增加只起很小的作用（图7-2-1）。

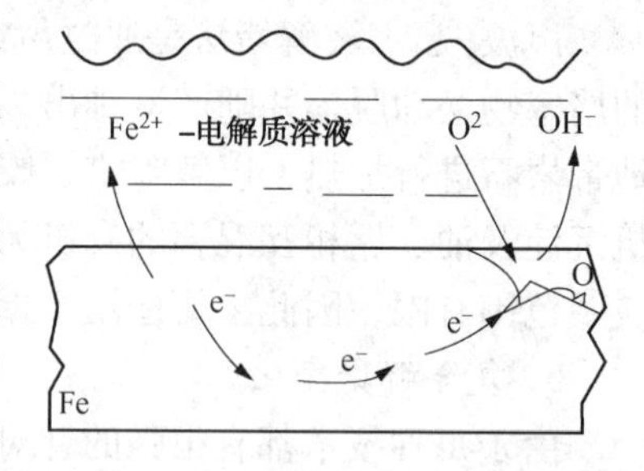

图7-2-1　金属的氧腐蚀示意图

（四）材质电偶腐蚀

在酸性气井井下生产管柱结构中，油管、套管及封隔器往往采用不同的低合金钢和高强度合金钢材料，在井下环境中很容易发生电偶腐蚀。如果发生电偶腐蚀，油管、套管用材将会加速腐蚀，导致封隔器中封隔液泄露，从而引发一系列的其他腐蚀行为。这种腐蚀破坏带来的结果轻则降低生产效率，重则导致人员伤亡、环境破坏。

（五）硫化氢（H_2S）、二氧化碳（CO_2）腐蚀

在天然气的开采和运输过程中，会遇到天然气中所含的H_2S和CO_2气体对运输管道、设备的腐蚀情况。四川气田天然气试采中含有一定H_2S或CO_2气体，试采中存在腐蚀现象，如1963年W3井完钻，因H_2S含量较高，被迫封井；川西合兴场气田CH100井1988年测试投产，1992年油管破损，修井时发现井内油管已断为4节，断口处有大量蚀坑，经证实事故因CO_2腐蚀所致；江汉油田花园区块在发生套管损坏的11口井中，因CO_2腐蚀穿孔造成套管穿孔井数达9口；W23气田在投产5年后陆续发现生产管柱大都腐蚀穿孔。因此，在气田开发过程中对含H_2S、CO_2气井的防腐技术研究是防腐的重点研究内容。

二、腐蚀机理

（一）H_2S腐蚀

1. H_2S腐蚀机理

（1）H_2S电化学腐蚀机理

干燥的H_2S对金属材料无腐蚀破坏作用，其只有溶解在水中才具有腐蚀性。在气田开采中与CO_2和O_2相比，H_2S在水中的溶解度最高。H_2S一旦溶于水，便立即发生电离，使水具有酸性。H_2S在水中的离解反应为：

$$H_2S \rightleftharpoons H^+ + HS^-$$

$$HS^- \rightleftharpoons H^+ + S^{2-}$$

其释放出的氢离子是强去极化剂，极易在阴极夺取电子，促进阳极铁溶解反应而导致钢铁的全面腐蚀。H_2S 水溶液呈酸性时，对钢铁的电化学腐蚀过程用如下的反应式表示：

阳极反应：$Fe - 2e \longrightarrow Fe^{2+}$

阴极反应：$2H^+ + 2e \longrightarrow H_{ad} + H_{ad} \longrightarrow H_2 \uparrow$

$$\downarrow$$

$$H_{ab} \longrightarrow \text{钢中扩散}$$

阳极反应的产物：$Fe^{2+} + S^{2-} \longrightarrow FeS \downarrow$

式中　H_{ad}——钢表面上吸附的氢原子；

H_{ab}——钢中吸收的氢原子。

(2) H_2S 导致氢损伤机理

钢在含 H_2S 溶液中的腐蚀过程分三步骤(图 7-2-2)：

① 氢原子在钢表面形成和从表面进入；

② 氢原子在钢基体中扩散；

③ 氢原子在缺陷处富集。

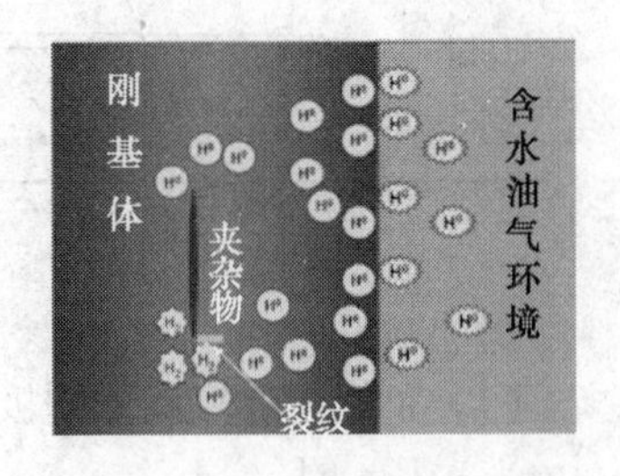

图 7-2-2　钢在含 H_2S 溶液中的腐蚀示意图

2. 含 H_2S 酸性气田腐蚀破坏类型

(1) 电化学腐蚀

电化学腐蚀破坏主要表现为局部壁厚减薄、蚀坑和穿孔，它是 H_2S 腐蚀过程阳极铁溶解的结果。

(2) 环境开裂

在湿 H_2S 环境条件下，H_2S 对钢材的局部腐蚀是天然气开发中最危险的腐蚀。局部腐蚀包括点蚀、蚀坑及局部腐蚀剥落形成的台地浸蚀、氢致开裂(HIC)、硫化物应力腐蚀开裂(SSCC)、氯化物应力分离腐蚀开裂及微生物诱导腐蚀(MIC)等破坏形式；其中氢致开裂(HIC)包含有氢鼓泡(HB)、应力导向氢致开裂(SOHIC)。

(二) CO_2腐蚀

1. CO_2腐蚀机理

干燥的 CO_2气体本身是没有腐蚀性的，但 CO_2较易溶解在水中，当 CO_2溶解在水中时，会促进钢铁发生电化学腐蚀。根据 CO_2腐蚀的不同破坏形态，腐蚀机理也不同，以 CO_2对碳钢、含铬(Cr)钢的腐蚀为例，有均匀腐蚀，也有局部腐蚀。图 7-2-3 为 CO_2腐蚀机理模型，根据介质温度的差异，腐蚀的发生分为三类：在温度较低时，主要发生金属活性溶解，对碳钢主要发生金属溶解，为均匀腐蚀，而对含铬(Cr)钢可以形成腐蚀产物膜(类型 1)；在中间温度区间，两类金属材料由于腐蚀产物在金属表面的不均匀分布，主要发生局部腐蚀，如点蚀(类型 2)；在高温时，无论碳钢和含铬(Cr)钢都可在金属表面形成致密的腐蚀产物膜，从而抑制金属的腐蚀(类型 3)。

铁在 CO_2水溶液中的阳极反应为 Fe 的阳极氧化过程，阳极反应为：

$$Fe + OH^- \longrightarrow FeOH + e$$

$$FeO \longrightarrow FeOH^+ + e$$

$$FeOH^+ \longrightarrow Fe^{2+} + OH^-$$

G. . Schmitt 等的研究结果表明：在腐蚀阴极主要有以下两种反应(下标 ad 代表吸附在钢铁表面上的物质，sol 代表溶液中的物质)：

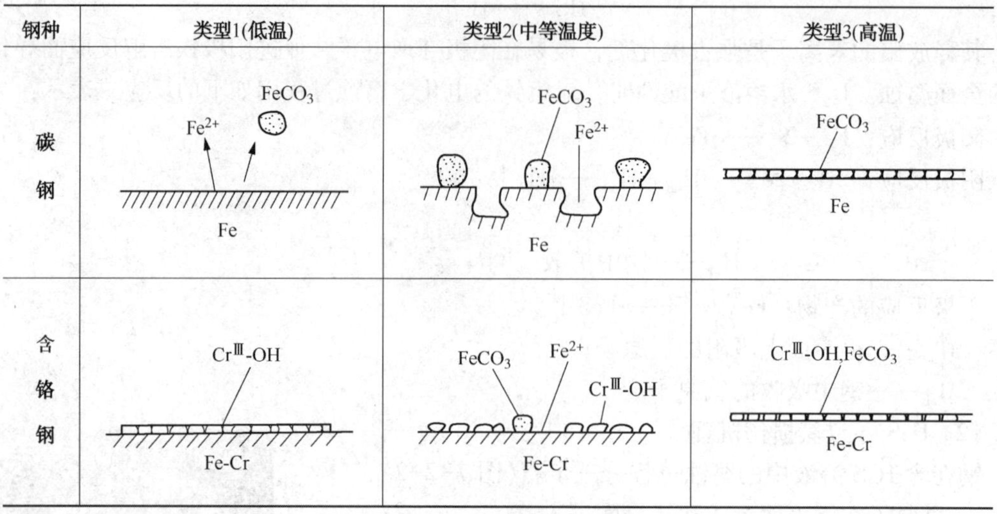

钢种	类型1(低温)	类型2(中等温度)	类型3(高温)
碳钢	$FeCO_3$ Fe^{2+} Fe	$FeCO_3$ Fe^{2+} Fe	$FeCO_3$ Fe
含铬钢	$Cr^{Ⅲ}$-OH Fe-Cr	$FeCO_3$ Fe^{2+} $Cr^{Ⅲ}$-OH Fe-Cr	$Cr^{Ⅲ}$-OH,$FeCO_3$ Fe-Cr

图 7-2-3　CO_2腐蚀机理模型

(1) 非催化的氢离子阴极还原反应：

当 pH<4 时　　$H_3O^+ + e \longrightarrow H_{ad} + H_2O$

$$H_2CO_3 \longrightarrow H^+ + HCO_3^-$$

$$HCO_3^- \longrightarrow H^+ + CO_3^{2-}$$

当 4<pH<6 时　　$H_2CO_3 + e \longrightarrow H_{ad} + HCO_3^-$

当 pH>6 时　　$2HCO_3^- + 2e \longrightarrow H_2 + 2CO_3^{2-}$

(2) 表面吸附 $CO_{2,ad}$的氢离子催化还原反应：

$$CO_{2,sol} \longrightarrow CO_{2,ad}$$

$$CO_{2,ad} + H_2O \longrightarrow H_2CO_{3,ad}$$

$$H_2CO_{3,ad} + e \longrightarrow H_{ad} + HCO_{3,ad}^-$$

$$H_3O_{ad}^+ + e \longrightarrow H_{ad} + H_2O$$

$$H_2CO_{3,ad}^- + H_3O^+ \longrightarrow H_2CO_{3,ad} + H_2O$$

两种阴极反应的实质都是由于 CO_2溶解后形成的 HCO_3^-电离出 H^+的还原过程，故总的腐蚀反应为：

$$CO_2 + H_2O + Fe \longrightarrow FeCO_3 + H_2$$

金属材料在 CO_2 水溶液中的腐蚀，从本质上说一种电化学腐蚀，符合一般的电化学特征。

2. CO_2腐蚀类型

气井采气过程中，CO_2对油套管和采气装备的腐蚀可形成全面腐蚀(均匀腐蚀)，也可形成局部腐蚀。形成全面腐蚀时，钢铁材料全部或大部分面积上均匀地受到破坏；形成局部腐蚀时，钢铁材料表面某些局部发生严重腐蚀，而其他部分没有腐蚀或只发生轻微腐蚀。不同类型的局部腐蚀形态不同。CO_2腐蚀中的局部腐蚀主要有点蚀、蜂窝状腐蚀、台地浸蚀和流动诱发局部腐蚀四种(蜂窝状腐蚀、台式浸蚀见图 7-2-4)。采气过程中气井内的 CO_2腐蚀基本特征是局部腐蚀，但均匀腐蚀现象也很常见，且往往发生均匀腐蚀的同时发生严重的局部腐蚀。

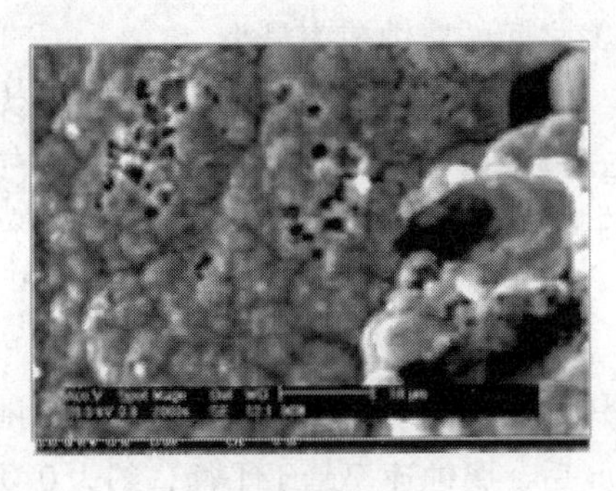
(a)蜂窝状腐蚀

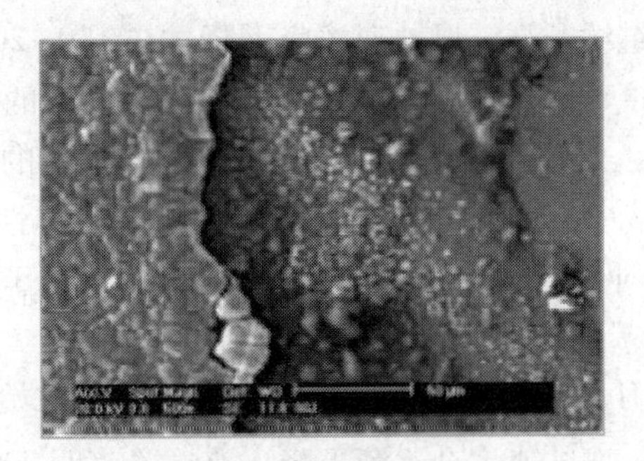
(b)台地浸蚀

图 7-2-4　CO_2局部腐蚀表面的扫描电镜照片

三、腐蚀影响因素分析

(一) H_2S 腐蚀影响因素

1. H_2S 浓度

H_2S 浓度对钢材腐蚀速率的影响如图 7-2-5 所示。软钢在含 H_2S 蒸馏水中，当 H_2S 含量为 200~400mg/L 时，腐蚀率达到最大，而后又随着 H_2S 浓度增加而降低，到 1800mg/L 以后，H_2S 浓度对腐蚀率几乎无影响。如果含 H_2S 介质中还含有其他腐蚀性组分，如 CO_2、Cl^-、残酸等时，将促使 H_2S 对钢材的腐蚀速率大幅度增高。

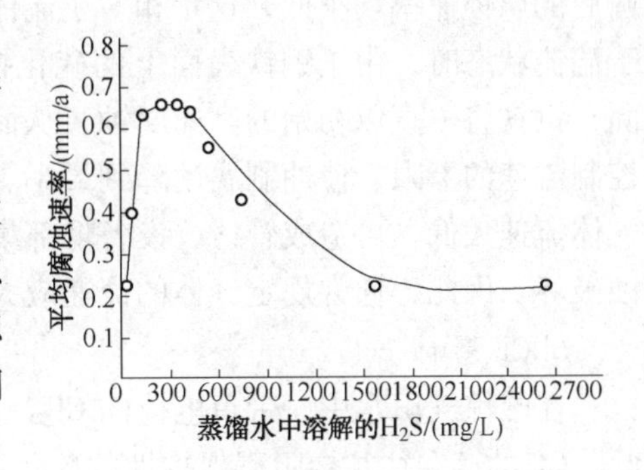

图 7-2-5　软钢的腐蚀速率与 H_2S 浓度之间的关系

H_2S 浓度对腐蚀产物 FeS 膜也具影响。有研究资料表明，H_2S 为 2.0mg/L 低浓度时，腐蚀产物为 FeS_2和 FeS；H_2S 浓度为 2.0~20mg/L 时，腐蚀产物除 FeS_2和 FeS 外，还有少量的 Fe_9S_8生成；H_2S 浓度为 20~600mg/L 时，腐蚀产物中的 Fe_9S_8含量最高。上述腐蚀产物中，Fe_9S_8的保护性能最差。与 Fe_9S_8相比，FeS_2和 FeS 具有较完整的晶格点阵，阳离子在腐蚀反应期间穿过膜扩散的可能性处于较低状态，因此，保护性能比 Fe_9S_8好。

2. pH 值

H_2S 水溶液的 pH 值将直接影响着钢铁的腐蚀速率。通常表现出在 pH 值为 6 时是一个临界值。当 pH 值小于 6 时，钢的腐蚀率高，腐蚀液呈黑色，浑浊。NACET-1C-2 小组研究认为：气井底部 pH 值为(6±0.2)是决定油管寿命的临界值。当 pH 值小于 6 时，油管的寿命很少超过 20 年。

pH 值将直接影响着腐蚀产物硫化铁膜的组成、结构及溶解度等。通常在低 pH 值的 H_2S 溶液中，生成的是以含硫量不足的硫化铁如 Fe_9S_8为主的无保护性的膜，于是腐蚀加速；随着 pH 值的增高，FeS_2含量也随之增多，于是在高 pH 值下生成的是以 FeS_2为主的具有一定保护效果的膜。

3. 温度

温度对腐蚀的影响较复杂。钢铁在 H_2S 水溶液中的腐蚀率通常是随温度升高而增大。

有实验表明在10%的H_2S水溶液中，当温度从55℃升至84℃时，腐蚀速率大约增大20%；但温度继续升高，腐蚀速率将下降，在110~200℃之间的腐蚀速率最小。

温度对硫化铁膜的影响，通常在室温下的湿H_2S气体中，钢铁表面生成的是无保护性的Fe_9S_8。在100℃含水蒸气的H_2S中，生成的也是无保护性的Fe_9S_8和少量FeS 。在饱和H_2S水溶液中，碳钢在50℃下生成的是无保护性的Fe_9S_8和少量的FeS；当温度升高到100~150 ℃ 时，生成的是保护性较好的FeS和FeS_2。

4. 暴露时间

在H_2S水溶液中，碳钢和低合金钢的初始腐蚀速率很大，约为0.7mm/a，但随着时间的增长，腐蚀速率会逐渐下降，有试验表明2000h后，腐蚀速率趋于平衡，约为0.01mm/a。这是由于随着暴露时间增长，硫化铁腐蚀产物逐渐在钢铁表面上沉积，形成了一层具有减缓腐蚀作用的保护膜。

5. 流速

碳钢和低合金钢在含H_2S流体中的腐蚀速率，通常是随着时间的增长而逐渐下降，平衡后的腐蚀速率均很低，这是相对于流体在某特定的流速下而言的。如果流体流速较高或处于湍流状态时，由于钢铁表面上的硫化铁腐蚀产物膜受到流体的冲刷而被破坏或粘附不牢固，钢铁将一直以初始的高速腐蚀，从而使设备、管线、构件很快受到腐蚀破坏。为此，要控制流速的上限，使冲刷腐蚀降到最小。通常规定阀门的气体流速低于15m/s。相反，如果气体流速太低，可造成管线、设备低部集液，而发生因水线腐蚀、垢下腐蚀等导致的局部腐蚀破坏。因此，通常规定气体的流速应大于3m/s。

6. Cl^-影响

在酸性气田水中，带负电荷的Cl^-，基于电价平衡，它总是争先吸附到钢铁的表面，因此，Cl^-的存在往往会阻碍保护性的硫化铁膜在钢铁表面的形成。Cl^-可以通过钢铁表面硫化铁膜的细孔和缺陷渗入其膜内，使膜发生显微开裂，于是形成孔蚀核。由于Cl^-的不断移入，在闭塞电池的作用下，加速了孔蚀破坏。在酸性气井中与矿化水接触的油套管腐蚀严重，穿孔速率快，与Cl^-的作用有着十分密切的关系。

7. CO_2影响

CO_2溶于水便形成碳酸，使介质的pH值下降，增加介质的腐蚀性。CO_2对H_2S腐蚀过程的影响尚无统一的认识，有资料认为，在含有CO_2的H_2S体系中，CO_2分压与H_2S的分压之比小于500∶1时，硫化铁仍将是腐蚀产物膜的主要成分，腐蚀过程受H_2S控制。

（二）CO_2腐蚀影响因素

1. CO_2分压影响

许多学者认为，CO_2分压是控制腐蚀危害的主要因素。Cron和Marsh对此做了估计，其结果为：当分压低于0.021MPa时腐蚀可以忽略；当分压为0.021MPa时，通常表示腐蚀将要发生；当CO_2分压为0.021~0.21MPa时，腐蚀可能发生。

也有学者在研究现场低合金钢点蚀的过程中，总结得到一个经验规律：当CO_2分压低于0.05MPa时，将观察不到任何因点蚀造成的破坏。

对于碳钢、低合金钢的裸钢，腐蚀速率可用De. Waard和Millians等的经验公式计算：

$$\lg V = 0.67 \lg p(CO_2) + C \quad (7-2-1)$$

式中　V——腐蚀速率；

$p(CO_2)$——CO_2分压；

C——温度校正常数。

从式中可见，钢的腐蚀速率是随着 CO_2分压增加而加速。此计算式的可靠性已被许多研究者的测试结果所证实。当含 CO_2的水溶液处于层流状态，其 CO_2分压低于 0.2MPa，温度低于 60℃时，测量结果与该式计算结果一致。在较高的 CO_2分压和温度下，测到的腐蚀速率一般低于该公式的计算值。这可能与腐蚀产物膜有关。

新场气田须二气藏，地层压力 70~85MPa、地层温度 120~140℃，产出流体主要为天然气与地层水。天然气组分主要以 CH_4为主，CO_2含量 0.90%~1.85%，平均 1.27%，属典型的干气气藏；但是由于井口平均压力高，气井 CO_2分压较高，井口 CO_2分压平均为 0.33MPa。根据其气藏气样、水样分析结果，利用软件进行腐蚀模拟分析，得到管柱腐蚀速率随压力变化曲线(图 7-2-6)，总体表现为随压力升高腐蚀速率上升特征。图 7-2-7 反映的是气井在三相模拟状态下、静止流体中中低温区 CO_2含量与压力变化对碳钢腐蚀速度的影响。从图中看出：CO_2分压越高，管柱腐蚀速率随着 CO_2含量与气井压(CO_2分压)增大而升高，基本符合 De Waard 和 Milliams 研究结论，同时与上述井口腐蚀诊断结果相一致。结合 CO_2腐蚀机理及须二气井油管腐蚀特征，综合腐蚀模拟可以得出：须二气藏气井 p_{CO_2}高，气井产水后必然形成严重 CO_2腐蚀，造成油管及地管线、设备的腐蚀。

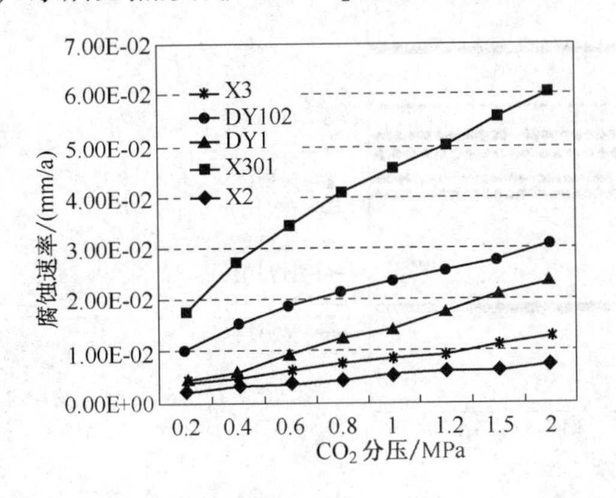

图 7-2-6 须家河组气井腐蚀与 CO_2分压关系曲线

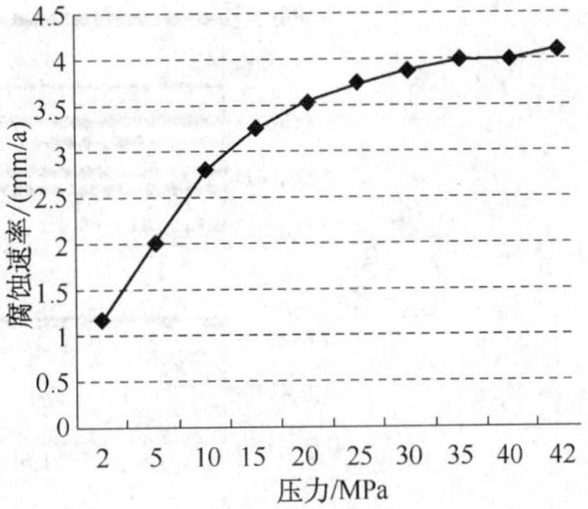

图 7-2-7 腐蚀速率随气井压力变化曲线

2. 温度影响

温度是 CO_2腐蚀的重要因素。许多学者研究表明，温度在 60℃附近，CO_2的腐蚀机制有质的变化。当温度低于 60℃时，由于不能形成保护性的腐蚀产物膜，腐蚀速率由 CO_2水解生成碳酸的速度和 CO_2扩散至金属表面的速度共同决定，于是以均匀腐蚀为主；当温度高于 60℃时，金属表面有碳酸亚铁生成，腐蚀速率由穿过阻挡层传质过程决定，即垢的渗透率，由垢本身固有的溶解度和流速的联合作用而定。由于温度 60~110℃范围时，腐蚀产物厚而松，结晶粗大，不均匀，易破损，则局部孔蚀严重。而当温度高于 150℃时，腐蚀产物细致、紧密、附着力强，有一定的保护性，则腐蚀率下降。所以含 CO_2气井的局部腐蚀由于受温度的影响常常选择性地发生在井的某一深处。

3. 腐蚀产物膜的影响

钢表面腐蚀产物膜的组成、结构、形态是受介质的组成、CO_2分压、温度、流速等因素的影响。钢被 CO_2腐蚀最终导致的破坏形式往往受碳酸盐腐蚀产物膜的控制。当钢表面生成的是无保护性的腐蚀产物膜时，将遵循 De. Waald 的关系式，以“最坏”的腐蚀速率被均匀腐蚀；当钢表面的腐蚀产物膜不完整或被损坏、脱落时，会诱发局部点蚀而导致严重穿孔破坏。当钢表面生成的是完整、致密、附着力强的稳定性腐蚀产物膜时，可降低均匀腐蚀速率。另外前述资料表明：当天然气中有 H_2S 存在时，CO_2与 H_2S 的分压之比大于 500∶1 时，腐蚀产物膜才以碳酸铁为主要成分。在含 CO_2系统中，有少量 H_2S 也会生成 FeS 膜，它既然具有改善膜的防护性作用，但作为有效阴极的 FeS 会诱发局部点蚀。

4. 流速影响

流速对钢的 CO_2腐蚀有着重要影响。高流速易破坏腐蚀产物膜或妨碍腐蚀产物膜的形成，使钢始终处于裸管初始的腐蚀状态下，使腐蚀速率高。有学者研究表明，在低流速时，腐蚀速率受扩散控制；而高流速时受电荷传递控制。A. Ikeda 认为流速为 0. 32m/s 是个转折点。当流速低于它时，腐蚀速率将随着流速的增大而加速，当流速超过这一值时，腐蚀速率完全由电荷传递所控制，于是温度的影响远超过流速的影响。

应用软件模拟得到腐蚀速率随流速变化曲线表明川西须家河组气井井下管柱受流速影响不大(图 7-2-8)。但地面流程所用的 10#、20G 管材受流速影响明显，因此对于产量大、流速高的气井，需要重点关注地面高压管汇的腐蚀。

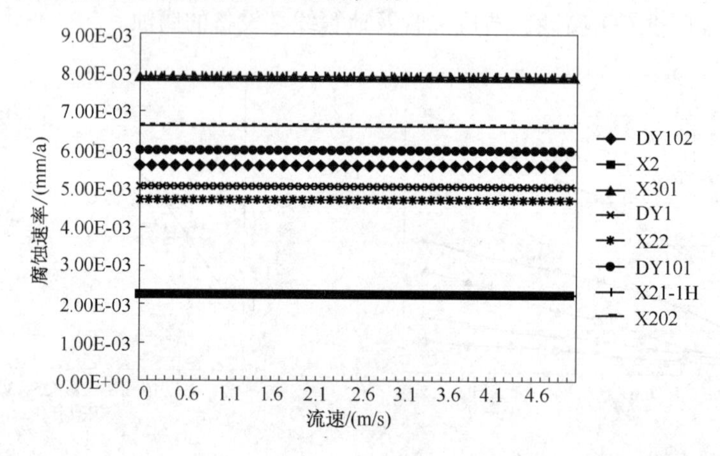

图 7-2-8　合金钢管材腐蚀速率随介质流速变化曲线

5. Cl^-影响

Cl^-的存在不仅会破坏钢表面腐蚀产物膜或阻碍产物膜的形成，而且会进一步促进产物膜下钢的点蚀。

四、防腐工艺

(一) H_2S 防腐措施

1. 添加缓蚀剂

合理添加缓蚀剂是防止含 H_2S 酸性气井对碳钢和低合金钢设施腐蚀的一种有效方法。缓蚀剂对应用条件的选择性要求很高，针对性很强。不同介质或材料往往要求的缓蚀剂也不同，甚至同一种介质，当操作条件(如温度、压力、浓度、流速等)改变时，所采用的缓蚀剂可能也需要改变。在气井从井下到井口，再进处理厂的开采过程中，温度、压力、流速都会发生很大变化，特别是深层气井，井底温度、压力高。另外，气井开采的不同时间阶段，从井中采出的气、水比例也不同，通常随着气井产水量的增加，腐蚀破坏将加重。因此，为了能正确选取适用于特定系统的缓蚀剂，不仅要考虑系统中介质的组成、运行参数及可能发生的腐蚀类型，还应按实际使用条件进行必要的缓蚀剂评价试验。

（1）缓蚀剂类型及其缓蚀效果的影响因素：用于含 H_2S 酸性环境中的缓蚀剂，通常为含氮的有机缓蚀剂（成膜型缓蚀剂），有胺类、咪哩琳、酰胺类和季胺盐，也包括含硫、磷的化合物。经长期的研制，大量成功的缓蚀剂已商品化。如四川石油管理局天然气研究所研制的 CT2-1 和 CT2-4 气井缓蚀剂及 CT2-2 输送管道缓蚀剂，在四川及其他含 H_2S 气田上应用均取得良好的效果。在含 H_2S 酸性气井环境中，影响缓蚀剂效果的因素主要有以下几点：

① 金属材料的表面状态：在含 H_2S 环境中使用的成膜型缓蚀剂是通过与金属表面的硫化铁腐蚀产物膜结合，在金属表面与环境之间形成非渗透性的缓蚀剂膜而起作用。缓蚀剂膜的形成又将阻止硫化铁的电偶腐蚀。因此，这类成膜型缓蚀剂的缓蚀效果取决于金属表面的硫化铁腐蚀产物膜是否能与缓蚀剂结合成完整的、稳定的缓蚀膜。

② pH 值：几乎所有的缓蚀剂都有一个有效缓蚀作用的 pH 值范围。吸附型成膜缓蚀剂一般 pH 值在 4~9 范围内缓蚀效果较好，pH 值再低或高都会降低其缓蚀效果。

③ 温度：成膜缓蚀剂对温度比较敏感。一旦使用环境的温度超过其正常使用温度时，就会分解失效。因此对深层高温高压酸性气井使用的缓蚀剂应具有较宽的使用温度范围。缓蚀剂的浓度：所有的缓蚀剂都存在着一个具有一定缓蚀效率的最低浓度值。在金属表面生成的缓蚀膜是不稳定的，处于变化状态。如系统中残留的缓蚀剂不足，缓蚀膜将得不到及时的修补，防蚀作用很快会丧失。有资料表明，一旦残留缓蚀剂不足，其膜的寿命只能维持数分钟至数小时。

（2）缓蚀剂注入与腐蚀监测：缓蚀剂的防腐蚀效果必须通过合理的缓蚀剂加注技术来实现。缓蚀剂未到达的腐蚀区或采出气流将缓蚀剂冲刷剥落的部位，均起不到保护作用。因此，缓蚀剂注入的方法及注入位置的选择应能确保整个生产系统受益。即注入的缓蚀剂不仅能在起始浓度下足以在整个系统的金属表面形成有效的缓蚀膜，而且在缓蚀膜被气流冲刷剥落后，能及时不断提供足够浓度的剩余缓蚀剂来修补缓蚀膜。

缓蚀剂的加注通常是采用连续式或间歇式两种方法，其中间歇式法比较普遍。注入器可采用重力式注入器，也可用化学比例注射泵及文丘里喷嘴注入器。

为确定最佳的缓蚀剂添加方案，在气井开采系统中，必须设置在线腐蚀监测系统。通过监测腐蚀速率的变化来调整缓蚀剂的添加方案，以确保腐蚀得到较好的控制。腐蚀监测采用的监测技术主要为挂片和电阻探头。由于硫化铁不溶于水，故含铁量分析无实际作用。

2. 覆盖层和衬里

覆盖层和衬里为钢材与含 H_2S 酸性气之间提供一个隔离层，从而起到防止腐蚀作用。覆盖层和衬里技术发展很快，品种繁多，通常应本着因地制宜、可靠、节省投资的原则来选用。

由于覆盖层不易做到百分之百无针孔，且生产或维修保养过程中易受损伤，加之焊接接头涂覆困难，质量不易保证，所以使用覆盖层的同时，通常需添加适量的缓蚀剂。

对于高温高压气井，内覆盖层易在针孔处起泡剥落而导致坑、孔腐蚀。因此，认为在含 H_2S 酸性天然气气井中，使用内覆盖层并不是一种好的选择。

3. 耐蚀材料

可根据设备、管道等运行的条件（温度、压力、介质的腐蚀性、要求的运行寿命等）经济合理地选用耐蚀材料。

随着非金属耐蚀材料的不断发展，热塑性工程塑料型和热固性增强塑料型管材及其配件，近年来迅速地进入气田强腐蚀性系统。尤其是随着玻璃纤维型热固性增强塑料油管及内衬玻璃纤维型热固性增强塑料油管的耐温、耐压性能的提高，人们对它的兴趣也越浓。

耐蚀合金虽然价格昂贵，但使用寿命长。有资料表明：耐蚀合金油管的使用寿命相当几口气井的生产开采寿命，它可以重复多井使用，不需要加注缓蚀剂以及修井、换油管等作业。因此，从总的成本算并不显得昂贵，对腐蚀性强的高压高产气井来说，可能是一种有效的经济防护措施。

4. 井下封隔器

油管外壁和套管内壁环形空间的腐蚀防护，通常是在采用井下封隔器的同时，向环形空间注入添加有缓蚀剂的密封液。

5. 含 H_2S 酸性气田集输管道的内腐蚀控制

可按《钢质管道内腐蚀控制规范》(GB/T 23258—2009)中的规定进行。

(二) CO_2 防腐措施

1. 选用耐腐蚀钢

在含 CO_2 气田中，含铬(Cr)的不锈钢有较好的耐蚀性能。诸多研究也表明，腐蚀速率随钢中铬组分的增加而减小。9Cr-1Mo、13Cr 和高 Cr 的双相不锈钢等均已成功地用于含 CO_2 气井井下管串。但当天然气中还含有硫化氢和氯化物时，应注意这些含 Cr 钢对硫化物应力腐蚀开裂和氯化物应力腐蚀的敏感性。9Cr-1Mo 和 13Cr 型不锈钢，在高温或高含 Cl^- 离子的环境中，耐蚀性将会劣化。当温度起过 100℃时，9Cr-1Mo 的腐蚀速率加快；当温度超过 150℃时，13Cr 钢易发生点蚀，且对含量在 10%以上的氯化物很敏感。9Cr-1Mo 和 13Cr 钢均对硫化物应力腐蚀开裂敏感，不能用于含 H_2S 天然气环境。

含铬(Cr)22%~25%的双相不锈钢和高含镍的奥氏体不锈钢，在 250℃以上和高氯化物环境中仍表现出良好的耐腐蚀性能，并抗硫化物应力腐蚀开裂。在 175℃和高氯化物环境中，蒙乃尔 K-500 合金，也有良好的耐腐蚀性能。对于碳钢和低合金钢，金相组织均匀化将会提高其耐腐蚀性能。

2. 其他措施

添加缓蚀剂或采用覆盖层及非金属材料是目前广泛采用的防止 CO_2 腐蚀的防护措施，它们相对各种耐 CO_2 腐蚀的含 Cr 钢，特别是高 Cr 双相不锈钢价格要低廉得多。虽然其他防护效果不如含 Cr 钢好，但可以满足某些含 CO_2 天然气系统的防护要求。

应用于气井中抗 CO_2 腐蚀的缓蚀剂按其在金属表面的缓蚀作用机理可以分为成膜型缓蚀剂和吸附型缓蚀剂两大类。成膜型缓蚀剂主要是无机物(如铬酸盐、亚硝酸盐等)，这些缓蚀剂往往用量较大，可行性差，而且当缓蚀剂用量不足时反而会导致严重的局部腐蚀，并且一般都有毒，由于生态环境问题日益被重视，这类物质在许多环境下已被禁止使用，所以近年来对成膜型缓蚀剂的研究较少。目前国内外所使用的缓蚀剂基本上都是吸附型缓蚀剂，这些缓蚀剂类型有：有机胺、酰胺、咪唑啉、松香胺、季铵盐、杂环化合物和有机硫类等，研究应用较多的是酰胺、咪唑啉和季铵盐类。

腐蚀涂层主要是向井下管柱表面附着还氧型、还氧酚醛型或尼龙等系列的涂层，防止管柱与介质接触，达到保护井下管柱的目的。

新场气田及川西气田须家河组气藏主要采用 13Cr 管材预防 CO_2 腐蚀，封隔器完井对井下套管进行防护，同时对部分采用普通碳钢作为生产管柱的气井，如采用 N80+P110 的组合油管的DY1井、采用N80油管的CG561井、采用N80+13Cr组合油管的L150井通过加注缓蚀剂延缓气井腐蚀(图7-2-9)。四川其他气田投产气井广泛使用的缓蚀剂CT2-17与新场气田及川西气田地层配伍性差，易对生产管柱形成堵塞，影响气井的正常生产。通过常温常压下电化学法、失重法、电感法以及配伍试验，筛选出HGY-9B、XHY-7等缓蚀剂，配合加注工艺优选(表7-2-1)，其缓蚀率达到85%。

表7-2-1　缓蚀剂加工工艺系统比较

序号	工艺系统名称	加注动力	优缺点
1	井口条式罐滴注系统	高差产生的重力	优点：a. 利用缓蚀剂自重，不需要外加动力； b. 利用现有条式罐，投资少； c. 流程及方法简单 缺点：a. 缓蚀剂未雾化，成膜效果差； b. 易堵塞
2	井口球式罐滴注系统	高差产生的重力	优点：a. 利用缓蚀剂自重，不需要外加动力； b. 球形罐体积大，重量轻； c. 流程及方法简单 缺点：与井口条式罐滴注系统相同
3	集气站喷雾泵注系统	电泵产生的动力	优点：a. 喷雾后缓蚀效果较好； b. 适用于井口，也适用于管线； c. 泵注可靠性高 缺点：耗电大
4	管线引射注入系统	利用井口高压气做动力	优点：a. 引射器雾化效果好，缓蚀效果好； b. 利用了井口富裕压力，不需要外加动力； c. 当井口无富裕压力时，本系统可以很方便地改为滴注 缺点：受井口压力是否有富裕限制

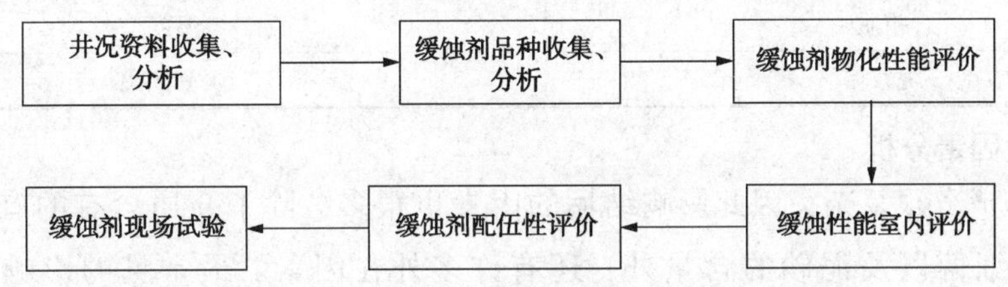

图7-2-9　新场气田须二气藏气井缓蚀剂评选程序图

第三节　防垢技术

一、结垢原理

气井生产过程中外来流体与气层流体不配伍，储层原有的热动力学和化学系统失衡，都将导致无机垢、有机垢及乳化液体的产生，使产层受到损害。气田常见结垢类型见表7-3-1。

(一) 无机垢

当外来流体与气层流体不配伍时，可形成$CaCO_3$、$CaSO_3$、$BaSO_4$、$SrCO_3$、$SrSO_4$等无机垢沉淀，影响无机垢沉淀的因素有：

（1）外界流体和气层流体中盐类的组成及浓度。一般来说，当这两种流体中含有高价阳离子（如 Ca^{2+}、Ba^{2+}、Sr^{2+}等）和高价阴离子（如 SO_4^{2-}、CO_3^{2-}等），且其浓度达到或超过形成沉淀的要求时，就可能形成无机沉淀。

（2）流体的 pH 值。当外来流体的 pH 值较高时，可使 HCO_3^-转化成 CO_3^{2-}，引起碳酸盐沉淀的生成，同时，还可能引起 $Ca(OH)_2$等氢氧化物沉淀的形成。

（二）有机垢

有机垢主要指石蜡、沥青质及胶质在井眼附近的气层中的沉积，其不仅可以堵塞气层的孔道，而且还可能使气层的润湿性发生反转，从而导致气层渗透率下降。影响有机垢生成的因素有：

（1）外来流体引起 pH 值改变而导致沉淀，高 pH 值的流体可促使沥青絮凝、沉积，一些含沥青的原油与酸反应形成沥青质、树脂、蜡的胶状污泥。

（2）气体和低表面张力的流体侵入气层，可促使有机垢的生成。

（3）气层压力降低，原油中的轻质组分和溶解气挥发，使得蜡在原油中的溶解度降低，导致石蜡沉积。

（4）温度降低形成垢：当温度降低时，放热沉淀反应生成的沉淀物的溶解度降低，析出无机沉淀。

表 7-3-1　气田常见垢

名　　称	结垢的主要因素
碳酸钙（碳酸岩）	二氧化碳的分压力，温度、总溶盐量的影响
硫酸钙（石膏，半水合物，无水石膏）	温度、总溶盐量、压力
硫酸钡、硫酸锶	温度、总溶盐量
铁化合物（硫酸亚铁、硫化亚铁、氢氧化亚铁、氢氧化铁、氧化铁）	腐蚀、溶解气体、pH 值
蜡质	温度
泥浆垢	水分滤失

二、结垢因素分析

由于垢的成分很复杂，因此影响结垢的因素也很多，除了介质含有的有机物、H_2S、CO_2、离子、细菌以及泥砂的含量外，还有许多外在因素。最常见的影响因素主要有 8 种。

1. 水的成分

当气田水中含有高浓度的碳酸盐、硫酸盐、氯化钙和氯化钡盐时，气田水就有了形成碳酸钙、硫酸钙和硫酸钡水垢的基本化学条件，只要环境条件发生变化，打破了原有地层水中溶解物质的平衡状态，就有可能形成水垢。

2. 成垢离子的浓度

水中成垢离子含量越高，形成垢的可能性就越大。对某一特定的垢，当成垢离子的浓度超过了它在一定温度和 pH 值下的可溶性界限时，垢就结晶吸附下来。当不同水源的两种水混合或所处的系统的条件改变时，成垢离子浓度发生变化，趋于达到一种新的平衡，于是就产生结垢。

3. 温度

温度影响主要是改变易结垢盐类的溶解度。不同矿物在水中的溶解度随温度变化，除了 $CaSO_4 \cdot 2H_2O$ 有极大值外，其他均随温度升高而降低(图 7-3-1)。盐类垢中以碳酸盐为主。结垢原因为：当温度升高时，$Ca(HCO_3)_2$分解，产生 $CaCO_3$结垢，该反应为吸热反应，温度升高，平衡向右移动，有利于 $CaCO_3$的析出。对于以 $CaSO_4$、$BaSO_4$和 $SrSO_4$为主的盐类垢，主要是因为介质中的 SO_4^{2-}与 Ca^{2+}、Ba^{2+}、Sr^{2+}结合而生成难溶解沉淀。由于这些反应大多数也是吸热反应，随着温度升高，沉淀析出将会更多。温度也会影响钢铁电化学反应的速率和细菌的繁殖速度。由于每种细菌都有适宜生长的温度，各类细菌对温度的要求不同。大部分细菌的最佳适宜温度为 20~40℃，故随着井筒接触介质温度的变化，细菌的繁殖率也会变化，对井筒的腐蚀也就随之而变。

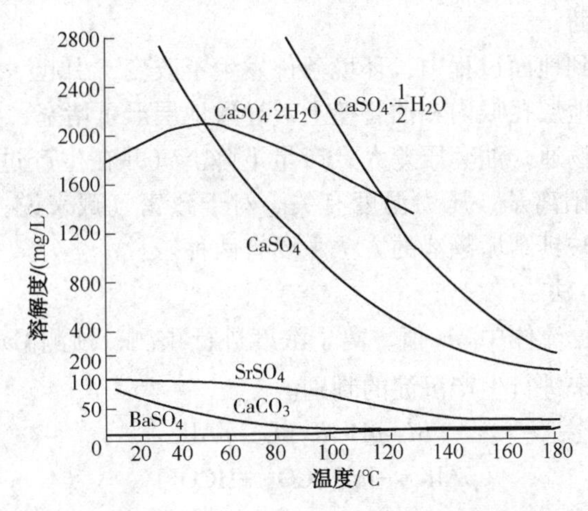

图 7-3-1　垢在水中的溶解度和温度的关系

4. 压力

压力对 $CaCO_3$、$CaSO_4$、$BaSO_4$结垢均有影响。$CaCO_3$结垢有气体参加反应，压力对之影响相对较大。压力降低，促进结垢产生。对于井筒来说，从井下至地面，压力是降低的，因此结垢趋势一直都在增大。同时由于气层及井下垢沉积环境非常复杂，压力变化很大，可以从几十兆帕降至几兆帕，进一步促进了结垢产生。

5. pH 值

研究表明，提高溶液的 pH 值，碳酸盐溶解将迅速结晶，使渐进污垢热阻增大，污垢形成的诱导期缩短，促进污垢的生长；降低 pH 值使溶解度增大，减弱了成垢趋势，这种作用对 $CaCO_3$垢的影响非常明显，对硫酸钙次之，对硫酸钡(锶)甚微。但 pH 值太低，会加大腐蚀，引起腐蚀垢。介质 pH 值的确定，需要同时考虑这两方面的问题，选择合适的 pH 值，推荐范围为 6.5~8.0 为宜。

6. 盐含量

水中 NaCl 含量增加，通常能增加垢的溶解度，这是一种盐效应。由于在盐含量高的水中，成垢离子活度减小，成垢阴阳离子相互吸引而结合成垢的能力减弱。对 $CaCO_3$而言，它在 200g/L 盐水中溶解度较在高纯水中大 2.5 倍；而 $BaSO_4$在 120g/L 盐水中溶解度比纯水中大 13 倍。

7. 润湿与粘附

在气井生产过程中使用不同材质，其内表面有不同的润湿物性。如用塑料内衬，表面润湿角大于90°，而裸钢表面润湿角小于90°，这对于晶核的形成和在材质表面的粘附作用是十分重要的。润湿角越小，成核所需能量越小，晶核形成越容易，则结垢趋势就越大。事实上，内衬光滑油管壁上结垢程度减弱。

8. 流速的影响

对各类污垢，其增长率随流体速度减小而增大。原因是流速增大可以增加污垢沉积率，但与此同时，流速增大引起的剥蚀率的增大更为显著，因而造成总的增长率减小。流速降低时，介质中携带的微生物排泄物和固体颗粒沉积概率增大，井筒结垢的概率也明显加大，特别是在结构突变的部位。

三、结垢预测及判断

当地层水从储层排到地面过程中，环境条件发生了改变，引起一系列的化学反应，产生的垢沉积在井眼附近的地层孔喉内和油管壁上，导致地层严重堵塞，生产压差增加，同时由于结垢导致生产管柱不畅通，油套压差大，产量下降。气井在生产过程中所产生的无机垢，主要与流体组分中的阴阳离子、压力温度有关。对于致密气藏来说，结垢最主要的是碳酸钙，目前常用的预测碳酸钙结垢趋势的方法主要有两种。

（一）饱和指数（*SI*）法

饱和指数法主要根据流体中pH值，离子浓度进行预测，预测$CaCO_3$在产出流体中的饱和程度，根据饱和程度来进行生产沉淀的判别。

$$SI = p\mathrm{H} - K - p\mathrm{Ca} - p\mathrm{AlK} \tag{7-3-1}$$

$$p\mathrm{AlK} = -\lg\left[2\mathrm{CO_3^{2-}} + \mathrm{HCO_3^-}\right]^{-1}$$

$$p\mathrm{Ca} = -\lg\left[\mathrm{Ca^{2+}}\right]$$

$$\mu = 1/2(c_1 z_1^2 + c_2 z_2^2 + \cdots c_i z_i^2)$$

式中　SI——结垢指数；

$p\mathrm{H}$——水样的pH值；

K——修正系数；

$p\mathrm{Ca}$——钙离子浓度的负对数，浓度单位mol/L；

$p\mathrm{AlK}$——总碱度浓度的负对数，其浓度单位为mol/L；

μ——离子强度；

c_i——离子浓度，其浓度单位为mol/L；

z_i——离子价数。

若$SI<0$，$CaCO_3$未饱和，不结垢；$SI=0$，临界状态；$SI>0$，可能结垢。

（二）稳定指数（*SAI*）法

$$SAI = 2(K + p\mathrm{Ca} + p\mathrm{AlK}) - p\mathrm{H} \tag{7-3-2}$$

式中，SAI为稳定指数。

当$SAI<5$时，严重结垢；$SAI=5.0\sim6.0$为轻度结垢；$SAI\geqslant6$无结垢。

对于有条件进行污染物取样的气井，则可以通过分析鉴别技术进行准确判断，新场气田须家河组气藏气井垢样分析：总Fe^{2+}含量0.18%~0.32%，Ca^{2+}含量27.24%~29.83%，Mg^{2+}含量1.55%~1.68%，$Ba^{2+}+Sr^{2+}$含量1.08%~1.86%，SO_4^{2-}含量0.08%，Cl^-含量4.88%~5.79%，$CaCO_3$是主要污染物（图7-3-2、图7-3-3）。

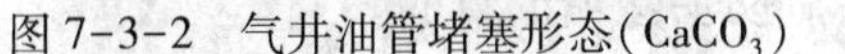

图 7-3-2　气井油管堵塞形态($CaCO_3$)　　图 7-3-3　气井地面流程堵塞外溢形态($CaCO_3$)

四、防垢工艺

清防垢工艺主要是根据产出和注入流体特性进行结垢分析和预测，并根据预测结果提出相应的防垢、清垢工艺措施。通常气田水质多样，仅靠单一的手段难以达到防垢要求，因此多种技术共同使用，发挥各自的优势，产生协同作用是气田防垢的发展趋势。常用的方法有化学方法、物理方法和机械方法。

（一）化学防垢

化学防垢法就是利用某些化学物质的特性来阻止成垢物质的形成和沉积，主要是通过添加阻垢剂来防止或减少无机盐垢的生成。

1. 有机磷酸型防垢剂

有机磷酸防垢剂化学稳定性良好，具有较好的耐高温性能，不易水解也不易被酸碱破坏结构，其阻垢性能优异，价格便宜，少量使用即可达到较好的防垢效果，是气田应用比较广泛的一类防垢剂。使用条件为40~50℃，pH 值 7.0~7.5。

2. 聚合物防垢剂

聚合物阻垢剂具有阻垢性能优异、用量少、溶限效应和协同效应良好、低毒无公害等优点。共聚物溶于水后吸附在无机盐的微晶上，使微晶间斥力增加，阻碍了金属盐分子聚结，减缓晶体生长速度，从而减少垢的生成。特点：水中不水解，不会产生沉淀，不受温度等条件影响。

3. 有机磷防垢剂

一种高效防垢剂，与其他防垢剂复配使用具有协同效应(复配防垢剂的防垢效果大大高于配方中单一防垢剂的防垢效果的简单叠加)。

（二）物理防垢

1. 涂层防垢法

涂层防垢法就是在管道内壁添加表面能低的涂层，以减少晶核附着在管道壁上的概率，从而达到防垢的效果。

2. 超声波处理

超声波产生的声场可以提高分子活性，使成垢物在溶液中形成分散的垢结晶，而不沉积在器壁上形成结垢；超声波会使液体内产生大量的空隙和气泡，当其破裂时会产生压力峰，使成垢物质粉碎；超声波在垢层和器壁上的传播速度不同，形成剪切力，使垢层脱落，达到除垢作用。

（三）磁防垢技术

磁防垢主要是通过磁场对成垢物质的物理化学性质、结晶过程及晶体结构等产生影响来减少垢的生成。磁感应强度可以影响成垢物质的成垢速率、晶体大小及数目，使溶液中成垢物质的成核速率大于晶体生成速度，不形成大块的沉积，因此具有防垢效果。

1. 高频电磁场防垢除垢技术

高频电磁场水处理技术是由电子电路产生高频电磁振荡，在固定的电极间形成一定强度的高频电磁场。提高了活性水分子与盐类正负离子的水合能力，使 $CaCO_3$的溶解速度相对加快；回水中增加的大量活性水分子影响成垢盐类析出、结晶与聚合，成垢物质形不成坚硬的针状结晶体，易于随回水一起排出管外，从而达到防垢除垢的目的。

2. 脉冲射电防垢除垢技术

脉冲射电水处理技术是使一定频率的高强度脉冲电磁场作用于水介质，使水分子在产生瞬间高压高强电磁脉冲条件下，产生极化效应。单个极性水分子的体积小，并具有强极性，对矿物质的侵蚀溶解能力增强。极化水分子容易渗透到结垢物中，并溶解矿物质使其形成游离于水中的矿化离子。这种侵蚀、矿化作用，可使老垢逐渐剥离、软化、疏松、脱落，从宏观看来达到除垢效果。

（四）机械清垢

应用特殊工具或设备对积垢进行高压水射流，钻、铲、刮、捣碎等处理，清除设备和管线中的积垢。

为防止结垢对地面采气管线、设备及排污管线造成堵塞，影响气井正常生产。新场气田须家河组气藏气井开展了以更换管线、阀门等设备为手段的防垢方法，同时新建设了备用管线，如 X2 井、X201 井等井；2013 年开展气井化学防垢工艺试验，筛选出了 XH-422D 型阻垢缓蚀剂，在 80℃条件下，浓度为 80~100mg/L 时，药剂具有较好的缓蚀性能，特别是对硫酸钡垢的阻垢能力相比其他药剂明显更为优良，符合气井的防垢需求。

第八章　站场集气

天然气集输系统有采气、净气、输气、储气、供气五大环节，它们相互联系，相互影响，是一个统一的、密闭的系统。致密砂岩气藏地质情况复杂、非均质性强，具有单井产量低、压力递减快、稳产能力差等特点，为控制投资风险，通常采用滚动建产模式，开发初期气井分散，中后期气井分布较密，站场集气工艺及站场建设模式都是气田开发的重要设计内容。近年来，川西气田、苏里格气田、靖边气田等都通过不断摸索和生产实践，形成了适合各自气田开发特点的一套地面集输模式。本章以工程应用实例为依托，介绍了目前国内各气田在集气工艺、工艺流程、站场标准化建设管理等方面具有特色的一些工艺技术及建设经验，为类似气藏开发集输系统建设提供借鉴。

第一节　集气工艺

集气工艺是指满足井场、站场集气及安全控制需求的工艺技术。

一、水合物防止工艺设计

在第七章第一节防堵解堵技术中对天然气水合物的生成条件、形成条件预测以及防治措施有较为详细的叙述，本节只介绍两种防止措施的计算实例以及水合物防止方法在各气田的灵活应用。

（一）某气井水套炉功率选型设计

气井井口的温度为35℃、井口压力为60MPa，外输压力为1.85MPa。通过水合物形成温度预测，气井采用两级加热、三级节流的工艺流程。井口天然气经管汇台节流、水套炉两级加热节流后压力降至1.8MPa，节流后温度12.07℃（水合物形成温度-2.11℃），各环节工艺计算结果如表8-1-1。

表8-1-1　加热炉计算成果表

工况＼参数	管汇台节流降压	加热炉一级节流降压	加热炉二级节流降压
节流前压力 p_1/MPa	60	35	15
节流后压力 p_2/MPa	35	15	1.85
压力降 Δp/MPa	25	20	13.15
p_2 时不形成水合物温度 t/℃	≥25.76	≥19.26	≥-2.11
节流前温度 t_1/℃	35	55	55
节流后温度 t_2/℃	31.99	33	12.07
温降 Δt/℃	3.01	22	42.93
加热后温度/℃	—	55	55
所需要的热负荷	—	137.1	127.1
合计	264.2		

根据工艺计算结果，炉管功率为264kW，并考虑85%的热效率和一定的裕量，该井工程选用型号为250kW的HJ250-Q/60-Q单进单出水套炉撬块2台。水套炉撬块附件包括燃料气系统1套、阀门等相关附件。

（二）某气井抑制剂注入量设计

对于注抑制剂方法而言，关键是要确定抑制剂的注入量。以某气井为例，井口压力为81.9MPa，考虑井口温度为60℃时，5级节流后气体温度5.4℃，压力5.6MPa，此种条件下水合物形成温度为8.3℃。利用HYSYS软件对抑制剂的注入量进行分析，乙二醇注入过程水合物温度以及节流温度的变化情况如图8-1-1所示。

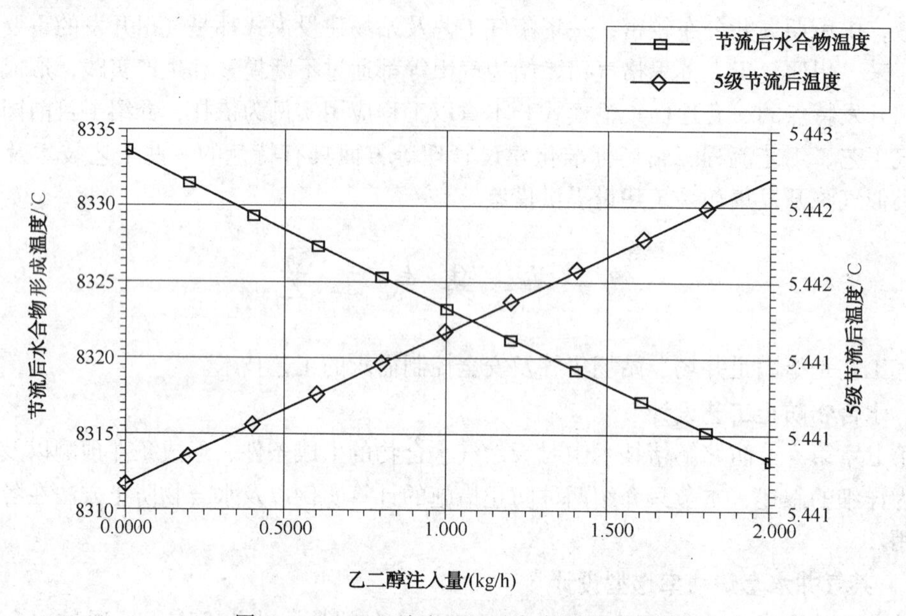

图8-1-1 乙二醇注入量对水合物形成影响

从图8-1-1中看出，随着乙二醇注入量的增加，5级节流后的温度逐渐增大，水合物形成温度逐渐降低，当注入量增加到1.1kg/h时，水合物形成曲线和5级节流温度曲线出现交点，此时，水合物形成温度刚好等于5级节流后温度，节流后开始不形成水合物。也就是说在节流前加入大于1.1kg/h的乙二醇，在井场节流过程中不会形成水合物。

（三）气田水合物防止工艺的应用

川西气田、磨溪气田等川渝气出基本上建立在入口较为密集的区域，大多采用低压集输，井口压降大，温度补偿高，采用抑制剂法进行水合物防止存在药剂成本高，建设注醇管线风险高的问题，普遍采用水套炉加热法进行水合物防止。

长庆气田已建的靖边气田、榆林气田的集输系统早期采用60%~80%的乙二醇为主要水合物抑制剂，1994年12月开始改用甲醇作抑制剂。其他的动力学抑制剂法、防聚剂法等在国内外也有采用，但存在建设投资、运行成本高的问题，应用较少。

苏里格气田通过合理利用气井压力能实现水合物防止，采用井口不加热、不注醇，天然气管道不保温，彻底简化了工艺流程，降低了运行能耗。通过计算预测环境温度的变化不形成水合物的压力，使采气管道运行压力始终处于环境温度对应水合物生成压力之下，实现水合物防止。苏里格气田集气管网在春、冬季节集输压力为低压(1.3MPa)，在夏季、秋季节为中压(4.0MPa)。

二、分离工艺

井口天然气中会携带地层水、凝结水、凝析油以及少量砂子等固相物质，这些杂质会直接堵塞甚至损坏工艺设备及流程管线，因此在部分井场、集气站和天然气处理厂都需要设置分离器，对天然气进行气、液、固分离，以满足集气和外输的要求。当天然气组成中丙烷及更重的烃类组分较多时，还需进行天然气凝液回收。根据分离工艺原理的不同，主要分为常温分离和低温分离。

（一）常温分离工艺

主要的常温分离方法有：重力沉降、折流分离、离心力分离、丝网分离、超滤分离、填料分离。分离原理综合起来有两种，一是利用组分质量不同，气体与液体的密度不同，相同体积下气体的质量比液体的质量小，对混合物进行分离，如重力沉降、折流分离、离心力分离、填料分离；二是利用分散系粒子大小不同、液体的分子聚集状态与气体的分子聚集状态不同，对混合物进行分离，如丝网分离、超滤分离。通常来讲，分离要求比较低的，选择重力沉降分离；分离要求一般的，选择普通的折流分离(挡板分离)或者普通的离心分离(旋流分离)；要求较高的，选择填料分离；要求高的，选择丝网分离；要求很高的，选择微孔超滤分离。气液分离器分离效率的选择跟待分离的液体物性有关，如果液体黏度大，分子间作用力强，相对来说容易分离一些，所以油水分离器一般分离极数比水分离器低。同样的分离要求，较黏液体的分离器的分离方式在上述顺序中可以降低一档。但较黏的液体存在的严重问题在于液体下流时间较长。天然气矿场集输处理通常选用重力沉降或离心分离法，相应的分离设备主要为卧式重力分离器、立式重力分离器、旋风分离器。部分分离要求高的站场，还会增加过滤分离器、聚结器等分离设备。

站场常温分离工艺具体可分为单井和多井分离工艺。单井分离工艺设置在井场内，通过在井场位置就地建站并安装分离器完成分离天然气中的游离水及固定杂质，呈单相流进入集气管线(图 8-1-2、图 8-1-3)。工艺适用于生产初期气井少、分散、压力不高、用户近、供气量小、不含硫的单井分离处理。工艺缺点是井口需有人值守，定员多，管理分散，污水不便于集中处理等。但对于集输距离远、通过加热也难以防止水合物生成的边远气井，具有较好的适应性。常温多井分离工艺设置在集气站内，以集气站为中心，附近一定范围内的气井天然气均接入集气站内。集气站内设置分离器对天然气进行统一的分离处理，再最后进入集气管线(图 8-1-4)。由于采用集中分离处理，相比单井常温分离，具有操作人员少、人员集中便于管理的优点。

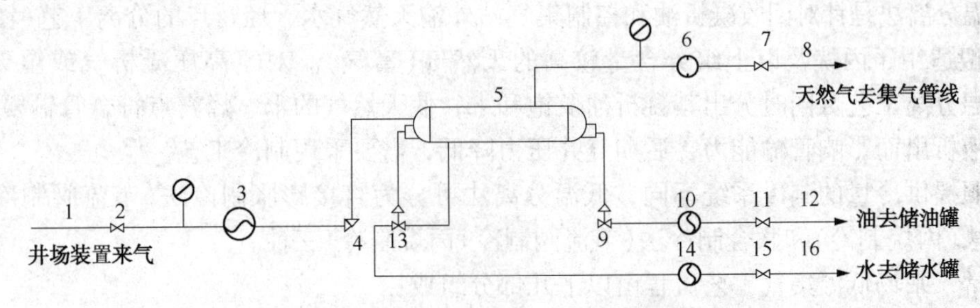

图 8-1-2　常温单井分离工艺流程

1—井场来气管线；2—天然气进气截断阀；3—天然气加热炉；4—分离器压力调控节流阀；5—油气水三相分离器；6—天然气孔板计量装置；7—天然气出站截断阀；8—集气管线；9—液烃(或水)液位控制自动放液阀；10—液烃(或水)的流量计；11—液烃(或水)出站截断阀；12—放液烃管线；13—水液位控制自动放液阀；14—水流量计；15—水出站截断阀；16—放水管线

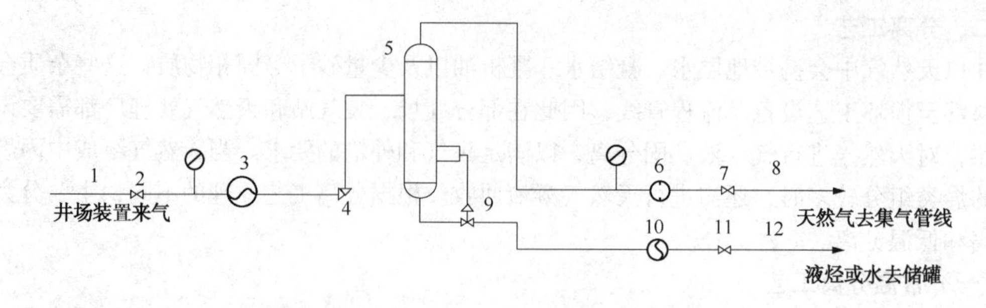

图 8-1-3　常温单井分离工艺流程

1—井场来气管线；2—天然气进气截断阀；3—天然气加热炉；4—分离器压力调控节流阀；5—油气水三相分离器；6—天然气孔板计量装置；7—天然气出站截断阀；8—集气管线；9—液烃（或水）液位控制自动放液阀；10—液烃（或水）的流量计；11—液烃（或水）出站截断阀；12—放液烃管线

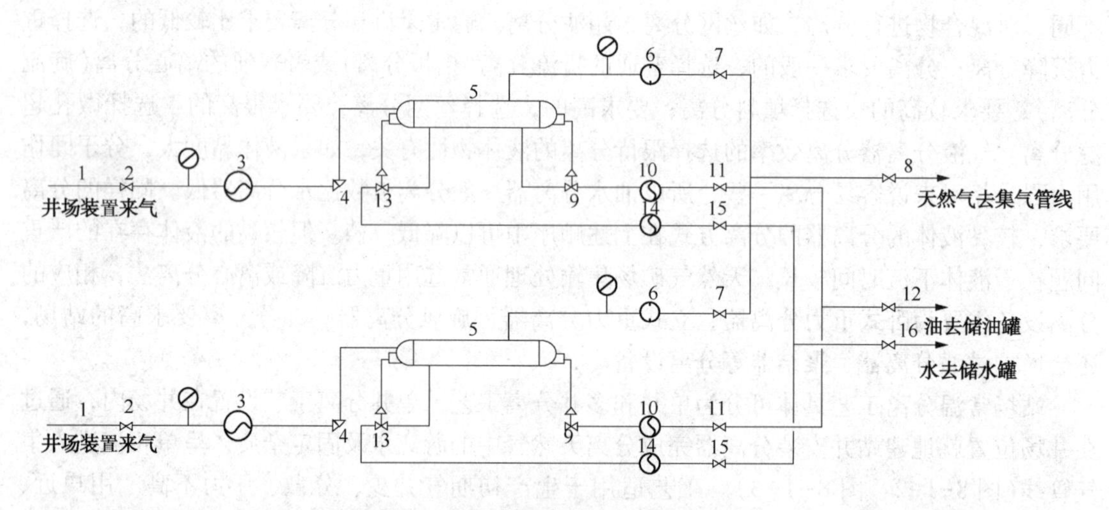

图 8-1-4　常温多井分离工艺流程

1—井场来气管线；2—天然气进气截断阀；3—天然气加热炉；4—分离器压力调控节流阀；5—油气水三相分离器；6—天然气孔板计量装置；7—天然气出站截断阀；8—集气管线；9—液烃（或水）液位控制自动放液阀；10—液烃（或水）的流量计；11—液烃（或水）出站截断阀；12—放液烃管线；13—水液位控制自动放液阀；14—水流量计；15—水出站截断阀；16—放水管线

（二）低温分离工艺

低温分离法是针对回收凝析油和控制集气站外输天然气水、烃露点的分离工艺（图 8-1-5）。一般适用于丙烷及以上组分含量较高的天然气（富气）。对于高压凝析气或湿天然气，采用低温分离工艺可同时分出其凝析油及饱和水，使天然气的水、烃露点符合管输要求，并防止凝液析出而影响管输能力，后期气井压力降低，需要采用制冷工艺。

按照提供冷量的制冷系统不同，低温分离法可分为直接膨胀制冷法（节流阀制冷）、冷剂制冷法（丙烷制冷）和联合制冷法（节流阀制冷+丙烷制冷）三种。

通常，站场低温集气工艺流程由以下几部分组成：

（1）多井集气：包括各单井高压天然气进集气站后气液分离、计量。

（2）低温分离：包括注入水合物抑制剂、气体预冷、节流制冷、低温分离、凝液回收。

（3）凝液处理：包括凝析油稳定、油醇分离、凝析油储存及输送、抑制剂富液与再生贫液循环使用。

（4）含醇污水预处理系统：从低温分离出来的液烃和醇的混合液，也可以不直接送到液烃稳定装置中去，而是通过加热后进入三相分离器分离后分别处理。两种工艺流程的选择，取决于天然气的组成、低温分离器的操作温度、稳定装置和提浓再生装置的流程设计要求。低温分离操作温度越低，轻组分溶液的液烃量越多，宜采用混合处理的工艺。

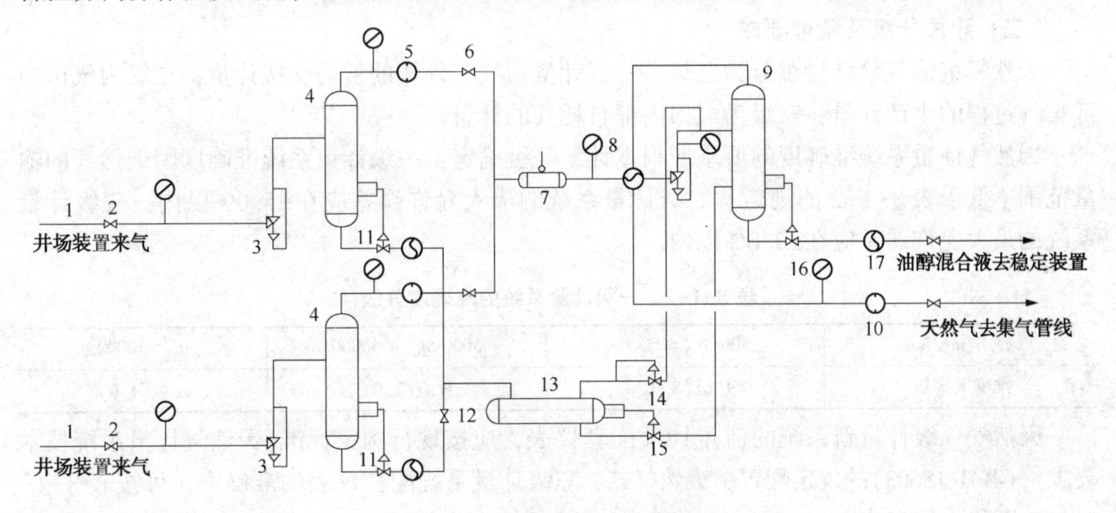

图 8-1-5　低温分离工艺流程图

1—井场来气管线；2—天然气进气截断阀；3—节流阀；4—高压分离器；5—孔板计量装置；6—装置截断阀；7—抑制剂注入器；8—气—气换热器；9—低温分离器；10—孔板计量装置；11—液位调节器；12—装置截断阀；13—闪蒸分离器；14—压力调节器；15、16—液位控制阀；17—流量计

（三）常温与低温分离工艺的选择

根据气井产出物种类、数量和系统对分离工艺目的的要求，对常温分离工艺还是低温分离工艺进行选择。低温分离工艺多用于天然气中凝析油回收和天然气脱水。

低温分离为满足外输商品天然气对烃水露点的要求，采用浅冷的低温分离处理工艺。它主要适用于气藏压力高、开采过程压力递减平缓、原料气与外输气压力差可供利用，而原料气较贫、回收凝液价值不大的气田，开采前采用 J-T 阀节流制冷，压力衰减后采用增压维持压力或外加冷源。

天然气气液分离可采用重力分离器。当液量较少、要求液体在分离器内的停留时间较短时，宜选用立式重力分离器；当液量较多、要求液体在分离器内的停留时间较长时，宜选用卧式重力分离器；当气、油、水同时存在，并需进行分离时，宜选用三相卧式分离器。

三、计量工艺

气藏开发是一个持续的动态过程，需通过气、水产量等数据掌握各气井的生产动态。

（一）计量模式

计量模式具体可分为连续计量和轮换计量。

连续计量是为了满足生产动态分析的需求，气井经分离后的含饱和水天然气、液态水及天然气凝液应分别计量。对于气量在气田起重要作用的气井，对气田的某一气藏有代表性的气井，气藏边水、底水活跃的气井和产量不稳定的气井宜采用连续计量。

采用周期性轮换计量的气井，其计量周期应根据计量的路数确定，一般为 5~10d；每次计量的持续时间不少于 24h，且当调整某路气井产量时应优选先切换至该路计量，轮换计量流量计配置应能覆盖每路气井的流量范围。

近年来，有的气田采用移动分离计量工艺，配置车载式移动计量分离器撬定期对单井的气、液分别计量，计量后的气、液混合后再进入集气管道。该计量工艺简化了井场或集气站固定设施，节省了大量投资，但对于高压、大产量气田，移动计量橇装操作安全可靠性较差，实施难度大。

（二）计量分级及精度要求

天然气集输气量计量可分为三级，一级计量为气田外输的贸易交接计量；二级为气田内部集气过程的生产计量；三级为气田内部自耗气的计量。

天然气计量系统准确度的要求应根据计量等级确定：一级计量系统准确度因天然气的输量范围不低于表8-1-2的规定，二级计量系统的最大允许误差应在±5.0%以内，三级计量系统的最大允许误差应在±7.0%以内。

表8-1-2　一级计量系统的准确度分级

q_{nV}/(m^3/h)	500<q_{nV}≤5000	5000<q_{nV}≤50000	q_{nV}>50000
准确度等级	C级(3.0)	B级(2.0)	A级(1.0)

天然气一级计量新系统的流量计及配套仪表，应按现行国家标准《天然气计量系统技术要求》(GB/T 18603)的规定配置，天然气二、三级计量系统配套仪表的准确度，可按表8-1-3中B级和C级确定。

表8-1-3　计量系统配套仪表准确度

参数测量	计量系统配套仪表准确度		
	A级(1.0)	B级(2.0)	C级(3.0)
温度	0.5℃	0.5℃	0.5℃
压力	0.2%	0.5%	1.0%
密度	0.25%	0.75%	1.0%
压缩因子	0.25%	0.5%	0.5%
发热量*	0.5%	1.0%	1.0%
工作条件下体积流量	0.75%	1.0%	1.5%

注：*当供气双方用能量流量交接时需要配套的项目。

（三）计量仪表

常用的天然气计量仪表有差压式、速度式和容积式流量计。

差压式流量计有标准型和非标准型，标准型差压式流量计主要包括标准孔板和标准喷嘴两种。速度式流量计是以直接或间接测量封闭管道中满管流体流动速度而得到流体流量的流量计。如涡轮流量计、涡街流量计、旋进漩涡流量计和超声流量计。容积式流量计是直接测量管道中满管流体流过的容积值来测量流体量的计量仪。如腰轮(罗茨)流量计和气体旋叶(刮板)流量计。

我国气田普遍使用孔板节流装置及其二次仪表双波纹管差压计的计量技术，由于其固有的缺陷，如孔板在使用过程中的不断磨损、腐蚀，现场旋涡流、脉动流影响因素复杂，对于气量波动大、变化频率高的状况适应性差，导压管易积液引起信号滞后等，不能保证其计量准确度，现场需频繁校表。

近年来在孔板节流装置二次仪表智能化、适应中小流量的新型智能式流量计、高压大流量计量技术等方面取得新的进展。新型智能式流量计经过实流标定，在现场实现了较大范围应用(如四川、新疆、大港、大庆等)，效果较好，特别是苏里格气田，其采用了旋进旋涡流量计(在气液比小于1.5$m^3/10^4m^3$时，计量误差小于8%)，实现湿气计量，取消了计量分离器的设置，地面流程得到有效的简化。川西气田也正在积极探索湿气计量的工艺之路，已完成5口气井的前期先导试验，取得成功。

四、安全控制工艺

站场的安全控制措施包括井口安全切断系统、防火防爆、防雷、防静电接地、表面覆盖层保护、在线监控及数据自动传输系统以及放空燃烧等，这些措施将有效保障站场安全集气。

(1) 井口安全切断系统是在井场常规工艺流程的基础上加装井口地面安全系统设备，即在采气井口装置生产闸门后加装气控安全切断阀，节流针阀后的高压管道上加装高压感测导阀装置，在分离器气体出口后的管线上加装低压感测导阀装置，在火警控制点加装火警易熔塞，并在井场安装仪表自控供气调压单元和气动控制单元。

系统处于正常生产状态时，各气动气路压力保持稳定。井场发生火警会导致熔塞熔化、井口装置节流阀后压力超过设定值即引起高压感测装置动作，输气干线爆破导致管线压力超低即引起低压感测装置动作，这些异常情况均会使感测器件将感测信号迅速泄放到大气中，导致控制器的中继阀失去背压动作而换向，切断气源气路并迅速将执行信号气泄放至大气，立即引发快速排气阀动作将驱动器内的气体迅速泄放至大气，最终导致井口安全切断阀迅速自动关阀，达到保护井场人员和设备安全的目的。这一系统最适合于井场压力高、手动阀门开关时间长不易及时切断、系统超压不能及时发现的气井，所以，保证井口安全切断系统处于正常工作状态，就能较好地保证气井在出现异常情况时能得到及时处理，有效地防止井口意外事故的扩大。目前井口地面安全截断系统较多采用的为高低压切断阀。

(2) 防火、防爆安全措施包括：①管道选材正确并具有足够的强度。②管道同其他建筑物、构筑物、道路、桥梁、共用设施及企业等保持一定的安全距离。③设置天然气浓度监测仪及定期巡线检漏工作来防止管道泄漏，避免泄漏气体的燃烧和在封闭的空间内产生爆炸。④防爆场所划分：a. 工艺区以工艺区四周边界为中心，半径7.5m的空间(含工艺区)划为2区，在该区域内如遇沟、坑则为1区；b. 井口区以井口中心为中心，半径7.5m的空间划为2区，在该区域内如遇沟、坑则为1区；c. 脱硫装置区以井口中心为中心，半径7.5m的空间划为2区，在该区域内如遇沟、坑则为1区。

(3) 防雷、防静电接地

不同级别站场，防雷、防静电等要求不一样，这里以致密砂岩气藏川西气田为例。川西气田集气站场属于5星级站场，根据《建筑物防雷设计规范》(GB 50057—2010年版)的规定，站场建筑物防雷按二类防雷设计；配电箱内设置浪涌保护器；站内形成接地环网，联合接地电阻值不大于10Ω；凡正常不带电，而当绝缘破坏有可能呈现危险电压的一切电气设备金属外壳均应可靠接地，接地电阻不大于10Ω；工艺装置区露天布置容器做防雷防静电接地，接地电阻不大于10Ω；地上或管沟内敷设的油气管道，在进出装置或设施处、爆炸危险场所边界、管道分支处以及直线段每隔200m应设防静电和防感应雷接地，接地电阻不大于10Ω；路灯金属灯杆均应作可靠接地，接地电阻不大于10Ω；接地极采用热镀锌角钢接地极，接地母线采用热镀锌扁钢，顶端埋深0.7m；金属管道法兰间利用BVR-450/750V/6做可靠跨接；工艺装置区入口处设防爆人体静电释放器，污水装车处设防爆静电释放器，均与附近接地系统可靠连接。

低压系统的接地形式：一般站库供电系统的接地保护采用 TN-S 方式，供配电装置的接地与仪表报警系统的接地连接在一起，联合接地电阻不大于1Ω。在配电箱内安装电涌保护器，所有因绝缘损坏而可能带电的金属构件、支架、设备外壳等均应可靠接地。工艺区防静电接地网接地极采用高效接地极，接地极顶部离地面高度不小于0.7m，埋深不小于0.7m。

（4）表面覆盖层保护：金属表面采用覆盖层，避免金属与腐蚀介质直接接触，使金属得到保护。金属覆盖层可分为两大类：金属镀层和非金属涂层。

（5）在线监控及数据自动传输系统可实时监测集输站场实际情况及传输瞬时生产数据，可远程监视其生产有无异常情况，可实现远程关断等应急措施。

（6）放空燃烧是在井口采气管道压力异常升高时卸压，或者大量出沙时排沙的有效安全措施。集气支管放空阀可在集气站的天然气出站阀之后设置，并在集气支管与集气干管相连接处设置支管截断阀，当出现异常高压时利用长度超过 1km 的集气支管进行放空，防止管道爆裂。

第二节　工艺流程

站场工艺流程是指进入站场的原料气到出站外输所经历的工艺方法和工艺过程，其本质是各种处理工艺的串接，其设计的关键是根据气田建设模式、气源特征、集输环境以及集输要求进行工艺选择。

一、气液分输与混输工艺流程

（一）气液分输工艺流程

气液分输集气工艺是先将天然气在井场或集气站分离计量，然后气液分别外输。采用分输集气工艺时，天然气在井场进行分离脱除气中的液、固杂质后进入集气管线，分出的液体管输或车运。气液分输集气系统设置的站场数量多，使用大量的分离器，分离后对气、液分别计量，故井场或集气站流程较复杂，而且增加了液体管输或车运的投资及运行费用，给生产管理带来不便，气液分输工艺典型井场工艺流程图见图 8-2-1。

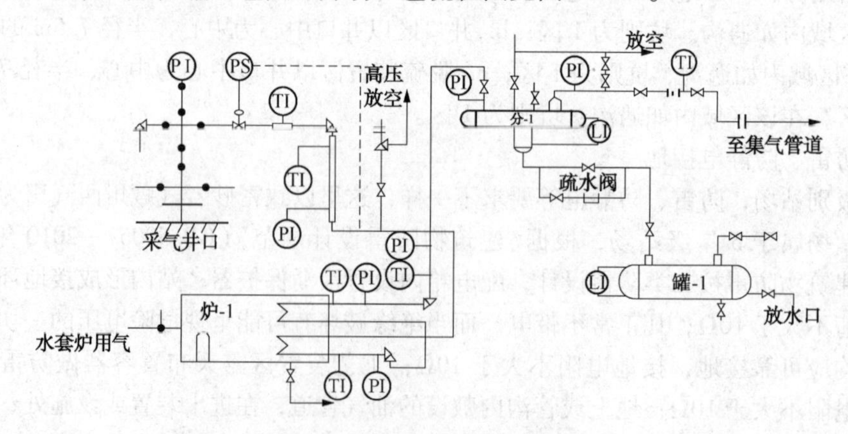

图 8-2-1　气液分输典型站场工艺流程图

对于高含硫气井采用分输流程时适用于气井距集气站较远且气井产液量较多的气井，该流程与常规单井站工艺流程类似，不同之处是对分离出来的液体处理工艺，即分离出来的气田凝析油和采出水分别进入密闭污油、污水常压闪蒸系统，根据采出量的多少，选择采用车运或管输方式，送至液烃加工厂和气田污水回注站统一处理或回注，闪蒸过程中产生的 H_2S 气体引入站场放空火炬燃烧后排放。

（二）气液混输工艺流程

气液混输是天然气在井场不设置分离器，利用天然气的压力将所携带的油、水等液体收集与输送，一般由集气支、干线混输至油气处理厂或集中处理站（压力能丰富时，可降压冷冻分离脱水）。气液混输方式可简化站内集气流程、减少设备配置，节约大量人力、物力，是近年来发展较快的新型集输工艺。其具体优点是：节省部分集气支线的管材和安装费用；节约集气站分离系统等设备及占地的投资；沿途无废水废气排放，有利于环保；减少因脱水而消耗的压力损失等。缺点是：对于高含硫的远距离气液混输而言，输气系统的安全风险较大；集气支线和集气干线距离远的通常需伴热保温输送；集气干线沿线需设置注醇、加热泵站，施工难度大；长期经营费用高；站址选择受地理条件制约明显，对地形起伏较大的地区，气液混输两相流动压损大，增大井口回压，使系统设计压力提高，导致管材和设备费用增加；集气干线需考虑腐蚀裕量，长距离输送管道投资大。气液混输典型站场工艺流程如图 8-2-2 所示。

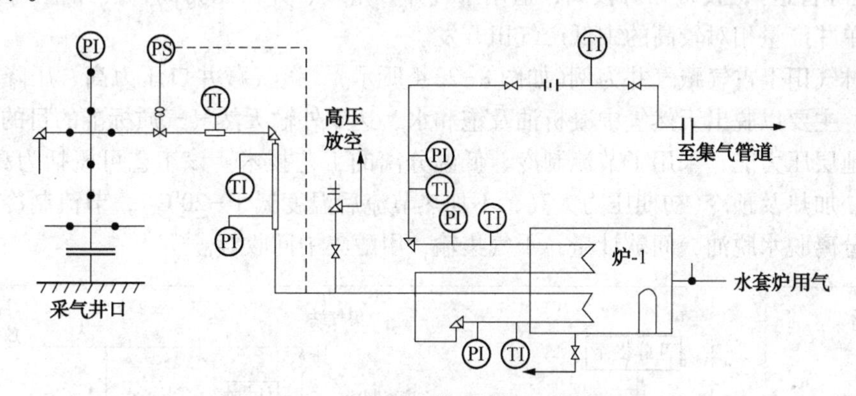

图 8-2-2　气液混输典型站场工艺流程图

随着安全及腐蚀控制技术提高，集输方式越来越倾向于投资更省的气液混输的湿气输送方式。牙哈气田、吉拉克气田、克拉 2 气田、英买 7 气田、长北气田、迪那气田等气田内部集输均采用了气液混输技术，并在高含硫采气管道上也得到应用。在高含硫环境下，由于管径小，采用 ISO 3183 C 级钢无缝钢管并喷注缓蚀剂，在高含硫管材及缓蚀剂配方、注入量、注入周期及腐蚀监测上严格控制，可以保证安全输送。这项技术解决了井场含硫污水难以处理、维护费用高、污染环境等问题，简化了集输流程。

二、典型工艺流程实例

气田典型的集气工艺流程有：单井集气流程、多井高压集气流程及多井中低压集气流程。

（一）单井集气工艺

单井集气工艺是指在井口或井组所在位置处就地建站，井口高压天然气通过加热、节流、分离及计量后外输至下游集气站或外输管线，站内每个井口设置有加热炉、节流阀、分离器、计量等工艺设备，需有人值守，安全风险较低，具有投资高、生产成本高等缺点，适合高压、高产、人口密集区气田开发。图 8-2-3 为川西地区典型的撬装式单井常温低压集气工艺流程。

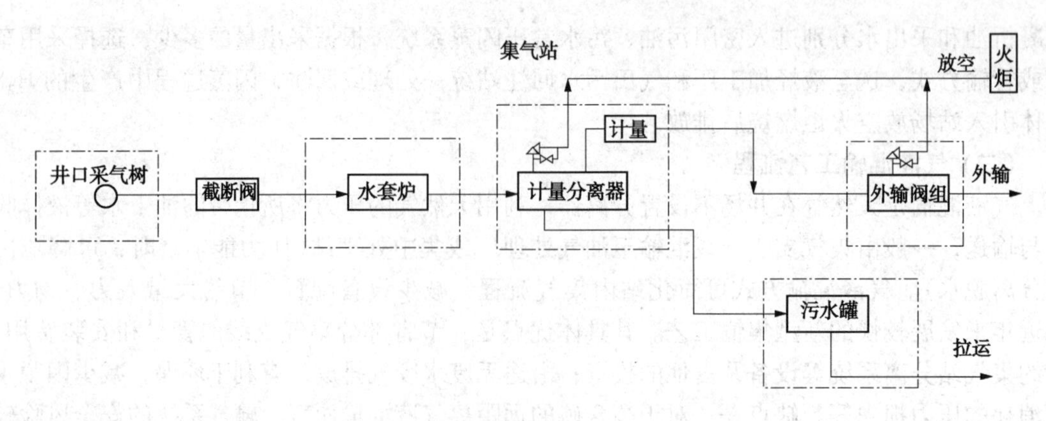

图 8-2-3　川西单井集气工艺流程

（二）多井高压集气工艺

多井高压集气工艺是指井口不节流降压且直接输送至集气站，在集气站进行分离、计量处理。由于气井没有就地建站，运行管理工作量较少，但从集气站到井口均有两条高压管道（采气和注醇管道），投资相对较高，适用于气井数量多、井口压力高，气井生产压力稳定、下降慢、单井产量相对较高的中低产气田开发。

以榆林气田上古气藏气井为例（如图 8-2-4 所示），该气藏井口压力高、压降慢、凝析油含量低，主要以脱出天然气中凝析油及饱和水、达到外输天然气气质标准的目的，因此应充分利用地层压力能，采用了节流制冷、低温分离的工艺技术。该工艺可概括为高压集气，站内注醇，加热及预冷（初期压力太高，不加热节流后温度低于-20℃），节流制冷，集气站低温三级分离脱水脱油，间歇计量，干气集输，甲醇集中回收等。

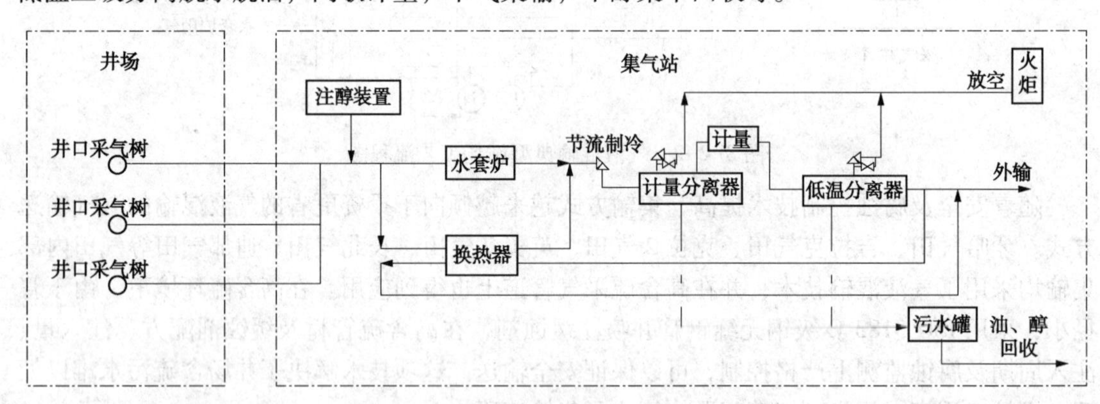

图 8-2-4　榆林多井高压集气工艺流程图

（三）多井中低压集气工艺

多井中低压集气工艺是以苏里格气田为代表的模式化集气工艺流程，该类工艺流程通过使用井下节流器代替水套炉节流，由高低压截断阀和旋进旋涡流量计替代管汇台和计量分离器，实现多井集气从高压变为中低压运行。从一口井一条采集气管道变为多口井串接，取消集中注醇系统，形成以“井口不加热、不注醇，采气管道不保温”为核心的中低压集气技术（多口井在集气站进行集中分离计量，如图 8-2-5 所示），大幅降低了地面工程建设投资，对于致密砂岩气藏开发有良好的适应性。

目前在中石油川局广安气田、中石化川西气田也通过引入井下节流工艺，集气工艺流程也向多井中低压集气工艺流程转化。

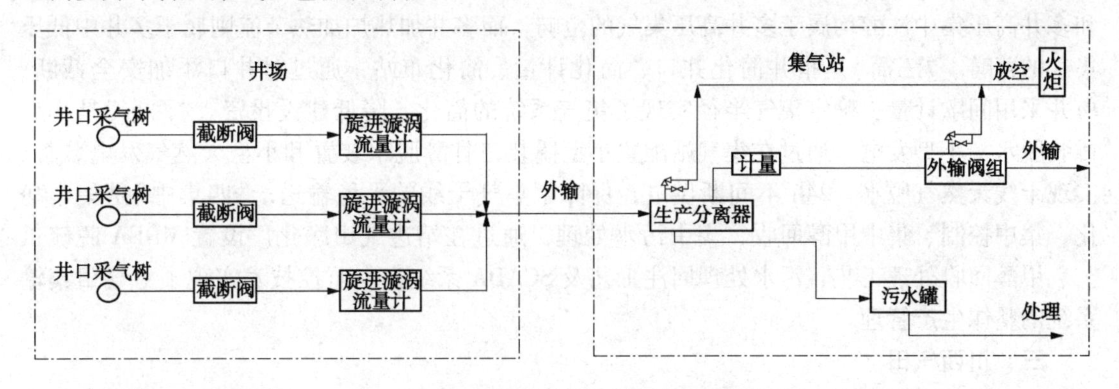

图 8-2-5　苏里格多井中低压集气工艺流程

第三节　典型气田集气工艺流程实例

一、苏里格气田

苏里格气田属于典型的致密砂岩气藏，表现为单井产量低，压力递减快，整体呈低压、低渗、低丰度的“三低”特点。为寻求适宜气田地质特征及开发特征的集输模式，苏里格气田开展了大量的集输工艺研究与实践工作。在 2002 年试采期间采用“高压集气、集中注醇、节流制冷、脱水脱油、分散处理、干起输送”的工艺流程，由于投资高，且气井压力下降快，难以满足整体压力匹配，在 2003 年逐步转变为“井口加热、保温输送、中压集气、分散处理、区域增压”的集输工艺模式，并最终通过引入井下节流、气液混输、湿气带液计量及整体增压关键技术，在 2005 年形成了“井下节流、井口不加热、不注醇、井间串接、带液计量、中低压集气、常温分离、二级增压、集中处理”的集输系统。

气田集气工艺流程的核心包括井下节流、气井串接、采气管线安全关断保护、井口湿气带液计量、中低压湿气混输、增压集输、数字化管理及生态环境保护共 8 项关键技术。通过井下节流充分利用地层热能，代替了水套炉作为节流降压的设备，简化了站场集气流程；利用气井串接使相邻气井或丛式井组统一接入采集气干线后计入集气站，节约管线投资 32%；通过在井口设置“自力式+远程”的多功能高低压紧急关断阀，保障了气井生产安全，有效推进了气田数字化建设；单井全部采用湿气带液计量，实现产液单井的连续计量；通过中低压气液混输，集气站统一分离，代替了井场中的分离器设置，进一步节省了建设投资；根据压力级制，在集气站、处理厂两次增加，降低了井口外输压力，延长了气井生产周期；建立数字化气田，实现在总调度中心对气井生产的全监控；针对苏里格周边生态环境脆弱，推行清洁生产，形成泥浆池治理、管线水工保护、植被恢复、现场绿化等一系列措施。

二、靖边气田

靖边气田作为长庆气区的主力区块，系低渗透、低丰度、中低产、大面积复合联片的整装气田。开发特点为单井平均产量低，压力递减迅速。因此气田经过多年的开发与建设，已经形成了以高压多井集气、多井加热、节流、常温分离、单井间歇计量、集气站集中注醇、三甘醇脱水工艺技术为核心的集输系统。

气田集气系统可概括为“三多、三简、两小、四集中”的特点。“三多”指多井高压集气、多井高压集中注醇、多井加热炉加热节流，为气田基本的集气工艺流程。多井高压集气和多井高压集中注醇均属于多井高压集气的范畴，而多井加热炉加热节流则属于多井中低压集气的范畴。“三简”是指井简化井口、简化计量、简化布站，通过对井口添加安全截断、单井采用间歇计量、确定集气半径实现了集气系统的简化，降低建设投资。“两小”是小型撬装脱水、小型发电，通过在集气站配置小型撬装三甘醇脱水装置和小型天然气发电装置，实现干线天然气脱水、24h不间断供电，保障了集气干线的平稳输送；“四集中”是集中净化、集中控制、集中甲醇回收、集中污水处理，通过在靖边气田净化厂设置MDEA脱硫工艺、甲醇回收处理工艺、污水处理回注工艺及SCADA系统集中监控技术实现了对气田集输系统的整体生产管理。

三、川西气田

中石化川西气田属于致密砂岩气藏，由于地处人口稠密的成德绵地区，市场和气田位置相互重叠的特点，采用了典型的单井集气工艺流程。在实际应用过程中，结合气田滚动开发建产近20年的基本现状，形成了高中压、低增压的两类典型单井集气工艺流程。

针对川西气田高、中压气井，一般采用就地修建集气站，天然气在集气站内通过水套炉加热，节流后再进入分离器分离、计量后进入集气干线外输；而对于集气站附近距离<500m的中压气井则直接接入集气站进行加热、节流、分离、计量。针对低压、增压气井，则通过接入低压或增压管网直接进入集气站/增压站进行分离、计量，最后低压天然气通过统一整体增压后再进一步外输。同时，川西气田集气工艺流程建设时实施橇块化模块化安装，压力降低后设备撤除修整后进行重复利用，实现了中高压井集气与低增压井集气循环利用，在保障工艺安全生产要求前提下提升了经济性。

根据气井生产压力的不同，集气站可能包含1~2套压力的流程，示意如图8-3-1所示。

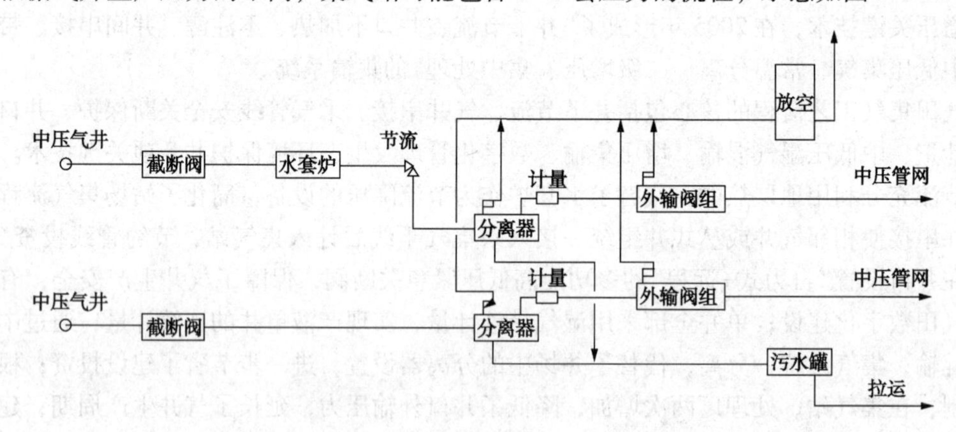

图8-3-1　川西多压力系统集气站工艺流程

中压或高压井来气→水套加热炉→节流阀→分离器(计量、生产)→外输至集气管网；

低压井来气→分离器(计量、生产)→外输至集气管网；

每座集气站均设有放空系统1套，分离出的地层水采用污水罐车拉运至污水处理站进行集中处理。

第四节 标准化站场建设

标准化站场建设作为油气田地面工程优化简化的一种模式，是对优化简化工作的深入开展和延续，是当今世界石油天然气工程设计领域的热点，也是中国石油天然气实现高速度、高水平、高效益发展的关键。

标准化站场建设是对站场流程、建设内容、建设规模、建设标准进行归纳总结的基础上，通过统一工艺流程、关键设备参数定型、装置模块划分、工厂适度预制、现场快速组装等手段，形成标准化、规范化、系列化的设计和施工方法。主要包括“四化”——标准化设计、模块化建设、标准化采购及信息化管理。近年来，国内各大油气田已经在积极推进标准化建设技术，形成了苏里格等诸多标准化模式，降本增效成果显著。

一、标准化设计

标准化设计是标准化建设的基础，是根据井站功能设计的一套通用的、标准的、适用地面建设的指导性和操作性文件，其设计主要是通过气田生产数据的梳理、论证、现场应用等多种方法和手段统一工艺流程、设备型号及站场布局，从而实现设计的标准化，可保证设计质量、提高工程质量、减少重复劳动、加快设计进度，同时，还可节约建设材料，降低工程造价，提高经济效益、加快建设进度，是各大油气田建设发展趋势。

在20世纪六七十年代，为提高油气田建设速度和建设水平，前苏联、美国、加拿大、英国等一些工业发达国家已在各类站场建设中广泛应用标准化设计建设。目前，国外标准化模块装置已向大型化发展，油田建设大型模块质量可高达2700t，应用较广的模块质量为100~200t，运输机具能力达4500t，吊装设备能力达1500~2000t。国内标准化起步较晚，2000年后，各大油气田开始积极推进标准化建设技术，形成了苏里格、西峰等诸多标准化模式。

1. 井、站布局标准化设计

结合标准和现场站场建设实际情况，将站场依据功能不同划分为工艺装置区、生活区等，按照安全距离要求进行布局，优选占地面积最少、布局合理的模式为标准化布局，从而依据油气田功能需求不同，进行单井、两井、集气站等的标准化布局，从而有效缩短设计周期。

2. 工艺装置模块化标准设计

把工艺流程的每个功能分区做成独立的、标准的小型模块，小模块单独安装图，各模块之间由流程管线连接在一起，这样既减少工艺流程在设计和施工过程中的重复劳动，缩短产品设计、试制周期，又简化管理程序，给工厂化预制奠定了基础，还可方便维修维护。

3. 工艺设备定型标准化设计

工艺设备定型就是在归类梳理分析气藏气井投产初期参数基础上，采用软件模拟计算及现场应用情况，对设备规格进行统一定型，减少设备型号。同时，结合供货厂家对井场和集气站使用的设备、管阀配件统一标准、统一外形尺寸、统一技术尺寸；同时，保证质量安全可靠、运行安全、造价低廉，为规模化采购提供依据。

4. 安装尺寸规格标准化设计

对井口、集气站的各模块安装设计采用三维设计软件进行较为直观的优化设计，使不同站场中相同的功能模块达到配管尺寸的统一和固定化。

5. 井站标识统一化

井站标识需要按照统一、美观、醒目、方便的原则来统一站场建筑风格、建筑及设备涂色、标识、字体及尺寸等。不仅满足统一、规范、简洁、明快，同时也反映企业形象和风貌，讲求实效的原则。

二、模块化建设

模块化建设实现的前提是模块化设计，是在计算机三维模型设计的基础上，进行各种设备的模块化集成和综合设计，在现场进行搭积木式组装。油气田模块化建设主要是对土建、工艺、自控等配套设施施工，按其功能分解成若干区块，采用简单、高效、可靠的流水作业方法，预制管件、管段模块，在现场快速拼装、组对，实现组建预制工厂化、工序作业流水化、过程控制程序化、模块出厂成品化、现场安装插件化、施工管理数字化。苏里格气田2006年开始进行了大范围模块化建设，其模块预配深度达到85%~90%，工期减少约50%。

三、标准化采购

标准化采购是物资定型化、规范化、规模化和市场化采购的集合，是对统一信息平台、统一供应商管理、统一专家库、统一业务流程、统一库存和标准管理的深刻理解与深化，也是降低采购成本、保证质量和规避风险的有效途径，多个油气田近年来纷纷开展了标准化采购工作，成效显著。

四、信息化建设

将现代信息技术、自动控制和人机工程等技术集成，并融入到油气田生产管理中，形成了电子巡井、电子值勤、智能化设备、数字化橇装集成装置、数据传输、数据共享及应用的信息化管理技术系列。通过数字化建设，可简化工艺流程、优化劳动组织架构、创新生产组织方式，提升安全风险管理水平，提高生产效率和油气田企业开发效益，实现对油气生产过程和油气藏实时监测、分析、优化和调整。

信息化建设主要由前端建设、中端建设、后端建设三部分组成。前端建设以站为中心，辐射到单井和单井管线的基本生产单元，通过电子巡井、站控技术等信息化技术和设备的推广应用，使得所有油气井、场站实现远程管理；中端建设是利用前端采集的实时数据，以区部为中心，辐射延伸到处理厂和外输管线的集输单元，构建以油气集输、安全环保、重点作业现场监控、应急抢险一体化为核心的运行指挥系统，实现“让数字说话，听数字指挥”；后端建设以前端和中端建设为基础，以油气藏研究为中心，多学科协同，实现一体化研究，重点是以油气藏精细描述为核心的经营管理决策支持系统，配套推进企业资源计划系统（ERP）、管理信息系统（MIS）。目前，国内外油气田纷纷开展数字化管理推进工作，国外开展较早，20世纪90年代加拿大等国家即开始了数字化建设，国内起步较晚，大庆油田于2002年提出了数字化目标、胜利油田也通过十几年的努力综合信息系统建设方面得到了长足发展。总体来看，国内油气企业信息化管理建设水平与国外油气公司相比差距较大，但其运行机制不同、数字化建设起点和发展历程不同，发展气田数字化必须根据国内油气田的实际，探索有国内油气田特色的信息化管理之路。

五、气田标准化建设实例

（一）长庆气田标准化建设实例

在长庆气田“实现5000万吨、建设西部大庆”发展进程中，气田平均每年新建产能约$50×10^8m^3$，大规模产能建设使地面工程建设任务非常繁重，面临有效建设周期短、投资控制难度大、人力资源短缺等实际问题，为适应油气快速上产、高效开发和现代化管理的需要，长庆油田全面推进了以标准化设计为龙头的“四化”管理模式，取得了较好的效果。

1. 标准化设计

标准化设计就是针对具备条件的油气田同类型站场、装置和设施，以安全可靠、经济适应、负荷节能减排要求为前提，以优化简化为基础，设计出技术先进、通用性强、可重复使用的系列设计文件，达到建设内容、建设标准和建设形式的协调统一，并坚持相对稳定的原则。

（1）主要做法

长庆气田于2006年开始并完成了《气田地面系统标准化设计规定》的编制，近几年经过不断优化、完善，基本形成了以“六统一”、“十化”为核心的主要做法，完成了标准化站场设计图集、标准化模块单体图集、配套技术标准和电子模板等。

“六统一”：统一工艺流程、统一平面布局、统一建设标准、统一模块划分、统一设备选型、统一配管安装。

“十化”：站场规模系列化、工艺流程通用化、井站平面标准化、工艺设备定型化、设备安装模块化、管阀配件规范化、建设标准统一化、安全设计人性化、设备材料国产化、生产管理数字化。

（2）取得成效

采用标准化设计缩短了工程建设周期、提高了设计质量、加快了天然气资源利用。

2. 模块化建设

（1）主要做法

按照使用功能将集气站工艺划分为进站区、分离器区、压缩机区、自用气及外输计量区、闪蒸分液罐区、污水罐区等，同时，在设计模块分析基础上，根据运输机吊装等条件，对功能模块进一步划分为多个施工预制模块，对工艺管线分别绘制单线图，编制现场管段组装工艺卡与管段下料表，确定焊口编号原则，制定相应作业指导书，指导现场作业，创造现场流水作业，从而实现模块化建设。

（2）取得成效

模块化建设后，现场作业量大幅降低。如一座集气站工艺安装现场作业时间由40多天缩短到20天左右，工期减少约50%，模块预配深度达85%~90%。

3. 标准化采购

（1）主要做法

标准化采购是质量和效率的保证，是适应大规模建设的有效措施。长庆气田在设备标准化定型的基础上，按照“统一、简化、协调、最优化”原则，建立了标准化计划管理模式、标准化采购模式、标准化供应商管理体系、标准化定价机制、标准化仓储物流体系、标准化验收结算机制、标准化质量管控体系，从而逐步实现气田物资供应所有业务活动的流程化、规范化、信息化。

（2）取得成果

通过标准化采购，有效满足了生产建设需要、缩短了采购周期（同比缩短供货周期15~25天）、降低了采购成本（2008年以来，累计节约采购成本达20亿元）、保证了质量（合格率达到99.77%）、确保了经济安全。

4. 数字化管理

（1）主要做法

长庆气田2006年开展了井口数据采集和无线传输系统的研发与试验，并成功推广应用。

在产能建设的同时已将光纤延伸到每个集气站、计量站、处理厂。考虑到气田后期气井间歇开井的需要，2007年通过对井口紧急截断阀的改进完善以及与井口数据自动采集、无线传输技术的集成，形成了功能比较齐备的苏里格气田井口数据采集及远程开关井控制单元。这些前期的工作为长庆气田建设数字化生产管理系统，全面推进管理数字化奠定了基础。数字化管理的思路是：采用现代成熟的信息、通信、自控技术，实现数据源头自动采集，借助油田现有网络资源自动加载到指挥中心数据库，为各级管理部门应用提供开放的数据平台，使生产和管理人员及时掌握生产动态。通过建设地质专家系统、工艺专家系统、气田管网管理系统，实现气田配产自动化；利用远程可控开关节点装置，实现开、关远程控制；建立电子巡井系统，对井场适时进行图像和工况分析，实现对气井运行的安全监控，从而真正达到对整个气田生产过程的自动化管理，实现气田数字化管理。

（2）取得效果

实施管理数字化后有效精简了组织机构、减少了劳动强度、提高了生产安全性、降低了运行成本约50%。

（二）川西气田标准化建设实例

在川西经过20多年滚动开发，年产量平均达到$30\times10^8m^3$，其增产、稳产任务重，且川西处于人口密集区，面临建设难度大、投资高、征地难等问题，为实现低成本高效地面建设，川西气田全面开展了“四化”地面建设、成效显著。

1. 标准化设计

（1）主要做法

川西气田标准化设计工作起步较早，2000年后即开始探索气田标准化工作，采用气井参数统计梳理与三维模拟计算相结合的方式进行标准化规格定型，2008年完成了第一版地面工程标准化图集，2012年川西气田开始逐步推广应用，经过逐步修改完善及试点优化，到2013年，已实现标准化设计第三版升级，具体形成了19个模块、38个撬块的标准化设计及不同类型站场三维定型化布局，标准化模块覆盖率达到90%。

（2）取得成效

标准化设计在川西应用后有效减少了约一半设计出图量，设计周期由之前的15~20天降低为6天，标准化布局后节约用地约533.3~1066.7m^2（节约费用约20万~50万元），有效减少站场占地面积、降低投资、降本增效成果显著。

2. 模块化建设

（1）主要做法

川西气田于2010年开始结合设备生产厂家，通过将主体设备（包括水套炉、分离器、污水罐、高架水塔以及活动房等）和配件、管线、基础底座等在工厂内实现集成成撬出厂和模块化，并设置预制工厂进行提前预制，实现了模块化建设和安装工厂化。

（2）取得成效

模块化后有效减少现场工作量及安装工时约50%~60%，缩短了施工周期，提高了新井投产时效性。

3. 标准化采购

（1）主要做法

川西气田根据标准化设计，结合地面集输的实际需要，与主力供应商签订了常用物资的框架协议，并通过供应商对常用物资储备一定的安全库存，采用寄售模式，有效地减少了库存资金的占用，保障了物资供应的时效性，推行了“五统一”(统一订货标准、统一物资材质、统一采购渠道、统一定价机制、统一质量验收标准)；同时，按照标准化模块设计，逐步统一撬装设备的底座尺寸、接口位置、接口尺寸等技术规格，将不同撬块上的阀门、仪表、泵、机电设备统一品牌和规格。

(2) 取得成效

有效降低了备品备件的库存(产能建设配套地面工程常用物资由9大类型共52种规格下降至8大类型共31种规格，降幅约40%；交货周期由约60天降低至30~40天)，加强了设备的通用性和互换性。

4. 信息化建设

(1) 主要做法

川西气田数字化起步较晚，2011年开始以无人值守站、计量点现场自动采集及控制信息远传、高清视频监控、GIS地面信息系统数据库等为核心的信息化建设，目前正在进一步推进建设过程中。

(2) 取得成效

通过信息化建设可实现气井生产动态实时准确掌握，无人值守条件下水套炉等站场主体设备安全运行管理，并可通过天然气出口温度控制自动调节燃料气用量，有效降低运行能耗约50%/年；同时，有效减少一线驻站人员(由之前的每站平均4人降低为0.5人)，显著节约人力资源，降低运行管理成本。

第九章 管网输气

管网系统设计包括天然气从井口产出直至外输首站的管网全过程，应根据天然气气质、气井产量、压力、温度和气田构造形态、井网布置、开采年限、逐年产量、产品方案及自然条件等因素，以提高气田开发的整体经济效益为目标，综合考虑确定。但致密砂岩气藏滚动建产模式给集输系统设计及建设带来很多不确定性，常出现气田管网系统初期建设需求与后期开发需求不匹配的现象。对于这类气藏的开发，管网规划及滚动建设节奏是气田开发的重要设计内容，持续的管网运行优化、天然气调峰等是气田运营管理的主要内容和必然举措。

第一节 管网系统

一、管网组成

集输管网是由不同管径、壁厚的金属管道构成的大面积网状管道结构。它覆盖产气区域的所有的产气井，为气井产出的天然气提供通向各类集输场站并最终通向天然气净化厂的流动通道，是天然气矿场集输及处理生产中不可缺少的主要生产设施。按具体用途和输送条件的不同，其中管道可分为如下3种。

1. 采气管道

采气管道是指气井和集气站之间的连接管道，其作用是将相互邻近的一组气井产出的天然气汇集到集气站。

采气管道所输送的是井口产出后未经气液分离和其他矿场处理的天然气，其中不同程度地含有液相水、重烃凝液、固体颗粒物等杂质，还可能含有H_2S、CO_2、氯离子等腐蚀性物质。为了缩小管道和设备的尺寸以节省钢材和为下游的商品天然气外输提供动力，整个集输及处理系统又总是在较高的工作压力下运行，其中又以采气管道的压力为最高。被输介质的清洁程度差、工作压力高、腐蚀性强、管径相对小和输送距离相对短，是采气管道工作的一般特点。

2. 集气支管道

集气支管道是指集气站(或单井站)到集气干管道入口的管道，也称集气支线，其作用是将在集气站(或单井站)经过矿场预处理的天然气输送到集气干管道中去。

所输送的是已在集气站(或单井站)经过气液分离、过滤和其他必要矿场预处理后符合天然气净化厂原料气要求的天然气，气质条件比采气管道好，工作压力也比采气管道低。但除非已在集气站或专门设置的矿场脱水站对天然气进行过干燥处理，天然气在一定的压力和温度下分离后仍处于被水饱和的湿状态。管径一般比采气管道大，输送距离则取决于集气站(或单井站)离集气干管道的距离。

3. 集气干管道

集气干管道常被称为集气干线，其作用是接纳各集气支管道的来气，将它们汇集到天然气净气厂作原料。

集气干管道的气质条件、工作压力与集气支管道基本一致，管径在集输管网的管道中处于最大，它可以是等直径的，也可以由不同直径的管组合而成。变径设置时，随进气点数目的增多和流量的增加而加大其直径。

二、管网系统结构

管网类型主要取决于井位布置、气体处理方案、外输门站以及气田地形地貌。管网通常可分为枝状管网、放射状管网和环状管网。

1. 枝状管网

沿集气干管道两侧分支引出若干集气支管道，支管道又可同样派生下一级的支管道，各集气支管道的末端与集气站或单气站相连，由此形成如图 9-1-1 所示的树枝状管道网络。灵活和便于扩展，是这种管网结构的特点。

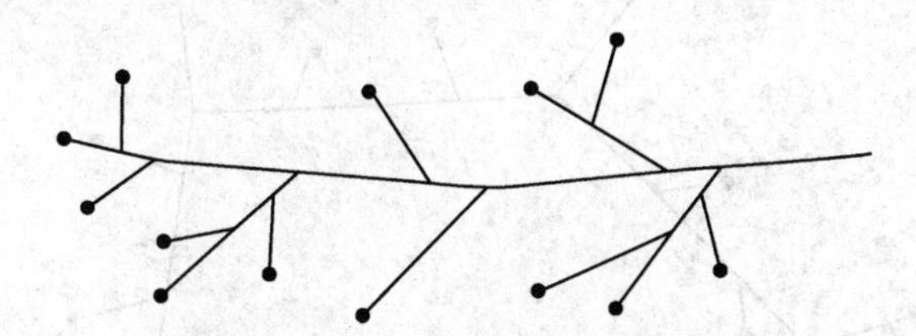

图 9-1-1　枝状管网布局示意图

当气井在狭长的带状区域内分布时宜采用这种结构。沿产气区长轴方向布置集气干管道后，两侧分支的集气支管道易于以距离最短的方式通向集气站(或单井站)，再通过采气管道与集气站所辖的各产气井相连接。但实际生产中完全采用树枝状集输管网的情况不多，常把它和下面叙述的其他管网结构方式，特别是放射状管网结构并用。

2. 放射状结构

从给定点以向四周给定点辐射的方式引出若干主管道，再以同样的方式从这些管道的末端引出支管道。按这种方式形成的，以主辐射点为中心的管道网络结构称为放射状管网结构，如图 9-1-2 所示。

适宜在气井相对集中，气井分布区域的长轴和短轴尺寸相近，气体净化可以在产气区的中心部位处设置时采用。单独依靠这种方式构成集输管网的情况不多，也是常常与树枝状结构并用。但从集气站到产气井的采气管道多数都采用这样的结构。

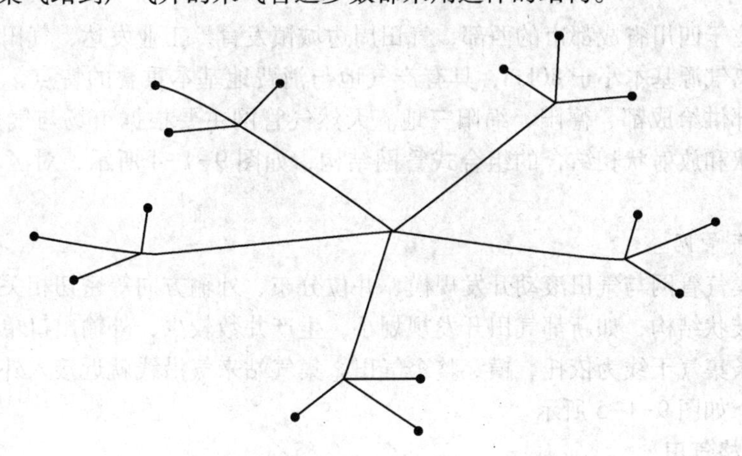

图 9-1-2　放射状管网布局示意图

3. 环状结构

集气干管道在产气区域内首尾相连呈网状，环内和环外的集气站、单井站以距离最短的方式通过集气支线与环状集气干管连接，如图 9-1-3 所示。这种集气干线设置方式的特点是各进气点的进气压力差值不大，而且环管内各点处的流动可以在正、反两个方向进行。

当产气区域的面积大，但长轴和短轴方向的尺寸差异小，且产气井大多沿产气区域周边分布时，采用环状结构管网常常是有利的。它使环状干管上各进气点的压力差值降低，并提高了集输生产过程中向天然气净化连续供应原料气的可靠性。

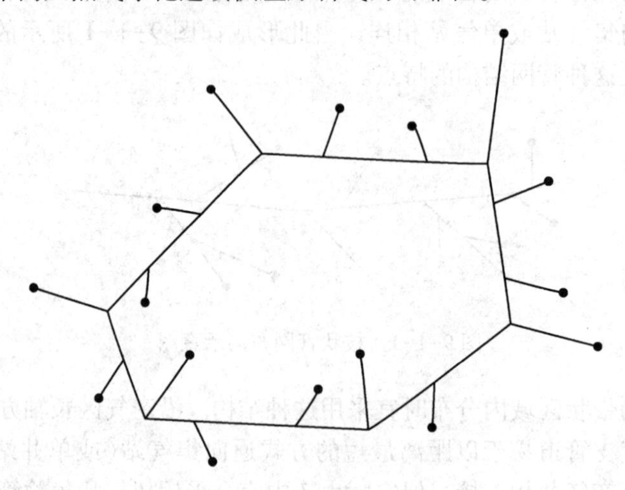

图 9-1-3　环状管网布局示意图

4. 组合式结构

各种管网结构形式具有各自的优缺点，适用于不同的具体使用场合。大部分集输管网采用包括树枝状、放射状和环状结构在内的混合结构形式，尤以前两种结构的组合应用最为常见。

三、气田典型管网布局实例

（一）川西气田

1. 输气管网

川西气田位于四川省成都市的西部，气田周边城镇发育，工业发达，气田距离市场距离较近，用户距离气源基本小于 80km，具有产气地与消费地基本重叠的特点，产出天然气均就近销售，全部供给成都、德阳、绵阳三地。天然气管网主要根据市场与气田地理位置特征，形成了环状和放射状相结合的组合式管网结构，如图 9-1-4 所示，对区域供气具有独特的优势。

2. 内部集气管网

气田内部集气管网与气田滚动开发规模、井位分布、外输方向等密切相关，主要形成了组合式结构及枝状结构，如新都气田开发规划小，生产井数较少，外输出口单一，气田内部集气管网以一条集气干线为依托，横穿整个气田，集气站来气沿线就近接入外输，是典型的枝状管网布局，如图 9-1-5 所示。

（二）苏里格气田

1. 输气管网

苏里格气田主要天然气经净化处理后，进入中石油输气干线外输，向北京、天津以及整

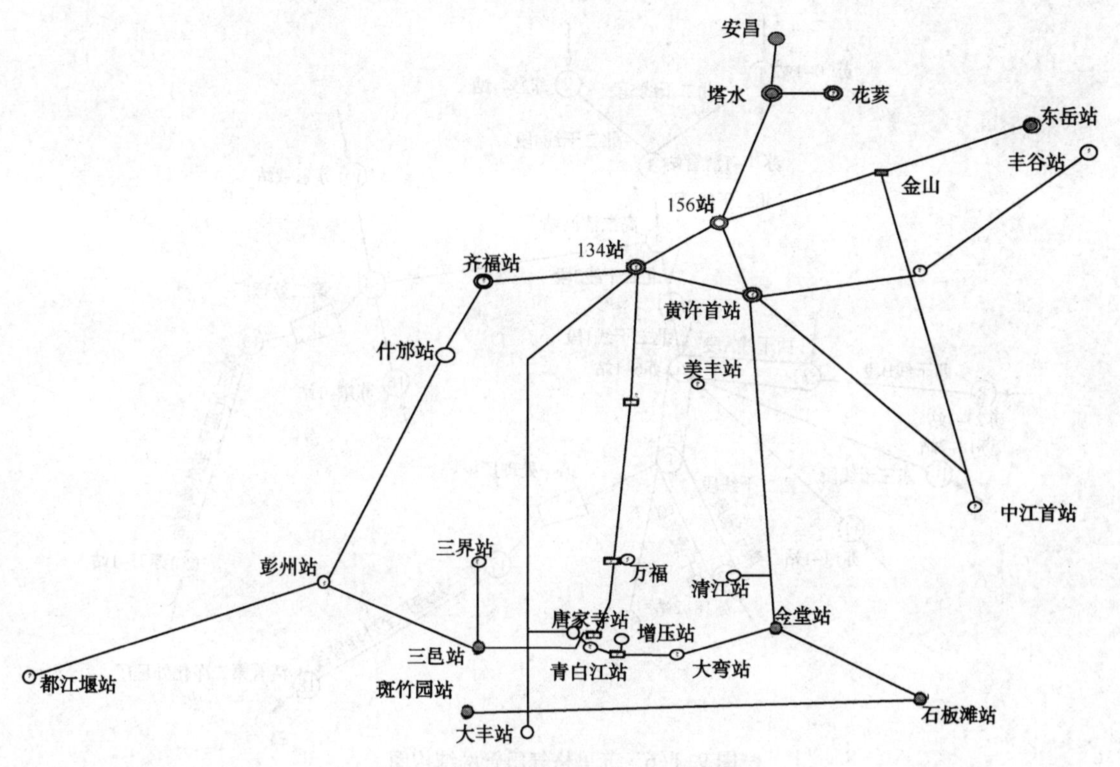

图 9-1-4　川西气田输气管网结构图

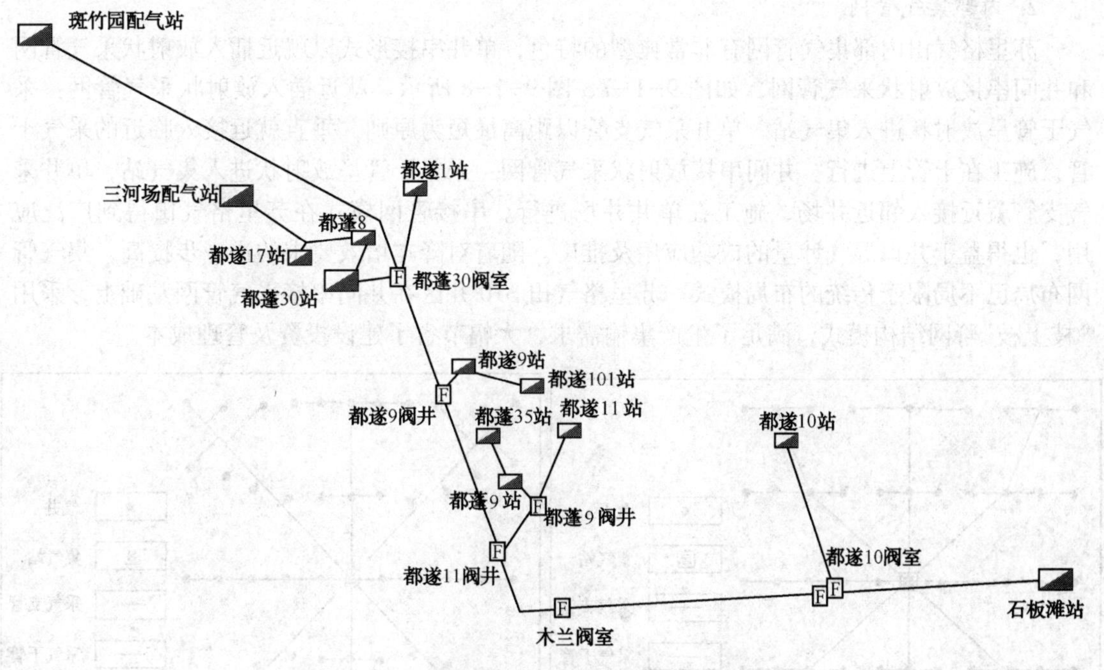

图 9-1-5　川西新都气田集气管网枝状结构示意图

个华北地区、东部地区、陕甘宁地区和中原地区供气(图 9-1-6)。与川西气田就近外输销售模式有明显的差异，基本不存在气田区域间天然气调度调节问题，因此管网结构为典型的树枝状。

图 9-1-6　苏里格气田管网结构图

2. 内部集气管网

苏里格气田内部集气管网有非常典型的特色，单井串接形式以就近插入放射状采气管网和井间串接放射状采气管网，如图 9-1-7、图 9-1-8 所示。就近插入放射状采气管网：采气干管呈放射状进入集气站，单井采气支管以距离最短为原则，垂直就近接入临近的采气干管，施工在干管上进行。井间串接放射状采气管网：采气干管呈放射状进入集气站，单井采气支管就近接入邻近井场，施工在单井井场进行。串接管网模式在苏里格气田得到广泛应用，也得益于井口湿气计量的成功应用及推广。随着对降本增效要求的进一步提高，集气管网布局已不局限于传统的布局模式。苏里格气田 S10 井区在井间串接采气管网基础上，采用“枝上枝”管网结构模式，满足了生产集输需求，大幅节省了建设投资及管理成本。

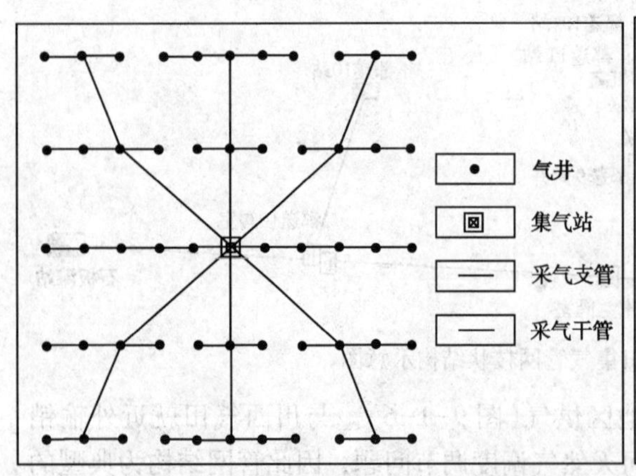

图 9-1-7　井间串接放射状采气管网示意图

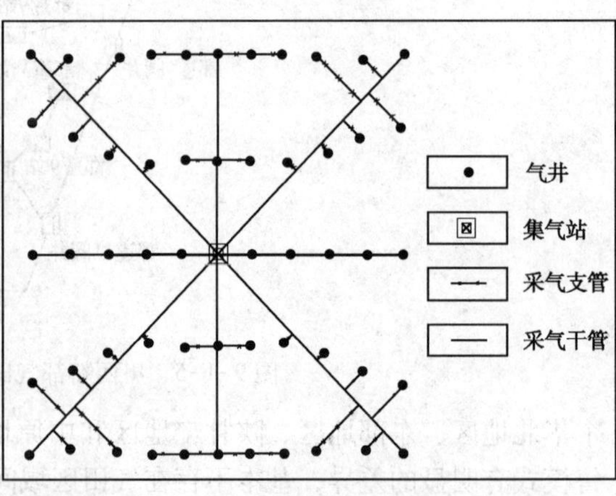

图 9-1-8　就近接入放射状采气管网示意图

第二节　气田管网规划

一、管网规划技术方法

天然气集输工程在气田工程中占到30%~40%的投资比重，合理的管网规划可以直接获得显著的经济效益。管网系统具有复杂性及广泛性的特点，需在实施过程中不断分析现有管网与供求的关系，具有先进性、整体性和持续性的显著特点。气田管网规划要坚持重点突出，统筹兼顾，长远规划，分步实施，持续调整的原则；坚持“地下地面一体化”的原则；坚持安全、环保、质量、效益的原则。其规划内容包含管网拓扑结构、管网结构参数设计、管网设计压力。

管网系统规划主要涉及两个问题：一是管网系统的布局优化，二是管网结构确定的情况下管线工艺参数的优化。在同时考虑两个问题的关联性时，需确定最优准则才能在关联中找到平衡点和实现求解。最优原则可以是经济最优化准则，即最大利润、最小总费用、最低成本等，也可以是技术最优化准则，即最大可靠性、最快动作等。

管网规划常用的方法有神经网络法、遗传算法、图论法、动态规划法等，在此基础上又发展了混合遗传算法，下面列举气田中几种规划技术方法。

(一) MDOD(混合离散变量直接搜索)法

首先根据工艺要求确定出必要的场(厂)、站的规模(集气站的类型和数量、天然气处理厂的数量和处理能力等)，然后确定气井、各类场(厂)站之间的连接形式，即网络的布局。当初始最优网络布局确定之后，就需要确定在满足最小投资费用条件下，各管道的经济管径和保证整个管网正常输气的各集气站工作压力，建立了如下的目标函数：

$$C = \sum_{i=1}^{n} \{a_0(i) + a_1(i) \times De(i) + a_2(i) \times 246615 \times \delta(i) \times [De(i) - \delta(i)]\} \times L(i) \tag{9-2-1}$$

式中　$a_0(i)$——与管径无关的铺设费用，元/km；

$a_1(i)$——与管径成正比的铺设费用，元/(km · cm)；

$a_2(i)$——与管重成正比的投资，元/t；

$De(i)$——第 i 段管道外径，cm；

$L(i)$——第 i 段管道长度，km；

$\delta(i)$——第 i 段管道壁厚，cm；

n——整个管网的管段数。

同时必须满足以下约束条件。

(1) 整个管网输送的总气量必须满足规定的压降关系，则有：

$$\frac{\sum R(i)}{d_1^{\frac{13}{3}}} \leqslant p_1^2 - p_2^2 \tag{9-2-2}$$

式中　$R(i)$——输量综合参数，可由式(9-2-1)转换；

p_1——离集气总站或天然气处理厂最远的集气站压力，MPa(绝压)；

p_2——集气总站或天然气处理厂的压力，MPa(绝压)。

在定产气井工艺制度下，某集气站压力不能高于规定设计压力，即：

$$p(i) \leqslant p_d \tag{9-2-3}$$

（2）天然气进站压力不得低于工艺要求的进站压力，即：

$$p(i) \leqslant p \tag{9-2-4}$$

（3）各管段的实际壁厚应满足下式：

$$\delta(i) \geqslant \max\left\{\frac{p_{\mathrm{d}} \cdot De(i)}{2\delta_{\mathrm{s}} \cdot F(i) \cdot \varphi}+C,\ \delta_{\min}[De(i)]\right\} \tag{9-2-5}$$

式中 p_{d}——管网的设计工作压力，MPa；

$F(i)$——第 i 段管道的设计系数，与管段所处的工作环境有关；

δ_{s}——所用管材最低屈服极限，MPa；

$De(i)$——第 i 段管道的管径，cm；

φ——焊缝系数，无缝钢管 $\varphi=1.0$；螺旋焊缝钢管 $\varphi=1.0$（符合 API 25L 者）；螺旋埋弧焊钢管，$\varphi=0.9$；

C——腐蚀余量，轻微腐蚀，$C=0.1$；较严重腐蚀 $C=0.2$，cm。

在集输管网的优化设计中，所选用的管道外径壁厚是一系列离散数值，而各集气站压力是连续型变量。这样，该问题就是求解混合设计变量的最优化问题。另外，由于混合离散变量优化方法实际上是在有限的离散点进行搜索计算，从而大大加快了优化计算的速度，提高了计算效率，因此采用的是离散优化设计方法中的 MDOD（约束非线性混合离散变量直接搜索优化方法）算法，这种算法使得程序对目标函数和约束条件无特殊要求，只要是可计算函数即可。同时，它可应用于求解全部变量为离散型或既含有离散（整形）又含有连续变量的混合离散优化问题。

（二）分级优化法

在遵循优化原则和现场实际的前提下，将问题分解为拓扑优化和参数优化两个子问题，并通过各级别站的位置向量 U 将这两个子问题有机地结合在一起，从而构成优化的全过程，其优化步骤如下。

（1）系统优化

以综合指标为目标函数，结合专家意见给出欲采用的集气工艺流程和各级别站的数量。站的数量确定之后，其规模也就确定了，然后，初步给定各级别站的位置向量 U_i（$i=1$，2，…，n），并以此作为优化迭代的开始。

（2）拓扑优化

拓扑优化为在已知 S 及 U 的情况下，求出网络的最优拓扑形式。令子集 $SS_i^{(j)}$ 表示集合 S_i 中所有与 S_{i+1} 中第 j 个节点间有连接关系点的集合，则拓扑优化的数学模型可描述为：

P_1：求 $SS'^{(j)}_i$

$$\forall i \in \{0,\ 1,\ \cdots N-1\} \tag{9-2-6}$$

$$\forall j \in \{1,\ 2,\ \cdots m_{i+1}\} \tag{9-2-7}$$

$$\min F_i = \sum_{i=1}^{N-1}\sum_{j=1}^{m_{i+1}}\sum_{k \in SS'(j)} V_{ijk} W_{ijk} \tag{9-2-8}$$

$$SS_i^{(j)} \cap SS_i^{(k)} = \{\varphi\}\ (j \neq k) \tag{9-2-9}$$

$$\bigcup_{k=1}^{m+1} SS_i^{(k)} = S_i,\ i=1,\ 2,\ 3\cdots\cdots,\ n \tag{9-2-10}$$

$$SS_i^{(k)} \neq \{\varphi\},\ i=1,\ 2,\ 3\cdots\cdots,\ n-1 \tag{9-2-11}$$

$$\forall k \in S_{i+1} \tag{9-2-12}$$

$$\vee_{ijk}\delta_{ijk} \leqslant R_i^n, \ i=1, 2, 3\cdots\cdots, n \tag{9-2-13}$$

$$\forall j \in S_i; \ \forall k \in S_{i+1} \tag{9-2-14}$$

$$\forall j \in S_i; \ \forall k \in S_{i+1} \tag{9-2-15}$$

$$\delta_{ijk} = \begin{cases} 1 \triangleright k \in S_{i-1}^{(j)}, \ j \in S_i \\ 0 \triangleright \text{否则} \end{cases} \tag{9-2-16}$$

式中 V_{ijk}——$S_{i+1}^{(k)}$ 点与 $S_i^{(k)}$ 点间的距离函数；

W_{ijk}——相应的权因子；

R_i^n——S_{i-1}与S_i，中有连接关系的点的距离约束上限，$i=1$ 时表示集油半径约束上限。

问题 P_1 为分配子问题，是一般的指派问题，可采用降维规划法进行求解。

(3) 参数优化

参数优化是在拓扑优化的基础上确定系统的最优运行参数。

(4) 方案判别

根据拓扑优化和参数优化的结果计算系统总的投资，若对方案满意，则输出最终结果。否则，调整各级别站的位置向量，返回步骤(2)。

油气集输系统规划方案设计是一个复杂的系统工程，直接进行优化非常困难。在系统分析的基础上，采用分级分治策略将问题分解，从而提出了一种分级优化的方法，这样使求解变得简单，但是该方法的缺点是优化结果受站初始位置影响较大，一般无法得到全局最优解或近似全局最优解。

(三) 动态规划法

动态规划法是对一个管网中各节点的压力进行优化，并通过求得的最优压力从设备列表中选择相应的管网元件，使管网的建设和运行费用最低。但使用动态规划法求解时，存在维数灾难，若一维状态变量有 m 个取值，对于 n 维问题，状态x_k就有m^n个取值，对于每个状态值都要计算、存储最优值函数$f_k(x_k)$。对 n 稍大(即使 $n=3$)的实际问题的计算往往是不现实的，目前还没有克服动态规划中维数灾难的一般方法。

对于一个结构(布局)已定的管网系统，如果管网的节点数为n，便有$n-1$条管段。若每个管段有 7 种管径供选择，就会有7^{n-1}种管径组合。要解决的问题是，从这些管径组合中选择出一种最优组合，以使管网的投资和运行费用最低。解决问题的关键在于找出可以剔除那些不经济的管径组合而无需枚举的方法。RothfarbB 等人开发了一种合并技术，可以剔除那些不经济的管径组合而无需枚举，使可能的管径组合数与节点数之间大体上呈线性关系，而不是按指数规律增加。这项技术为采用动态规划法对管网进行最优化提供了一个有效手段。

二、气田管网规划实例

川西气田采用滚动开发模式，致密砂岩气田采用衰竭式开采，气井压力下降快速，同时气田又具有产销重叠的特点。气田规划时面临较多的变量因素，因此规划时根据整体规划，分步实施，持续调整的原则，划选用分级优化法，利用仿真模拟软件对建立模型实现计算分析。通过建立数学模型反映集气站—集气管线—门站—输气干线—供气用户的流动规律，模型中建立了天然气的生产部门、经营部门和用户之间的关系，确定以收益作为目标函数，需考虑进气点气量、压力、管道强度、压缩机增压出口范围等约束条件，川西管网非线性优化数学模型为：

目标函数：
$$\max F=\sum_{i=1}^{N_n}\int_0^T S_i Q_i \mathrm{d}t-\sum_{j=1}^{N_c} C_j N_j \tag{9-2-17}$$

约束条件：
$$Q_{i\min} \leqslant Q_i \leqslant Q_{i\max}(i=1,\ 2,\ \cdots N_n) \tag{9-2-18}$$

$$p_{i\min} \leqslant p_i \leqslant p_{i\max}(i=1,\ 2,\ \cdots N_n) \tag{9-2-19}$$

$$N_{j\min} \leqslant N_j \leqslant N_{j\max}(i=1,\ 2,\ \cdots N_c) \tag{9-2-20}$$

$$p_x \leqslant p_{x\max}(x=1,\ 2,\ \cdots N_p) \tag{9-2-21}$$

$$N=Q\frac{k}{k-1}RZ_1T_1[\varepsilon^{\frac{k-1}{k}}-1]\frac{1}{\eta} \tag{9-2-22}$$

$$\sum_{k\in C_i}\alpha_{iy}M_{iy}+Q_i=0 \tag{9-2-23}$$

$$M=\frac{\pi}{4}\sqrt{\frac{[p_Q^2(1-C_1\Delta h)-p_z^2]D^5}{\lambda ZRTL\left[1-\frac{C_1\Delta h}{2}\right]}} \tag{9-2-24}$$

式中，Q_i 为第 i 节点进气量随时间的函数；S_i 为第 i 个节点购气和销气的费用系数；N_j 为第 j 个压缩机站的功率；C_j 为第 j 个压缩机站功率的费用系数；N_n 为压缩机站总数；j 为时间周期；t 为任意时刻；$Q_{i\min}$、$Q_{i\max}$ 分别为第 i 节点允许的最小、最大进气量；p_i 为第 i 节点压力；$p_{i\min}$、$p_{i\max}$ 分别为第 i 节点允许的最小、最大压力；$N_{j\min}$、$N_{j\max}$ 分别为第 j 个压气站允许最小、最大功率；p_Q、p_z 分别为管道起、终点压力；T 为气体流动温度平均值；L 为管道长度；D 为管径；Δh 为管道末始两端高程差；Z 为气体压缩系数；λ 为气体摩阻系数；N_p 总数；p_x 为管道中 X 中的压力；$p_{x\max}$ 为管道的 X 最大允许操作压力；N 为压缩机功率；Q 为压缩机排量；T_1 为压缩机进口气体温度；R 为气体常数；Z_1 为压缩机进口气体压缩系数；ε 为压缩机压比；η 为压缩机效率；k 为压缩机绝对热指数；C_i 为与第 i 个节点相连元件集合；M_{iy} 为与第 i 个节点相连原件 y 流入(出) i 节点流量的绝对值；Q_i 为第 i 节点与外界交换的流量(流入为正，流出为负)；α_{iy} 为系数；当 y 元件中流量流入 i 节点时为1，当 y 元件中流量流入 i 节点时为-1；M 为管道内流量。

通过模拟数据分析及方案对比分析，规划了一条纵穿工区南北向的输气干线——新天线管道，并以其为主干线规划了向气田及市场延伸输气支线7条，实现替换掉瓶颈管线，满足新开拓市场及新建产能区的外输需求。同时为配合输气压力需求，针对气田老区低压气井，规划改扩建增压站9座，实现气田老区整体增压输送。

第三节　气田管网运行优化

低渗致密气藏开发通常采取滚动开发模式，给地面集输系统建设带来很多不确定性，地面工程建设随开发规模的变动而不断优化，地面集输管网越来越复杂，充分掌握集输管网集输能力，优化输配气量方案，实现管网最优运营，是生产管理的首要工作。

一、管网运行优化方式

对于已建管线，管材、管径以及壁厚等参数都是固定不可更改的，通常，这些参数都不存在优化问题。为了明确已建天然气管网的输气能力以提高天然气管网的利用率，降低已建管道的营运风险，以及使销售部门达到最大收益，都需要对已建天然气管网系统的输配气量进行优化。目前已建地面集输管网运行优化主要从两个角度进行：一是以管网的集输能力最大为目标函数；二是以经营获得最大收益为目标函数。

（一）最大集输能力优化

国内某些老气田地面集输设备已运行多年，部分旧管道承压能力和集输站集输能力都有所下降，给集输管网运营带来了安全隐患。开展现有设备集输能力优化研究工作，以充分利用现有集输设备的工作能力，确保集输管网系统安全、高效的运行，并指导集输设备的更换和改造。以管网内天然气最大流量为目标函数，考虑管道强度（即管道承压能力）、节点压力、流量限制等约束条件建立地面集输管网优化运行模型。其中，管道承压能力主要受管道材质、尺寸以及管道受腐蚀情况等影响，而节点压力、流量限制主要由用户的要求决定。通过优化模型求解可以得到管网的优化运行参数，对现有的设备实现优化利用，也可以用来指导地面管网的规划和改造。

（二）最大销售收益优化

由于生产规模或生产条件不同，各天然气生产企业给天然气销售公司的天然气气价不同，从经济上讲，天然气销售公司倾向于多购买气价低的天然气，尽可能向效益好的用气企业多售气。但是，从技术上讲不一定能够实现，因为天然气管道投入运营以后，其输送能力也相应确定，另外，为将天然气输送到用户，销售公司需要花费一定的费用，包括管道的运行费和维护费。因此，在满足资源、用户、工艺技术等要求的情况下，天然气销售公司从自己的利益出发，要综合考虑购气成本、售气收入、管道等运行维护费用、管网的输气能力等因素，制订使公司售气盈利最大的输配气运行方案。以销售收益最大为目标函数的优化方式中，其约束条件必须满足管道的承压能力、节点压力、流量的限制。通过优化可以确定已建管网输气量的分配，也就是说，在计划周期内可以确定天然气销售公司从各气源购买的最佳天然气量以及向各用户售出的最佳天然气量。

二、优化设计模型及方法

（一）优化设计模型

流体在管道系统中流动通常是处于不稳定状态，早在1913年，意大利学者Allive. L就提出了管道不稳定流动模型。但在气体管道方面，从40年代至60年代，国外主要还是从事静态计算，其基本方法是用连续性方程和动量方程描述气体在管道内的流动。通过忽略流体介质随时间的变化，并在一定条件下得到管道内流量随压力变化的水力计算基本公式。当把计算摩阻系数的不同公式代入水力计算基本公式后可以得到各种形式的实用公式，如威莫斯公式、潘汉德公式、前苏公式等。在确定管内气体压力分布后，可按苏霍夫公式进行热力计算。目前，我国各管道设计院仍用这些公式作输气管道的工艺计算，但通过分析可知这些公式主要作过如下近似处理。

（1）气体的流动参数不随时间变化；

（2）忽略了水力参数与热力参数间的依赖关系，即在一定的热力状况下，进行水力计算；在一定水力状况下，进行热力计算；

（3）忽略了压缩因子、摩阻系数随压力、温度的变化。

由于做过如上近似处理，所得到的水力计算和热力计算公式必然会影响其精度和适用性。目前的研究正向着多相流方向发展，需要指出的是有关气体热力性质的研究对提出完善的模型是很重要的，特别是有关气体状态方程的确定和内能、焓、熵、泡点、露点等参数的计算，如目前国内外普遍采用的状态方程有PR（Peng-Robinson）法、SRK（Soave-Redlich-Kwong）法、BWRS（Bennedict-Webb-Robin- Starling）法、LEE（ Lee-Erbar-Edmister）法等，这些方程所计算的其他物性参数也较准确。

（二）设计方法

对于优化问题求解常规的做法是建立数学优化模型和约束条件，通过一定的数学解法确定最优方案，但这种做法工作量比较大，需要花大量时间编程，对工作人员的计算机水平要求比较高。在某些情况下，可以考虑采用方案比选的形式来获得管网运行相对较好的方案。天然气管网系统由管道、节点以及站、场(厂)(集气站、配气站、增压站、气体处理厂)等基本元件组成，当天然气流经这些元件时，应该满足质量守恒、能量守恒、动量守恒以及热力学方面的有关基本方程，对于大型的复杂天然气管网系统，需要联合无数个方程求解管网的运行参数，工作量也相当大，可以考虑采用管网仿真软件模拟计算，这样可以大大节省工作量和时间，对于适时地指导现场生产是相当重要的。国内外已开发多种成熟软件，以用于管网仿真模拟，为优化方案提供依据，已成为一种主要的优化手段。

在求解仿真模型上也有着不同的方法，从开始分析管道的不稳定流动至今，曾采用图解法、解析法和数值解法。图解法是通过人工做图来求解管道在不同位置上参数随时间变化的一种方法。这种方法既费时费力，还往往存在较大的误差，甚至人为的错误。解析法主要在前苏联 20 世纪 70 年代采用得最多，它是通过对数学模型进行一系列的推导处理而得到气体参数(主要是压力、流量)随时间变化的一种方法。由于气体不稳定流动的数学模型是一组非线性的偏微分方程，在求解过程中一般要忽略次要项，同时还往往将非线性项线性化。虽然这样得到的解析比较直观，但这种方法难以避免产生较大误差。并且当管道系统较复杂时给数学求解带来较大困难，不易求其解。数值解法是随着计算机技术的发展而发展起来的一种方法，特别是 80 年代以来，这种方法得到了充分的发展。目前被认为最好的两种方法是特征线法和隐式有限差分法。研究表明特征线法具有更高的计算精度，但隐式有限差分法在处理时间步长上具有更好的灵活性。由于计算技术的不断发展和数值解法的不断完善，也为提出更加准确的数学模型提供了必要条件。目前，国内外已普遍采用的模型包括连续性方程、运动方程、能量方程、状态方程和焓方程。

管道系统仿真将物理模型、数学方法及计算机技术紧密结合起来，有效地应用于实际生产过程。在关于天然气管道系统的仿真软件中，最早被我国接受的是美国 SSI 公司的 TGNET (Transient Gas Network)软件。目前，我国广东天然气公司、四川石油设计院等多家单位采用这一软件进行管道系统的设计和管理。该软件可用于分析球阀、止回阀、调节阀及压缩机等多种元件的管道系统的气体水力、热力工况。由于该软件具有较长的使用历史，经 SSI 公司和用户使用验证，其仿真结果与实测数据十分接近。它可以根据气体参数变化程度灵活自动选择仿真时间步长，并能保证所要求的结果精度。美国 Stoner 公司开发了用于气体稳态管网设计的软件 SWS 和模拟长输管道动态工况的软件 SPS；加拿大 Novacorp 公司针对输气管道的具体特点，开发了一套输气管道系统稳态仿真软件 PCASIM；国内在仿真软件方面与国外存大较大差距，但目前已经在这方面做了一些有益的工作，也开发出一些管网仿真软件，但其仿真结果和功能和国外的尚有一定差距。

三、气田管网运行优化实例

以川西气田输配管网优化为例，采取“管网集输能力最大”优化方式，利用美国 SSI 公司的 TGNET(Transient Gas Network)燃气管网仿真软件进行优化方案比选。

（一）优化思路

通过优化配气站增加的供气量以及适当降低管网末端配气站的压力两个方面来确定管网的最大集输能力。首先分析单个因素对管网集输能力影响的敏感度(方案比选)，再按照敏感度分析结果，综合两种因素，对管网的输气能力进行优化分析(方案比选)。

(二) 单因素敏感分析

利用 TGNET 天然气管道仿真软件，依据目前管网运行参数，进行模型建立和调试。在调试好模型上，进行方案模拟比选。

1. 配气站增量对管网集输能力影响

在各配气站增输 $10\times10^4m^3/d$、$20\times10^4m^3/d$、$30\times10^4m^3/d$、$40\times10^4m^3/d$、$50\times10^4m^3/d$ 五种工况时对外输首站出站压力的影响情况见如图 9-3-1 所示。

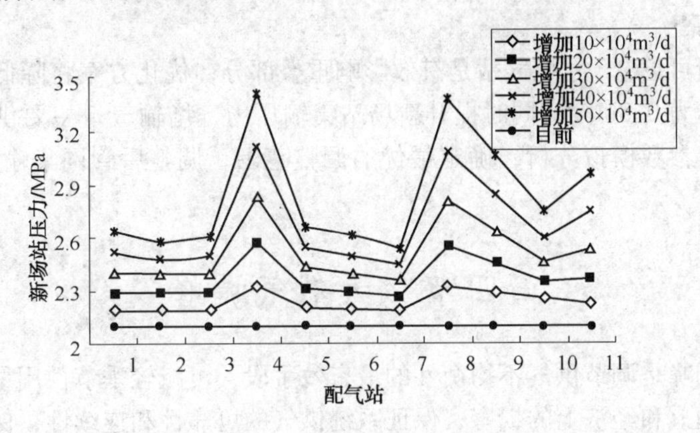

图 9-3-1　配气站增输对外输首站压力影响

各配气站增加气量后，外输首站的出站压力均有所增加，且随着配气站输量的增加，外输首站出站压力的增加幅度逐渐增大。4 号、8 号、9 号配气站下气量增加后对管网压力的影响比较大。增输后对管网运行压力影响比较小的配气站是 7 号、1 号、2 号、3 号、6 号、5 号配气站，增加这些配气站的用气量均能有效地增大管网的输气能力。结合相应外输管线增输空间，配气站的供气量应主要考虑增加在 7 号站和 5 号站。

2. 管网末端压力对管网集输能力影响

考虑外输首站站的输入气量增加 $10\times10^4m^3/d$、$20\times10^4m^3/d$、$30\times10^4m^3/d$、$40\times10^4m^3/d$、$50\times10^4m^3/d$，同时降低管网末端配气站的出站压力至最低进站压力，并以此为约束条件，分析新增气量在各末端配气站上的分配情况，增输幅度越大的配气站表明降低该配气站压力对于增加管网的输气能力越有效。

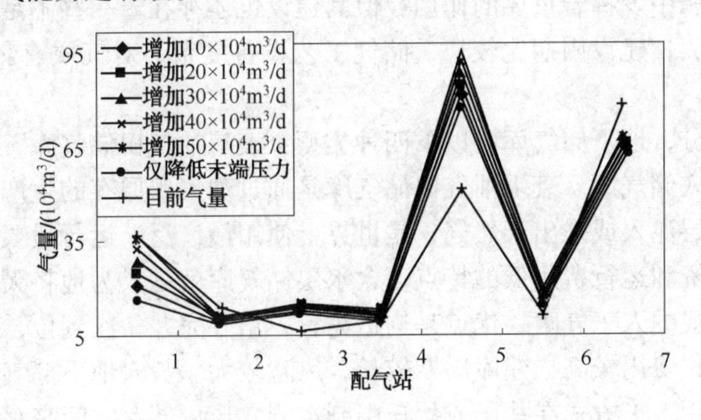

图 9-3-2　末端配气站气量分配情况图

从图 9-3-2 中看出，降低管网末端配气站的压力后，仅 3 号、5 号末端配气站供给的气量大于目前管网供给的气量，而其余配气站降低压力后，即使起点增输 $50\times10^4m^3/d$，管网供给的气量也小于目前管网供给的气量。1 号、5 号末端配气站的气量变化比较明显，起点气量增输对于其余末端配气站的影响不大。从对降低末端配气站的压力后对管网输气能力影响可以看出，降低 5 号配气站的压力能有效地增大管网的输气能力，同时能最大限度地利用管网的输气能力。因此，优化方案考虑降低 5 号配气站压力和增加 5 号配气站输量对提高管网集输能力是最有效的。

（三）优化方案

从单因素分析可见，5 号配气站是有效影响重叠部分，优化方案将降低 5 号配气站进站压力为最低用户压力 0.8MPa，同时提升新场站集输压力，增输气量主要供给在 7 号和 5 号配气站。通过调整参数模拟分析，确定最优的调整范围，调整后管网集输能力可提升 $140\times10^4m^3/d$。

第四节　天然气调峰

天然气储气调峰是调节供气不均衡性的最有效手段，可减轻季节性用量波动和昼夜用气波动所带来的管理上和经济上的损害；保证系统供气的可靠性和连续性；保证输供系统的正常运行，提高输气效率。为了安全、平稳、可靠地向用户供气，需要进行天然气调峰储备，即把用气低峰时输气系统中富余的天然气储存在消费者附近，在用气高峰时用以补充供气量的不足或在输气系统发生故障时用以保证连续供气。

一、储气调峰工艺

天然气调峰主要方式包括三大类：一类通过建设调峰设施进行调峰；二类是通过管道进行调峰；第三类是通过对气田或用户管理进行调峰。

（一）调峰设施调峰

1. 地下储气库

在世界天然气储存设施总容量中，地下储气库的容量在 90%以上。储存的天然气主要用于满足用气的季节波动和日波动对供气的要求，保证用气高峰期的用气量，同时也可以作为供气系统发生事故时的应急储备以及国家的战略储备。虽然地下储气库具有库容大和安全等特点，在供气调峰中发挥着重要的作用，但其建设也还存在着一些不足，例如：对库址选择要求苛刻，投资大，建设周期比较长，储气工艺设备复杂，对气质有影响，运行费用高，能耗也比较大等。

按地质构造划分，地下储气库有以下四种类型：衰竭油气田储气库、含水层储气库、盐穴储气库和废弃矿穴储气库。衰竭油气田储气库是通过油气田原有的生产井和建库时增加的气井向枯竭的油气层注入或采出天然气，是世界上使用最广泛、运行最久的一种储气库，具有建库周期短、投资和运行费用低的特点。含水层储气库就是人为地将天然气注入到地下合适的含水层中而形成的人工气藏，优点是构造完整，钻井完井一次到位，缺点是气水界面较难控制，投资和操作费用较高，建库周期较长，风险较大。盐穴地下储气库是利用地下较厚的盐层或盐丘，采用人工方式在盐层或盐丘中制造洞穴形成储存空间来存储天然气的，具有构造完整、夹层少、厚度大、物性好、结构坚实、非渗透性好，对液态和气态的碳氧物质都可以完好地储存等优点，是目前重点研究的一类储气库。废弃矿穴储气库是利用废弃煤矿等遗留的洞穴来储存天然气。此种储气库存在严重缺陷，例如，原有井筒难以密封，存在气体向地面泄漏的危险，抽出储存气体的质量会发生变化，热值有所降低等。

2009 年 IGU 的统计资料表明，目前世界上共有 36 个国家和地区建设有 630 座地下储气库，地下储气库总的工作气量为 3530×10^8 m^3，约占全球天然气消费量 3×10^{12} m^3的 11. 7%。全球地下储气库总工作气量的 78%分布于气藏型储气库，5%分布于油藏型储气库，12%分布于含水层储气库，5%分布于盐穴储气库，另有约 0. 1%分布于废弃矿坑和岩洞型储气库中。美国、俄罗斯、乌克兰、德国、意大利，加拿大、法国是储气库大国，其地下储气库工作气量约占全球地下储气库总工作气量的 85%。

储气库在美国天然气工业价值链及输配系统工程中占据着重要地位，是管道公司与天然气加工厂、地方配气公司、市场中心等之间不可或缺的组成部分。2003 年美国运营的储气库数量达到历史峰值，共有 417 座，工作库容量达 1122. $2\times10^8 m^3$，峰值输出气量 23. 45×10^8 m^3/d，其中气藏型储气库 348 座、含水层储气库 40 座、盐穴储气库 38 座。2012 年美国运营的储气库 407 座，总工作库容量 1291. $13\times10^8 m^3$，其中气藏型储气库 324 座，工作库容量 1069. $74\times10^8 m^3$；含水层储气库 44 座，工作库容量 103. $96\times10^8 m^3$；盐穴储气库 39 座，工作库容量 117. $43\times10^8 m^3$。储气库不仅保障了美国燃气管道的平稳供气，而且对天然气战略储备、商业周转有着不可替代的作用。

2. 储气罐

储气罐是地上储气的主要设备。根据储气压力和结构，储气罐可分为低压罐和高压罐。由于低压罐储气压力很低，因而逐渐被高压罐代替。高压储气罐又称定容储气罐。其几何容积固定，它有圆筒形和球形两种。圆筒形储气罐是由钢板制成的圆筒体和两端为蝶形、半球形或椭圆形封头构成的容器；球形储气罐一般是在工厂压制成形的球片，试组装后运到现场拼装焊接而成。与圆筒形储罐相比，球形储罐具有受力好、省钢材、占地面积小、投资少等优点，在世界各国应用广泛。国内外较广泛采用的球罐容积为 $3000\sim10000m^3$，工作压力为 1MPa 左右。

高压储罐主要用于城市配气系统工作日或时调峰供气，在用气高峰的时候，天然气小时用气量小于需求量，高压球罐内储存的天然气送入管网，在用气低谷的时候，天然气小时用气量大于需求量，管网中多余的天然气进入高压球罐。高压球罐建立在地面上，需要占用大量面积，储存容量相对较小，而且压力较高，自动化控制和消防等辅助设施造价高，而且需检查，运行管理比较复杂。

3. LNG 储气

天然气液化储存采用低温常压的储存方法，将天然气冷却至-162℃时就会液化，天然气的液态容积为气态的 1/600，因此在没有条件建地下储气库进行季节性调峰的地区，可设置 LNG 储存站。液化天然气的生产工艺主要包括净化、液化、储存、运输、利用 5 个部分，它涉及深冷超低温方面的许多新技术、新工艺、新材料、新设备，是一项技术比较先进的系统工程。

液化天然气的汽化设备有固定式和移动式两种。液化天然气作为低温燃料在汽化时需要吸收大量的热量，可以采用空分、低温粉碎、冷库、蓄冷装置等各种工艺技术，使 LNG 受热汽化，然后通过管网向用户供气。如果管网局部发生故障，可用槽车将 LNG 拉到用户附近。用移动式汽化炉及时给用户供气。

采用天然气液化方法可以大大提高天然气的储存量，所以使用 LNG 是调节城市燃气季节高峰和事故气源的手段之一。将大量天然气液化后储存于低温储罐中，在用气高峰时将 LNG 汽化进行城市燃气调峰。但是建设 LNG 低温储罐投资较大，而且 LNC 的日常运行管理及维修费用较高。

4. 储气井储气

将储气井、井口控制装置及配套管道连接即可组成小型地下储气库，它是根据配套管道所能承受的压力，利用压缩机将需储存的气体储存在储气井内。该技术是自20世纪90年代初期开始在不断实践探索的基础上，研究开发的新型储气技术。在选定的地址，采用石油钻井技术，将符合国际标准的外径为177.8~273mm的石油套管按螺纹连接方式连接后深埋于地下的若干口深度为200~500m的井中，其中井的深度和数量根据所需储气量而定。井与井的中心距为1~4m。单井公称容积1~10m^3，标准单井储气量为500m^3、1000m^3、3000m^3，小于10000m^{3}的储气井额定压力25MPa。储存介质符合国标《车用压缩天然气》(GB 18047—2000)规定的天然气。

每口井由多根套管通过螺纹连接，并用耐高压的专用密封脂进行密封，套管最底部为封头，最上端为井口装置，套管外壁与地层之间的环形空间是用水泥加以封固的保护层。井口装置下安装有控制阀件，专用排污装置(主要用于排除井内残液)、压力表。多个这样的储气单元由地面管道连接组成小型地下储气库。

由储气井组成的小型地下储气库的工艺流程为进气管网—分配系统—储气井组—调压装置—出气管网。当城市用气处于低峰时，城市燃气的用气量小于输气管道的供气量，此时利用压缩机将多余的天然气加压到25MPa，通过分配系统储存到高压气地下储气井中。当城市用气处于高峰时，城市燃气的用气量大于输气管道的供气量，要将高压气地下储气井中储存的高压气释放出来，即通过调压装置将高压气降压后送入城市燃气管网中。

地下储气井结构简单又深埋于地层深处，储气单元多而单口井储气量相对小，井与井之间互为独立储气，而且可以相互倒罐，即使发生泄漏或爆裂，也不会对地面和相邻储气单元(井)造成威胁，井口安全阀组可及时切断事故井与其他井的连接管线，截断气源，事故井口易封堵，处置措施简便，从根源上解决了事故发生后带来的隐息，是规模储存技术的重大创新。

采用传统的储气罐方式的储配站，由于其储罐均为地上式，体积庞大，占地面积大，会给周边企业或居民造成心理上的巨大压力；而采用地下储气井方式储气的储配站，每口井占地面积≤1m^2。从运行情况分析，由于地上储气罐焊接点多，受大气温度、环境、腐蚀性介质等因索的影响较大，每年的维护检测费很高，使用寿命短。而地下储气井每年的维护检测费用几乎为零，使用期限可达25年。

地下储气井自国家标准《汽车加油加气站设计与施工规范》(GB 50156)实施以来广泛地应用于CNG加气站、天然气调峰、工业储气中，全国现有在用储气井4000口以上。2003年四川省阆中市天然气公司在民用大型天然气调峰站建设过程中，率先使用这一储气新技术，获得圆满成功。天津经济技术开发区天然气储配站位于天津经济技术开发区，储气规模为20×10^4m^3，预留20×10^4 m^{3}的规模，它除具有储气调峰功能外，还具有装卸压缩天然气和天然气加气功能。实践证明了该技术的安全性、经济性和实用性。地下储气井具有占地面积小、运行费用低、操作维护简便等优点。从社会价值、经济效益和消防安全角度综合分析为较好的储气方式，具有推广价值。

5. 高压管束

高压管束储气是将一组或几组钢管埋在地下，利用气体的可压缩性及其高压下和理想气体的偏差进行储气。高压管束事实上是一种高压管式储气罐，因其直径小，能承受更高的压力，可使储气量大大增加。管束储气运行压力较高，埋在地下较安全，但储气量不是特别大，占地面积较大，压缩机站和减压装置的建设投资和操作费用高。管束储气主要用作城市配气系统昼夜调峰，每个储气管束的容量约为$28\times10^4m^3$，工作压力为6.3~7MPa。

（二）管道调峰

1. 输气管道末段

输气管道末段是指最后一座压气站到城市门站之间的管段。末段起、终点压力的变化决定输气管道末段的储气能力。具备储气能力的末段管道应满足以下条件：在气体储存和消耗的过程中，管段直能够容纳稳定的输气量；有足够的储存容积；管段的始点最高工作压力不高于输入压力；管段的机械强度应能承受储气管段起点与终点最高压力所决定的沿线压力和平均压力。管道末段储气能力越大，越利于小时调峰。利用输气干道末端储存天然气或选用一定直径的若干条管子形成管束埋于地下形成储气设施。这种储气设施的运行压力高于球罐，埋地较安全，建造费用低，但占地面积较大。管道储气设施的容量较小，主要作城市昼夜或小时调峰用。世界上建造的末段储气管道不多。

2. 城市高压管网储气

利用城市高压管网储气与长输管道末段储气原理相似，城市高压管网比长输管道末段更接近用户，能够更及时、快捷地响应用气的波动。

城市高压管道储气是利用敷设在城市的高压城市管道进行储气。高压管道储气充分利用了长输管线末端压力较高的特点，并且具有管径小、承压高的特点。高压管道储气节约了地下建设空间，同时由于利用了原有输送管道已有的基础兼有输气和储气功能，用于储气的耗钢量相应减少，具有较好的经济性。但高压管道储气要视城市高压输气管网的敷设长度、最高允许运行压力等决定其储气能力。当城市高压管线的长度有限、压力不高时。一般只能作为储气设施的补充。

（三）管理手段调峰

1. 上游管理调峰

上游(气田)调峰就是利用管道富余的输气能力或产销地重叠的优势，通过上游增大产气量或减少生产量来满足下游的用气需求，但气田调峰是一种破坏原有的稳定生产规律的做法，并在一定程度上影响气田最终采收率，从而影响气田开发的综合经济效益。

2. 用户管理调峰

天然气输配系统中，各类用户的结构、季节性等因素对供气需求变化有不程度的影响，供需关系存在不均衡性。在区域市场总供气量不变或市场调蓄能力之内情况下，可通过中断用户供气或向工业用户增供的手段来调整市场内用户的供气量，以应对产销波动影响，维持管网系统平稳运行，但受限条件较多。

二、气田典型调峰案例介绍

（一）川西气田调峰

川西气田充分利用产气地与消费地基本重叠的特点，主要采取上游气田生产调峰、大型工业用户调峰以及管网末端储气调峰相组合的形式。

川西气田供气结构以城市燃气为主，工业用气比例与城市燃气比例相当，化肥用气略低(表9-4-1)。城市燃气是保证供气对象，用气高峰在白天，工业用气相对平稳。在日常集输系统运营管理中，为解决峰谷差问题，昼夜调峰主要通过管网末站储气与工业用户增供进行调峰；季节调峰与节假日调峰由于调峰量大(图9-4-1)，主要采取上游气田生产调峰措施。此种模式满足了川西气田近来气的调峰需求，但随着开发规模与用户市场的扩张，现有调峰手段将逐步制约气田的长远发展，同时影响气田开发效果。

表 9-4-1　川西气区供气用户类型比例

年度 供气性质	2010 年	2011 年	2012 年 1~10 月
城市燃气	39.8%	42.1%	33%
城燃转供工业	27.3%	27.6%	38.39%
直供工业	8.3%	7.4%	7.2%
化肥用气	24.6%	22.9%	21.41%
合计	100%	100%	100%

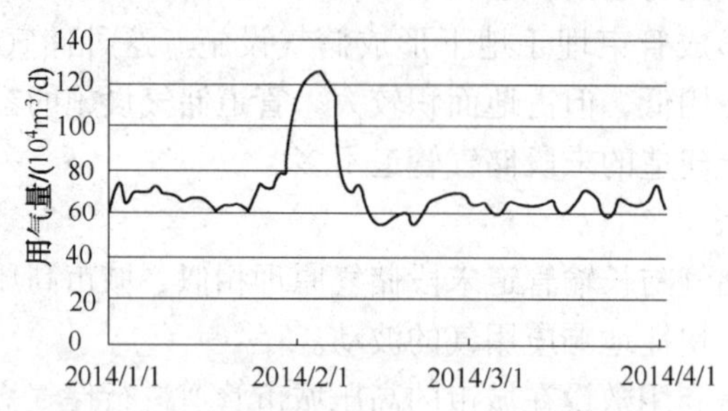

图 9-4-1　川西某大型工业用户调峰用气曲线

（二）中石油储气库调峰

20 世纪 90 年代中后期，随着我国西部地区鄂尔多斯、四川盆地、塔里木盆地、柴达木盆地天然气的大规模开发，西气东输管线、陕京输气管线的建设，才开始研究建设地下储气库以确保北京、天津、上海等特大城市及华北、长江三角洲地区用户的安全供气。中石油通过 10 余年的建设，已建成 10 座地下储气库(表 9-4-2)，有效工作气总量可达到 $57.705\times10^8m^3$。

表 9-4-2　我国地下储气库建设现状汇总表

名称	类型	设计规模/10^8m^3	注气能力/($10^4m^3/d$)	采气能力/($10^4m^3/d$)	建成时间/年	位置	配套干线
大张坨	凝析气藏型	6	320	1000	2000	大港油田	陕京线
板 876		2.17	100	300	2001		
板中北高点 1		10.97	150	300	2003		
板中北高点 2			150	600	2004		
板中南高点		4.7	225	600	2005		
板 808、828		6.74	360	600	2006		
京 58、永 22		7.535	400	700	2010	华北油田	
刘庄		2.45	150	200	2012	江苏油田	
金坛 1 期	盐穴型	5.4	640	1500	2006	江苏金坛	西气东输
金坛 1 期		11.74	400	1500	2012		

目前我国地下储气库已具备了一定的调峰能力，但由于地下储气库的库容形成还需要一定的周期，实际形成的有效工作气量还远小于其设计指标。

“十二五”期间，我国规划地下储气库重点项目 24 项，设计工作气总量 $257\times10^8m^3$，投资 811 亿元，到 2015 年地下储气库工作气总量将达到天然气消费量的 10%。

参 考 文 献

[1] 关德师. 中国非常规油气地质[M]. 北京：石油工业出版社，1995.
[2] 赵政璋，杜金虎等. 致密油气[M]. 北京：石油工业出版社，2012.
[3] 万玉金，韩永新等. 美国致密砂岩气藏地质特征与开发技术[M]. 北京：石油工业出版社，2013.
[4] 赵树生，熊伟等. 川中须家河组低渗砂岩气藏渗流规律及开发机理研究[M]. 北京：石油工业出版社，2011.
[5] 郭平，张茂林等. 低渗透致密砂岩气藏开发机理研究[M]. 北京：石油工业出版社，2009.
[6] 冉新权，李安琪. 苏里格气田开发论(第二版)[M]. 北京：石油工业出版社，2013.
[7] 杨克明，徐进. 天然气成藏理论与勘探开发方法技术[M]. 北京：地质出版社，2004.
[8] 王朋岩，刘凤轩等. 致密砂岩气藏储层物性上限界定与分布特征[J]. 石油与天然气地质，2014. 35(2)：238-243.
[9] 李健，吴智勇等. 深层致密砂岩气藏勘探开发技术[M]. 北京：石油工业出版社，2002.
[10] 杨继盛，刘建仪. 采气实用计算[M]. 北京：石油工业出版社，1994.
[11] 杨克明、徐进. 川西凹陷致密碎屑岩领域天然气成藏理论与勘探开发方法技术[M]. 北京：地质出版社，2004.
[12] 史乃光，任迪昌等. 现代产量递减曲线分析方法及其应用[J]. 天然气工业，1995，15(6)：53-57.
[13] 姜振强. 水平井管流对产能影响研究[D]. 中国地质大学硕士学位论文，2006.
[14] 李晓平，关德. 水平气井的流入动态方程及其应用研究[J]. 中国海上油气地质，2002，16(4)：250-253.
[15] 范子菲，李云娟等. 气藏水平井长度优化设计方法[J]. 大庆石油地质与开发，2000 ，19(6)：28-33.
[16] 杨继盛. 采气工艺基础[M]. 北京：石油工业出版社，1989.
[17] 吴峰. 水平气井渗流特征及生产系统分析方法研究[D]. 西南石油大学硕士学位论文，2005.
[18] 廖锐全，刘捷等. 多层气井生产系统分析方法与应用[J]. 石油天然气学报，2009，31(6)：150-153.
[19] HOLDITCH S A. 致密砂岩气藏[J]. 罗诗薇，译. 国外油田工程，2007，23(2)：31-36.
[20] PALACIO J C，BLASINGAME T A. Decline-curve analysis using type curves：analysis of gas well production data[C]. paper SPE 25909，presented at the 1993 Rocky Mountain Regional Meeting/Low Permeability Reservoirs Symposium and Exhibition，Denver，CO，April 26-28，1993.
[21] AGARWAL R G，GARDNER D C，KLEINSTEIBER S W，et al. Analyzing well production data using combined-type-curve and decline-curve analysis concepts[C]，paper SPE 57916 presented at the 1998 Annual Technical Conference and Exhibition，New Orleans，USA，September，1998.
[22] MATTER L，ANDERSON D M. A systematic and comprehensive methodology for advanced analysis of production data，paper SPE 84472 presented at Annual Technical Conference and Exhibition held in Denver，Colorado，USA，October，2003.
[23] AL-HUSSAINY R，RAMEY H J，CRAWFOD P B. The flow of real gases through porous media[J]. JPT (May 1966) 624-636.
[24] AL-HUSSAINY R，RAMEY H J. Application of real gas flow theory to well testin and deliverability forecasting[J]，JPT(May 1966) 637-642.
[25] Dikrcen，B. J. Pressure Drops in Horizontal Wells and its Effects on their Production Performance，SPE 19824.
[26] 钟孚勋. 四川盆地天然气开发实践与认识[J]. 天然气工业，2002，22(增刊)：8-10.
[27] 金忠臣，杨川东等. 采气工程[M]. 北京：石油工业出版社，2004.
[28] 杨川东. 采气工程[M]. 北京：石油工业出版社，2001.
[29] 白玉，王俊亮. 井下作业实用数据手册[M]. 石油工业出版社，2007.
[30] 编撰委员会. 中国油气田开发志华北(中国石油)油气区卷[M]. 北京：石油工业出版社，2011.

[31] 编撰委员会．中国油气田开发志西南(中国石化)油气区卷[M]．北京：石油工业出版社，2011.
[32] 赵哲军，杨逸．低压气井泡沫排水适应性分析[J]．内蒙古石油化工，2009(1)：28-31.
[33] 编撰委员会．中国油气田开发志西南(中国石油)油气区卷[M]．北京：石油工业出版社，2011.
[34] 编撰委员会．中国油气田开发志大庆油气区卷[M]．北京：石油工业出版社，2011.
[35] 喻欣．球塞连续气举注采系统智能测控方法[J]．天然气工业，2004，24(增刊B)：87-89.
[36] 杨正文．影响中35井连续气举稳定性的因素分析[J]．天然气工业，2001，21(1)：118.
[37] 苏月琦，汪海等．气举阀气举排液采气工艺参数设计与优选技术研究[J]．天然气工业，2006，26(3)：103-106.
[38] 杨川东，卢国富等．四川气田采气工艺技术及发展方向[M]．四川盆地不同类型油气藏开发技术论文集.1997.
[39] 詹姆斯·利，亨利·肯尼斯等．气井排水采气[M]．北京：石油工业出版社，2009.
[40] 周崇文，李永辉等．水平井排水采气工艺技术新进展[J]．国外油田工程，2010，26(9)：49-51.
[41] 李颖川．采油工程(第二版)[M]．北京：石油工业出版社，2009.
[42] 李士伦．天然气工程(第二版)[M]．北京：石油工业出版社，2010.
[43] Kaya，A. S.，Sarica，C.，and Brill，J. P. Mechanistic Modeling of Two-Phase Flow in Deviated Wells[J]. SPE Production & Facilities，2001，16(3)：156-165.（SPE 72998）
[44] Shoham，O. Mechanistic Modeling of Gas-Liquid Two-Phase Flow in Pipes[M]. Society of Petroleum Engineers Publishing，Richardson，Texas，USA，2006.
[45] Aziz，K.，Govier，G. W.，and Fogarasi，M. Pressure Drop in Wells Producing Oil and Gas[J]. Journal of Canadian Petroleum Technology，1972，11，38-47.
[46] Mandhane，J. M.，Gregory，G. A.，and Aziz，K. A Flow Pattern Map for Gas-Liquid Flow in Horizontal Pipes[J]. International Journal of Multiphase Flow，1973，1(4)：537-553.
[47] 陈家琅．石油气液两相管流[M]．北京：石油工业出版社，2010.
[48] Brill，J. P. Multiphase Flow in Wells[M]. Society of Petroleum Engineers Publishing，Richardson，Texas，1999.
[49] Mukherjee，H. and Brill，J. P. Liquid Holdup Correlations for Inclined Two-Phase Flow[J]. *Journal of Petroleum Technology*，1983，35(5)：1003-1008.（SPE 10923）.
[50] Lea，J. F.，Nickens，H. V.，and Wells，M. R. Gas Well Deliquification (Second Edition)[M]. Gulf Professional Publishing，USA，2008.
[51] Belfroid，S. P. C.，Schiferli，W.，Alberts，G. J. N.，et al. Prediction Onset and Dynamic Behaviour of Liquid Loading Gas Wells[C]. The 2008 SPE Annual Technical Conference and Exhibition held in Denver，Colorado，USA，21-24 September，2008.（SPE 115567）
[52] 甄士龙，余贝贝等．苏里格气田水平井临界携液产量分析[J]．油气井测试，2013，22(6)：21-23.
[53] 王少力，郑子元．连续油管国产化技术研究新进展[J]．科技信息，2008，37(8)：91-93.
[54] 贺会群．连续油管技术与装备发展综述[J]．石油机械，2006，34(1)：1-6.
[55] 解永刚，王雅萍等．速度管柱排水采气技术在Z21-22井的应用[J]．石油化工应用，2013，32(6)：100-102.
[56] 田伟，白晓弘等．连续油管排水采气技术在苏里格气田的应用研究[J]．化工技术与开发，2010，39(10)：14-15.
[57] 刘亚青，杨泽超等．毛细管排水采气技术在四川某气田水平井中的应用[J]．钻采工艺，2013，36(5)：119-121.
[58] 邹小龙，曹世昌等．毛细管技术在川东气区气井的应用前景分析[J]．中外能源，2009，14：61-63.
[59] 王柳，付善勇等．毛细管加注泡沫排水采气新技术[J]．海洋石油，2009，29(3)：63-67.
[60] 李天英，董耀文等．毛细管排水采气技术在川西地区的应用[J]．中国石油和化工标准与质量，2012，

33(16)：161.
[61] 赵哲军．川西气田井下节流工艺评价与改进[J]．天然气技术，2010，4(3)：56-57，63.
[62] 王志彬，李颖川．有水气井井下节流适应性实验研究[R]．第三届油气田开发技术大会暨2009年天然气学术年会．成都，2009.10.
[63] 何生厚．油气开采工程师手册[M]．北京：中国石化出版社，2006.
[64] 王宇，李颖川．气井井下节流动态预测[J]．天然气工业，2006，26(2)：117-119.
[65] 佘朝毅．井下节流机理研究及现场应用[D]．西南石油大学硕士学位论文，2004.
[66] 顾岱鸿．低渗气田采气工艺理论研究[D]．中国地质大学博士学位论文，2007.
[67] 周兴付，杨功田等．高压气井井下节流工艺设计方法研究[J]．钻采工艺，2007，30(1)：57-59.
[68] 马占林，汝新英．井下节流防治气井水合物技术研究与应用[J]．大庆石油地质与开发，2008.27(4)：86-89.
[69] 佘朝毅，李川东等．井下节流工艺技术在气田开发中的应用[J]．钻采工艺，2003.26（增刊）：69-73.
[70] 华自强等．工程热力学[M]．北京：高等教育出版社，1985.
[71] 金忠臣，杨川东等．采气工程[M]．北京：石油工业出版社，2004.
[72] 廖晓蓉，孟庆华等．新场气田运用高低压分输技术提高气田采收率[J]．天然气与石油，2003(6)：18-19.
[73] 李渡，张承平．洛带气田高低压分输方案优选[J]．物探化探计算技术，2005，27(4)：351-353.
[74] 苏建华，许可方等．天然气矿场集输与处理．北京：石油工业出版社，2004.
[75] 胡辉．洛带气田蓬莱镇组气藏增压开采方案设计[J]．钻采工艺，30(1)：141-142.
[76] 孟庆华．川西致密砂岩气田开发后期增压开采技术[J]．四川文理学院学报，2007，17(5)：43-45.
[77] 陈平，樊洪等．川中低渗油田开发后期伴生气增压开采技术[J]．天然气工业，2003，23(增刊)：136-138.
[78] 何川，孟庆华等．川西地区集输管网系统最优规划研究[J]．天然气工业，2006，26(7)：107-109.
[79] 于希南，黄全华．靖边气田陕45区块增压开采时机的确定[J]．石油天然气学报，2009，31(1)：329-331.
[80] 王雨生．新场气田蓬莱镇组气藏整体增压开采方案研究[J]．西南石油学院学报，2005，25(5)：40-43.
[81] 王焰东．负压采气技术在苏里格气田实施的可行性论证[D]．西安石油大学硕士学位论文，2009.
[82] 蒋长春．负压采气新工艺改进[J]．天然气工业，1996，16(5)：86-87.
[83] 杨亚聪，穆谦益等，苏里格气田后期负压采气工艺可行性研究[J]．石油化工应用，2012，31(8)：34-36.
[84] 张书平，刘双全等．天然气喷射引流技术在靖边气田的应用试验[J]．新疆石油天然气，2008，4(增刊)：113-119.
[85] 杨德伟，林日亿等．利用喷射器技术输送低压气层天然气[J]．油气田地面工程，2005，24(4)：10-12.
[86] H. L，Neal Jr. Improved Productivity From Low-Pressure Gas Wells Through the Utilization of Wellsite Compression. SPE 28889，1989.
[87] N. Behl，K. E. Kiser，and J. Ryan. Villa. Improved Production in Low-Pressure Gas Wells by Installing Wellsite Compressors. SPE 99317，2006.
[88] 万仁溥．现代完井工程[M]．北京：石油工业出版社，2006.
[89] 谢玉洪，苏崇华．疏松砂岩储层伤害机理及应用[M]．北京：石油工业出版社，2008.
[90] 温晓红．应力敏感性研究进展[J]．新疆石油天然气，2008，4(4)：29-31.
[91] 王素兵，罗炽臻．泡沫酸酸化在川东老井挖潜中的应用及效果[J]．钻采工艺，2003，26(5)：85-86.
[92] 谢建军，李水会．TKS稠油地层热化学解堵剂的研究及应用[J]．河南石油，1995，9(4)：14-18.
[93] 崔迎春，张琰．钻井导致储层损害试验研究进展综述[J]．天然气工业，2000，20(2)：61-63.
[94] 刘晓旭，胡勇等．储层应力敏感性影响因素研究[J]．特种油气藏，2006，13(3)：18-21.
[95] 赖文洪，杨健．胶束酸酸化工艺在川南气田应用实践[J]．钻采工艺，1998，21(2)：76-78.
[96] 江健，王旭等．裂缝型致密砂岩储层天然气开发实践[M]．北京：中国石化出版社，2014.
[97] 蒋晓明，尹启业等．气井热化学解堵技术[J]．断块油气田，2004，2(11)：84-85.
[98] 唐永帆，刘友权等．川渝气田天然气勘探开发化学技术新进展[J]．石油与天然气化工，2008，28(增

刊)：81-83.
[99] 李伟翰，颜红侠等．近井地带解堵技术研究进展[J]．油田化学，2005，4(22)：381-384.
[100] 李华昌，陈单平等．新场气田低渗致密沙溪庙组气藏气井防堵解堵工艺技术[J]．天然气工业，2005，25(9)：1-3.
[101] 赵春鹏，李文华等．低渗气藏水锁伤害机理与防治措施分析[J]．断块油气田，2004，3(11)：45-46.
[102] 刘祎，王登海等．苏里格气田天然气集输工艺技术的优化创新[J]．天然气工业，2007，27(5)：139~141.
[103] 张箭啸，张雅茹等．长庆油气田地面系统标准化设计及应用[J]．石油工程建设，2010，36(1)：92-95.
[104] 冉新权，向光怀．关键技术突破，集成技术创新 实现苏里格气田规模有效开发[J]．天然气工业，2007，27(5)：1-5.
[105] 汤林，白晓东等．油气田地面工程标准化设计的实践与发展[J]．石油规划设计，2009.20 (2)：1-3.
[106] 冉新权，朱天寿等．苏里格气田地面系统标准化建设[J]，石油规划设计，2008.19(4).1-4.
[107] 李春田．标准化概论[M]．北京：中国人民大学出版社，2005.
[109] 庞志庆，李玉春．大庆油田标准化设计的发展及认识[J]．石油规划设计，2009，20 (2)：7-8，13.
[110] 杨光，王登海．天然气工程概论[M]．北京：中国石化出版社，2013.
[111] 曾自强，张育芳．天然气集输工程[M]．北京：石油工业出版社，2001.
[112] 毛靖儒，王新军等．天然气气液两相分离器的设计与实验研究[J]．天然气工业，1997，17(6)：59-62.
[113] 徐中全．输气管道站内分离器的选择[J]．油气储运.2000，19(9)：22-25.
[114] 冯涛．水合物形成预测及防止措施优化研究[J]．油气田地面工程，2001，20(5)：16-17.
[115] 曾自强，张育芳．天然气集输工程[M] 北京：石油工业出版社，2001.
[116] 方亮．地下储气库储采技术研究[D]．北京：中国石油大学(北京)，2003.
[117] 苏建华，许可芳等．天然气矿场集输与处理[M]．北京：石油工业出版社，2004.
[118] 杨光，刘祎等．苏里格气田单井采气管网串接技术[J]．天然气工业，2007，27(12)：128-129.
[119] 王荧光．苏里格气田苏 10 井区地面建设优化方案[J]．天然气工业，2009，29(4)：89-92.
[120] 杨光炼，赵锐．油气集输管网规划现状[J]．油气储运，2006，25(9)：9-13.
[121] 李波，曾晖．输气管道系统的最优设计技术[J]．石油规划设计，2000，11(4)：27-29.
[122] 洪丽娜，陈保东．城市燃气储气调峰方式的选择与分析[J]．管道技术与设备，2009(5)：54-57.
[123] 王莉华．城市燃气调峰的探讨[J]．内蒙古石油化工，2007(9)：64-65.
[124] 徐发忠，董事尔．高压地下储气井的储气规模[J]．煤气与热力，2008，28(5)：04-06.
[125] 肖平华．地下储气井在城镇天然气储配站中的应用[J]．城市燃气，2010，420(2)：9-11.
[126] 吴洪波，何洋等．天然气调峰方式的对比与选择[J]．天然气与石油，2009，27 (5)：5-9，58.
[127] 丁国生，李文阳．国内外地下储气现状与发展趋势[J]．国际石油经济，2002，10(8)：23-26.
[128] 厉华．世界地下储气库发展概述[J]．石油知识，2009 (2)：36-37.
[129] 霍瑶，黄伟岗等．北美天然气储气库建设的经验与启示[J]．天然气工业，2010，30(11)：83-86.
[130] 肖学兰．地下天然气储气库建设技术研究现状及建议[J]．天然气工业，2012，32(2)：79-82.
[131] 尹虎琛，陈军斌等．北美典型储气库的技术发展现状与启示[J]．油气储运，2013，32(8)：814-817.
[132] 徐博，傅建湘．世界主要天然气生产与消费大国储气库建设经验——欧美储气库的建设在管理模式、运营机制、技术水平、法律法规等方面积累了丰富的经验[J]．世界石油工业，2009，16(1)：54-57.
[133] 李伟，杨宇等．美国地下储气库建设及其思考[J]．天然气技术，2010，4(6)：3-5.
[134] 赵德贵．天然气地下储气库及其在美国的应用[J]．国际石油经济，2003，11(6)：29-31.